高等职业教育教材

水质分析技术

第三版

王有志　主编

谢炜平　杨丽英　副主编

刘仁涛　主审

化学工业出版社

·北京·

内容简介

本书内容包括水质分析概述、水质分析技能基础知识、酸碱滴定法、氧化还原滴定法、重量分析法和沉淀滴定法、配位滴定法、分光光度法、几种仪器分析法在水质分析中的应用，以及水质的微生物指标分析，并对水质自动分析技术进行了简要介绍。

本书内容紧扣水质分析岗位（群）能力要求，突出技术技能培养，针对性强，且文字表述准确规范，深入浅出，图文并茂。

本书可作为高等职业教育环境保护类专业的教材，亦可作为给水排水工程专业的教学用书，以及水质分析工作者的参考书。

图书在版编目（CIP）数据

水质分析技术 / 王有志主编. -- 3 版. -- 北京：
化学工业出版社，2025.6. --（高等职业教育教材）.
ISBN 978-7-122-47989-1

Ⅰ. O661.1

中国国家版本馆 CIP 数据核字第 20257FH437 号

责任编辑：王文峡　周家羽

责任校对：宋　玮　　　　　　装帧设计：关　飞

出版发行：化学工业出版社
　　　　　（北京市东城区青年湖南街 13 号　邮政编码 100011）
印　　装：三河市君旺印务有限公司
787mm×1092mm　1/16　印张 15¾　字数 390 千字
2025 年 7 月北京第 3 版第 1 次印刷

购书咨询：010-64518888　　　　售后服务：010-64518899
网　　址：http://www.cip.com.cn
凡购买本书，如有缺损质量问题，本社销售中心负责调换。

定　　价：49.00 元

第三版前言

本教材第二版自 2018 年再版发行以来，仍受到同类职业院校及广大读者的好评和广泛应用。近几年，随着社会经济的发展，水质分析技术创新成果不断涌现，高端水质分析仪器产业化进程加速，国家水质标准及水质分析标准方法也随之更新，这些在本次修订中都有所体现。

在修订过程中，编者深入挖掘课程思政元素，并融入教材的各章节，结合教材内容明确学习目标，同时对知识目标、能力目标和素质目标进行重构，精心设计了反映新时代水质分析技术和分析仪器的突破创新成果、专业领域模范人物生动案例、科学家故事等内容，可供读者自主阅读，以实现价值引领、知识教育和能力培养的有机统一，激发读者的浓厚兴趣和深度思考，启智润心。

本次修订依据现行国家水质标准及检测方法对有关内容进行更新完善，保留基础知识和基本原理，增补了水质的微生物指标分析及相关技能实训项目，与现行国家水质标准及检测方法相适应，内容简明扼要，突出职业技能培养，体现教材实用性、实践性等特点。教材中安排的思考题、习题和技能实训模块有利于培养思考、探究与创新能力，便于读者自主学习，提高正确认识问题、分析问题和解决问题的能力。

本次教材修订由王有志担任主编并统稿，谢炜平、杨丽英担任副主编。编写分工如下：王有志修订第 1、9 章；荀世忠修订第 2、4 章；刘振海修订第 3、6 章；杨丽英修订第 5、7 章；谢炜平修订第 8、10 章；王天宇修订附录并进行电子教案制作。

本教材在修订过程中得到了边喜龙教授的帮助和大力支持；刘仁涛教授担任主审工作，同时提出了许多宝贵意见。在此一并表示衷心的感谢。

由于编者水平有限，教材中难免出现不足之处，恳请广大读者批评指正。

编者
2025 年 4 月

目录

4　氧化还原滴定法

5　重量分析法和沉淀滴定法

6　配位滴定法

7　分光光度法

8　几种仪器分析法在水质分析中的应用

9 水质的微生物指标分析

10 水质自动分析技术简介

附录

参考文献

1

水质分析概述

🚀 **学习目标**

❖ **知识目标**

了解水质分析的任务与内容、水质指标和水质标准；熟悉水质分析基本方法、水样的采集程序和常用的水样保存剂；掌握水质分析的计算、数据处理和分析结果表达方法。

❖ **能力目标**

能查阅国家标准及水质分析方法规范，学会多角度分析问题；建立严谨的"量"的概念，减少测定误差，按规正确处理分析数据。

❖ **素质目标**

树立坚定正确的世界观、人生观和价值观，激发新时代主人翁精神；认识在从事水质分析岗位工作中所应承担的角色和责任；培养实事求是，尊重客观事实的科学态度。

1.1 水质分析的任务与内容

1.1.1 水质分析的任务

水是人类生产和生活不可缺少的重要资源，是人类赖以生存的基本物质，是生命的源泉，也是社会经济发展不可取代的自然资源和人类社会可持续发展的限制因素。

自然界的水不停地流动和转化，通过降水、径流、渗透和蒸发等方式循环不止，构成水的自然循环，形成各种不同的水源。人类社会为了满足生产和生活的需要，从各种天然水体中取用大量的水。生活用水和生产用水在使用后，就成为生活污水和工业废水，它们被排出后，最终又流入天然水体，这就构成水的社会循环。无论在自然循环还是在社会循环过程中，水中都会被混入溶解性物质、难溶解的悬浮物质、胶体物质和微生物等，所以水总是以某种溶液或悬浊液状态存在，包含着各种各样的杂质。由此可见，水质是水和其中杂质所共同表现出来的综合特征。

人类在生产生活过程中不仅从数量上消耗水资源，而且也对水质带来了不良影响，导致水体产生各种污染，影响水质安全，特别是生活污水和工业废水中所含的杂质进入天然水体，甚至可以完全改变天然水体原有的生态平衡，破坏人类周围的自然环境，给绿水青山和人类社会的生产、生活带来恶劣的影响。因此，应该采取行之有效的方式合理开发利用所拥有的水资源，保护生态环境，促进人与自然和谐共生。但是，世界各地的地表水正在不断被来自人类生产生活所排放的污水和工业废水等污染，而且今天被污染的地表水通常又是明天受污染的地下水。目前，在水中已经发现了 2000 余种类别的化学污染物质，在饮用水中已鉴别出上百种污染物质，给人们的生产生活带来了极大的困扰。通过水质分析可以测定水中杂质、污染物组分及含量等，从而掌握水质状况，及时发现水质问题，进而防止水体污染。因此，水质分析至关重要，它不仅是保护与合理利用水资源、维护生态平衡的必要手段，也是保障人类健康、促进经济社会可持续发展的重要措施。

生态文明建设是关系中华民族永续发展的根本大计，为了守护好绿水青山，促进人与自然和谐共生，保障人们的生命健康和推动经济社会的绿色可持续发展，必须加强水质分析工作。水质分析作为环境监测的重要手段，对于了解水体中污染物的来源、种类、浓度、分布、迁移、转化和消长规律，评估水环境质量，及时发现污染问题以便采取相应的防治措施具有重要意义。通过定期的水质分析检测，可以掌握水环境的质量状况，为制定和调整环境保护政策提供科学依据，并且为实现绿色发展和生态文明建设提供科学支撑。

水质的好坏直接影响到工业、农业、渔业等产业的发展，如果水质恶劣，将会制约相关产业的发展，甚至导致产业的衰退，对经济和社会产生负面影响。水质分析可以为产业发展提供科学依据，以确保生态环境的持续改善和水资源的可持续利用，促进产业结构的优化和升级，推动经济社会的绿色转型和可持续发展。

生活饮用水、工业用水和农业用水中的杂质及其含量在国家和地方标准中都有一定的目标浓度限值。在选择不同用途的用水时，则应根据用户对水质的要求，通过水质分析和质量控制，使水质符合国家和地方的相关标准，以确保用水水质安全，防止因水质问题导致疾病的发生和传播，保障人们的生命健康。此外，水质分析是水处理技术的基础和前提，为水处理技术研发及应用、水处理工艺方案设计、污水资源化再生利用及选择水处理设备提供重要的数据支持。水处理过程中设备运行时是否达到设计指标，也必须通过水质分析加以判断和评价。

总而言之，水质分析是保护水资源、人类健康和生态文明建设的重要手段，它与"绿水青山就是金山银山"的理念密切相关，两者可共同促进生态环境的保护和经济社会的绿色发展，为实现生态文明建设和可持续发展目标提供了重要支撑。

水质分析技术是从事环境工程和给排水专业工作人员的一项重要技术手段，是一门专业技术课程。该课程的任务是在掌握水质分析的基本原理、分析方法和实验操作技能的同时，牢固树立和践行绿水青山就是金山银山理念，激发新时代主人翁精神，强化职业使命感及社会责任感，养成科学严谨、细致认真、遵守规则、恪守职责的品质，提高正确认识问题、分析问题和解决问题的能力。此外，通过学习和进行水质分析实践，不断提高认识、评价、改造生产生活环境的能力，强化并建立正确的"量"的概念，能运用水质分析结果和水污染防治综合资料，设计水处理工艺、指导水处理设施运行管理，并对水环境进行有效保护和合理地开发利用水资源，具备本专业技术领域和职业岗位工作人员的职业素质。

1.1.2　水质分析的内容

1.1.2.1　水质分析的基本方法

分析水中的杂质、污染物的组分、含量等的方法是多种多样的。各种水的水质差别较大，成分复杂，种类繁多，相互干扰，不易准确测定；有的杂质含量甚微，测定困难，所以水质分析有其自身的特点。在水质分析中，主要以分析化学的基本原理为基础，分析化学中的所有分析方法和各种仪器几乎都有应用。其基本方法一般可分为化学分析法和仪器分析法两大类。

(1) **化学分析法** 是以化学反应为基础的分析方法，将水中被分析物质与已知成分、性质和含量的另一种物质发生化学反应，而生成具有特殊性质的新物质，由此确定水中被分析物质的存在以及其组成、性质和含量。其主要有重量分析法和滴定分析法。

重量分析法是将水中待测物质以沉淀的形式析出，经过滤、烘干、称重，得出待测物质的量。重量分析法的特点是比较准确，但分析过程烦琐，费时间。该法主要用于水中不可滤残渣（悬浮物）、总残渣（总固体、溶解性总固体）等测定中使用。

滴定分析法又称容量分析法，是将一种已知准确浓度的试剂溶液，滴加到被测水样中，根据反应完全时所消耗试剂的体积和浓度，计算出被测物质含量的方法。已知准确浓度的试剂溶液被称为标准滴定溶液或滴定剂；将标准滴定溶液通过滴定管计量并滴加到被分析物质溶液中的过程称为滴定；当所加标准滴定溶液的物质的量与被分析组分的物质的量之间恰好符合滴定反应式所表示的化学计量关系，且反应完全的那一点，称为化学计量点，化学计量点通常借助指示剂的变色来确定，以便终止滴定；在滴定过程中，指示剂正好发生颜色变化的转变点（变色点）称为滴定终点。由于操作误差，滴定终点与化学计量点不一定恰好吻合，此时的分析误差称为终点误差或滴定误差。

根据化学反应类型的不同，滴定分析法又分为酸碱滴定法、氧化还原滴定法、沉淀滴定法和配位滴定法，常用于水中碱度、酸度、溶解氧（DO）、生物化学需氧量（BOD）、高锰酸盐指数、化学需氧量（COD）、Cl^-、硬度、Ca^{2+}、Mg^{2+}、Al^{3+} 等许多无机物和有机物的测定。此分析方法简便、快速，测定结果准确度也高，不需贵重的仪器设备，作为一种重要的分析方法，被广泛采用。

(2) **仪器分析法** 是以成套的物理仪器为手段，以水样中被分析物质的某种物理性质或化学性质为基础，来测定水样中的组分和含量的分析方法。该法中广泛应用于水质分析方面的有电化学分析法、吸光光度法、原子吸收光谱法、气相色谱法等。在水质分析中还可以应用专项测定仪器，测定溶解氧（DO）、总有机碳（TOC）、总需氧量（TOD）、生物化学需氧量（BOD）等；用离子选择电极自动测定 CN^-、F^-、Cl^-、Pb^{2+}、Cd^{2+} 等。仪器分析法操作快速，具有较高的准确性，适用于水样中微量或痕量组分的分析测定。

分析方法是水质分析技术的核心，选择分析方法需要考虑许多因素。首先必须与待测组分的含量范围相一致，其次是方法的准确度和精密度。目前，分析方法有三个层次，分别是：国家标准方法、国家统一方法（或行业标准方法）和等效方法。每个分析方法各有其特定的适用范围，应首先选用国家标准分析方法。如果没有相应的国家标准方法，应优先选用统一方法或行业标准方法，最后选用试用方法或新方法做等效试验，报经上级批准后才能使用。如国家标准方法《生活饮用水标准检验方法》（GB/T 5750—2023）、行业标准方法《城镇污水水质标准检验方法》（CJ/T 51—2018）、《水和废水监测分析方法》。

1.1.2.2 水质分析中常用的名词术语

(1) **灵敏度** 灵敏度是指某分析方法对单位浓度或单位量待测物质变化所引起的响应量变化的程度。它可以用仪器的响应量或其他指示量与对应的待测物质的浓度或量之比来描述。如分光光度计常以校准曲线的斜率度量灵敏度。一个方法的灵敏度可因实验条件的变化而改变。在一定的实验条件下，灵敏度具有相对的稳定性。

通过校准曲线可以将仪器响应量与待测物质的浓度或量定量地联系起来，用下式表示它的直线部分。

$$A = kc + a$$

式中　A——仪器响应值；

　　　c——待测物质的浓度；

　　　a——校准曲线的截距；

　　　k——方法灵敏度，校准曲线的斜率。

（2）**校准曲线**　是用于描述待测物质的浓度或量与相应仪器的响应量或其他指示量之间定量关系的曲线。校准曲线包括"工作曲线"（绘制校准曲线的标准溶液的分析步骤与样品的分析步骤完全相同）和"标准曲线"（绘制校准曲线的标准溶液的分析步骤与样品的分析步骤相比有所省略，如省略样品的前处理）。

在水质分析中，常选用校准曲线的直线部分。某一方法的校准曲线的直线部分所对应的待测物质的浓度或量的变化范围，称为该分析方法的线性范围。

（3）**空白试验**　指用蒸馏水代替试样的分析测定。所加试剂和操作步骤与试样测定完全相同。空白试验应与试样测定同时进行，试样分析时仪器的响应值（如吸光度、峰高等）不仅是试样中待测物质的分析响应值，还包括其他因素，如试剂中杂质、环境及操作过程的沾污等的响应值，这些因素是经常变化的。因此，为了了解它们对试样测定的综合影响，在每次测定时，均做空白试验，空白试验所得的响应值称为空白试验值。空白试验对试验用水有一定的要求，即其中待测物质浓度应低于方法的检出限。当空白试验值偏高时，应全面检查空白试验用水、试剂的空白、量器和容器是否沾污、仪器的性能和环境状况等。

（4）**检出限**　为某特定分析方法在给定的可靠程度内可以从样品中分析待测物质的最小浓度或最小量。所谓"检出"是指定性检出，即判定样品中存在有浓度高于空白的待测物质。

检出限有几种规定，简述如下。

① 分光光度法中规定以扣除空白值后，吸光度为0.01相对应的浓度值为检出限。

② 气相色谱分析法的最小检测量是指检测器恰能产生与噪声相区别的响应信号时所需进入色谱柱的物质的最小量。一般认为恰能辨别的相应信号，最小应为噪声的两倍。

最小检测浓度是指最小检测量与进样量（体积）之比。

③ 某些离子选择性电极法规定：当某一方法的标准曲线的直线部分外延的延长线与通过空白电位且平行于浓度轴的直线相交时，其交点所对应的浓度值即为该离子选择性电极法检出限。

（5）**测定限**　为定量范围的两端，分别为测定下限和测定上限。

测定下限是指在测定误差能满足预定要求的前提下，用特定的方法能准确地定量测定待测物质的最小浓度或量；测定上限是指在限定误差能满足预定要求的前提下，用特定的方法能准确地定量测定待测物质的最大浓度或量。

（6）**最佳测定范围**　又称有效测定范围，指在限定误差能满足预定要求的前提下，特定方法的测定下限至测定上限之间的浓度范围。在此范围内，能够准确地定量测定待测物质的浓度或量。

最佳测定范围应小于方法的适用范围。对测量结果的精密度要求越高，相应的最佳测定范围越小。

1.2 水质指标和水质标准

水质指标是衡量水中杂质的具体尺度，它能够表示出水中杂质的种类和数量。由此可以判断水质的优劣、污染程度轻重和是否满足要求，是水质评价的重要依据。水质标准是根据各用户的水质要求和污（废）水排放容许浓度，对一些水质指标做出相应的最低数量或浓度限值和定量要求，即水质的质量标准。水质指标和水质标准都是着重于保障人体健康、水质安全，保护鱼类和其他水生生物资源以及满足工农业用水要求而提出的。

1.2.1 水质指标

水质指标可分为物理指标、化学指标和微生物指标等。

1.2.1.1 物理指标

（1）水温　水温是常用的物理指标之一。由于水的许多物理性质、水中进行的化学变化过程和微生物变化过程都与水温有关，水温通常是必测项目之一。

（2）臭和味　纯净的水是无臭无味的。天然水溶解有杂质时，水具有味道，天然水中含有绿色藻类和原生动物时会产生腥味。

清洁的水没有任何气味，被污染的水往往产生一些不正常的气味。水中含有分解的有机体或矿物质，如铁、硫的化合物等，以及工业废水或生活污水进入水体后，都能产生各种不同的气味。因此，可以根据臭的测定结果，推测水的污染性质和程度。

（3）色度　纯净的水无色透明，混有杂质的水一般有色或不透明。例如，天然水体中含有黄腐酸而呈黄褐色，含有藻类的水呈绿色或褐色；水中悬浮泥砂和不溶解的矿物质也会有颜色，例如，黏土使水呈黄色，铁的氧化物使水呈黄褐色，硫化氢氧化后析出的硫使水呈浅蓝色。水体受到工业废水的污染往往呈现各种不同的颜色。新鲜的生活污水呈灰暗色，腐败的污水呈黑褐色。

水中呈色的杂质可处于悬浮、胶体或溶解状态。包括悬浮杂质在内所构成的水色称为表色，除去悬浮杂质后，由胶体及溶解杂质构成的颜色称为真色。在水质分析中，一般只对天然水的真色进行定量的测定，对其他各种水（如工业废水）的颜色就只作定性的或深浅程度的一般描述。在清洁的或浑浊度很低的水样中，水的表色和真色几乎相等。

测定水的色度可采用铂钴标准比色法。用氯铂酸钾（K_2PtCl_6）和氯化钴（$CoCl_2 \cdot 6H_2O$）配制的混合溶液作为色度的标准溶液，规定每升水中含有 $1mg\ Pt$ 和 $0.5mg\ Co$ 时，所具有的颜色称为 1 度，作为标准色度单位。测定色度时，把待测的水样与一系列不同色度的标准溶液色列进行比较，即可测得水样的色度。此法操作简便，色度稳定，标准色列易长期使用。

由于 K_2PtCl_6 价格较贵，常采用铬钴比色法，以重铬酸钾（$K_2Cr_2O_7$）代替 K_2PtCl_6 和硫酸钴（$CoSO_4 \cdot 7H_2O$）按一定比例配制成代用的色度标准溶液。此法所用的重铬酸钾便宜易得，只是标准溶液保存的时间较短。

测定较清洁水样，如天然水和饮用水的色度，可用铂钴标准比色法或铬钴比色法。如水样较浑浊，可事先静置澄清或离心分离除去浑浊物后进行测定，但不得用滤纸过滤。水的颜色往往随 pH 值的改变而不同，因此测定时必须注明 pH 值。

多数清洁的天然水的色度一般为 15～25 度，湖泊沼泽水的色度可在 60 度以上，有时高达数百度，饮用水一般规定色度不超过 15 度。某些工业用水对色度要求较严，例如，造纸用水色度不超过 15～30 度，纺织用水色度不超过 10～12 度，而染色用水则要求色度在 5 度以下。因此，对特殊工业用水使用之前需要脱色处理。一些有色的工业废水在排放之前也应进行脱色处理。

（4）**浑浊度**　简称浊度，是用来描述水的清澈或浑浊程度的指标。它表征的是水中悬浮物质等阻碍光线透过的程度，由水中含有悬浮物及胶体状态的杂质形成。水中浊度是天然水、饮用水和城市污水再生利用回用于城市杂用水的物理性状的一项指标，是水可能受到污染的标志之一。

浊度和色度的区别在于色度是由水中的溶解物质引起的，而浊度则是由不溶物质引起的，因此有的水体色度很高但并不浑浊，反之亦然。虽然它们都是水的光学性质，但浊度关注的是水中不溶性物质的含量和大小，而色度则关注的是水中溶解物质引起的颜色特性。

一般标准浊度单位，是以不溶解硅，如硅藻土、漂白土等在蒸馏水中所产生的光学阻碍现象为基础，规定 1mg SiO_2/L 所产生浊度为 1 度；目前多采用硫酸肼与六亚甲基四胺聚合生成的白色高分子聚合物标准溶液，亦称为福尔马肼浊度标准溶液，并规定 1.25mg/L 硫酸肼和 12.5mg/L 六亚甲基四胺在水中形成的聚合物所产生的浊度为 1 度。用此种标准溶液校准散射光浊度仪测定水的浊度，所得浊度的计量单位则用散射浊度单位（NTU）表示。例如，我国《生活饮用水卫生标准》规定饮用水浊度限值为 1 NTU，而水源与净水技术条件限制时为 3 NTU。某些工业用水对浊度也有一定的要求，如造纸用水不得超过 5NTU，纺织、漂染用水小于 5NTU，半导体集成电路用水浊度应为零，城市污水再生利用回用于生活杂用水不得超过 5NTU 等。

水的浑浊度测定除采用目视比色法和分光光度法外，还可用浊度仪进行测定。

（5）**残渣**　残渣分为总残渣（也称总固体）、总可滤残渣（又称溶解性总固体）和总不可滤残渣（又称悬浮物）3 种。残渣在许多方面对水质有不利影响。残渣含量高的水，很可能是由于污染或因矿物质过多所致，一般不适于饮用；高度矿化的水对许多工业用水也不适用。我国对生活饮用水水质规定总可滤残渣（溶解性总固体）不得超过 1000mg/L。

水中残渣还可根据其挥发性能分为挥发性残渣和固定性残渣。挥发性残渣又称总残渣灼烧减量，该指标可粗略地代表水中有机物含量和铵盐及碳酸盐等部分含量。固定性残渣可由总残渣与挥发性残渣之差求得，可粗略代表水中无机物含量。

残渣采用重量分析法测定，适用于饮用水、地表水、生活污水和工业废水等。

（6）**电导率**　电导率又称比电导，表示水溶液传导电流的能力，为距离 1cm 和截面积 1cm^2 的两个电极间所测得电阻的倒数。它可间接表示水中溶解性固体的含量。通常用于分析蒸馏水、去离子水或高纯水的纯度，监测锅炉水和水质受污染情况等。

电导率的基本单位是西门子/米（S/m），电导率用电导率仪测定。

1.2.1.2　化学指标

天然水和一般清洁水中的主要成分有 Ca^{2+}、Mg^{2+}、Na^+、K^+、H^+、OH^-、Cl^-、NO_3^-、HCO_3^-、CO_3^{2-}、SO_4^{2-} 等离子。污染较严重的天然水、生活污水或工业废水，除含

有这些离子外还有其他杂质成分。表示水中杂质和污染物的化学成分和特性的综合性指标为化学指标，主要有 pH 值、硬度、酸度、碱度、总含盐量、含氮化合物、含磷化合物、油类污染物质等。

（1）**pH 值**　表示水中酸、碱的强度，是常用的水质指标之一。pH 值在水的化学混凝、软化、消毒、除盐、水质稳定、腐蚀控制及水的生物化学处理、污泥脱水等过程中都是一个重要因素和指标，对水中有毒物质的毒性和一些重金属配合物结构都有重要影响。

（2）**硬度**　水的硬度一般是指水中含有 Ca^{2+}、Mg^{2+} 的总量。包括总硬度、碳酸盐硬度和非碳酸盐硬度。由 $Ca(HCO_3)_2$、$Mg(HCO_3)_2$ 和 $MgCO_3$ 所形成的硬度为碳酸盐硬度，又称暂时硬度，当加热时，这些碳酸盐类物质即可分解并形成沉淀。由 $CaSO_4$、$MgSO_4$ 及 $CaCl_2$、$MgCl_2$ 等形成的硬度为非碳酸盐硬度，又称永久硬度，这些物质即使加热至沸腾也不会从水中析出，只有当水不断地蒸发，使它们的含量超过了饱和浓度极限时，才会沉淀出来，沉淀出来的物质称为水垢。水的硬度对锅炉用水的影响很大，含有硬度的水会使锅炉产生水垢危害，影响热量的传导，严重时会引起锅炉爆炸。

硬度单位除以 mg/L（以 $CaCO_3$ 计）表示外，还常用 mmol/L、德国度、法国度等表示。

（3）**酸度和碱度**　水的酸度是指水中所含能给出 H^+ 物质的总量。这些物质能够放出 H^+，或者经过水解能产生 H^+。酸度包括强酸如 H_2SO_4、HCl、HNO_3 等；弱酸如 H_2CO_3、CH_3COOH 和各种有机酸等；水解盐如硫酸亚铁、硫酸铝等。酸度的测定可以反映水源水质的变化情况。酸度常用 mg/L（以 $CaCO_3$ 计）表示。

水的碱度是水中能够接受 H^+ 物质的总量。碱度包括水中重碳酸盐碱度（HCO_3^-）、碳酸盐碱度（CO_3^{2-}）和氢氧化物碱度（OH^-），水中 HCO_3^-、CO_3^{2-} 和 OH^- 3 种离子的总量称为总碱度。一般天然水中只含有 HCO_3^- 碱度，碱性较强的水含有 CO_3^{2-} 和 OH^- 碱度。碱度指标常用于评价水体的缓冲能力及金属离子在其中的溶解性和毒性，是水和废水处理过程控制的判断性指标。碱度用 mg/L（以 $CaCO_3$ 计）表示。

酸碱污染使水体的 pH 值发生变化，影响化学反应速率、化学物质的形态和生物化学过程，还会腐蚀排水管道和污水处理构筑物。因此，含有强酸强碱的工业废水在排放之前，必须进行中和处理。

（4）**总含盐量**　总含盐量又称矿化度，表示水中各种盐类的总和，也是水中全部阳离子和阴离子的总和。可以粗略地用下式计算：

$$总含盐量 = [Ca^{2+} + Mg^{2+} + Na^+ + K^+] + [HCO_3^- + SO_4^{2-} + Cl^-]$$

总含盐量过高会造成管道和构筑物的腐蚀，使污水下渗，污染地下水；用于农业灌溉时，会导致土壤盐碱化。

（5）**含氮化合物**　含氮化合物包括总氮、氨氮、亚硝酸盐氮、硝酸盐氮。总氮包括有机氮和各种无机氮化物。含氮有机物在微生物好氧分解过程中，最终会转化为氨氮、亚硝酸盐氮、硝酸盐氮、水和二氧化碳等无机物。因此，测定上述几个指标可反映污水分解过程及经处理后的无机化程度。如污水处理厂出水中含有硝酸盐氮时，说明污水中的有机氮大多数转化为无机物，出水排入天然水体后是较为稳定的。

（6）**含磷化合物**　含磷化合物是微生物生长的营养物质，水中含磷量过高会造成水体富营养化。天然水中磷的含量较微，但近年来由于含磷合成洗涤剂的大量使用，生活污水中含磷量明显增加。

（7）**油类污染物质**　水中矿物油类主要来源于工业废水，如炼油及石油化工工业、海底石油开采等，动植物油主要来源于生活污水。随着石油工业的发展，生活水平的提高，油类物质对水体的污染已日益增加。

（8）**有机污染物综合指标**　有机污染物综合指标主要有化学需氧量（COD）、生物化学需氧量（BOD），溶解氧（DO）、高锰酸盐指数、总有机碳（TOC）、总需氧量（TOD）等。由于有机污染物的种类繁多，组成复杂，很难一一分辨，并逐项进行测定。因此，只在必要时才对某种有机物进行单项分析测定。这些综合指标可作为水中有机物总量的水质指标，它们在水质分析和水处理中具有重要意义。

天然水体中的有机污染物一般是腐殖质、水生物生命活动产物以及生活污水和工业废水的污染物等。有机污染物的特点是进行生物氧化分解，消耗水中溶解氧，而在缺氧条件下就会发酵腐败、使水质恶化、破坏水体；同时，水中有机污染物含量高，细菌易繁殖，传播病菌的可能性增加，在水质安全方面是十分危险的。工业用水中的有机物会影响生产过程，降低产品质量，生活饮用水中是不允许有机污染物存在的。

（9）**有毒物质**　某些工业废水中含有具有强烈生物毒性的杂质，排入水体或用于农业灌溉，常会影响鱼类、水生生物、农作物等的生存和生长，还可能通过食物链危害人体健康，必须严加控制。这类物质的含量虽然不大，但应列为单项水质指标，专门测定，作为水环境污染和保护的主要控制对象。

有毒物质可以分为无机有毒物质和有机有毒物质两大类。

① 无机有毒物质　主要是重金属，如铅、铜、锌、铬、镉、汞等；还有一些非金属，如砷、硒等和氰化物。

② 有机有毒物质　主要是带有苯环的芳香族化合物，如酚类化合物、有机磷农药、取代苯类化合物、卤代烃、多环芳烃等，它们往往具有难以生物降解的特性，有些还被认为是致癌物质。

（10）**放射性物质**　水中放射性物质主要来源于原子能工业、放射性矿物的开采、核电站的建立等，这些物质会不时地产生 α、β、γ 射线。随着核科学与核动力的发展，放射性物质在工业、农业和医学等领域的广泛应用，同时也给环境带来了放射性污染。放射性物质可通过饮水、呼吸和皮肤接触进入体内，伤害人体组织，引起贫血、恶性肿瘤等各种放射性病症，严重会给生命带来危险。水生生物如藻类、鱼类也可以从水体中吸收和蓄积放射性物质，灌溉的农作物和饮水的牲畜也可受到放射性感染，这些都可以通过食物链进入人体。因此，对天然水体和饮用水都规定了放射性物质的容许浓度。例如，《生活饮用水卫生标准》（GB 5749—2022）规定总 α 放射性不得大于 0.5 Bq/L，总 β 放射性不得大于 1.0 Bq/L。

1.2.1.3　微生物指标

水中生存有各种微生物，未经处理的生活污水、医院废水等排入水体，易引入某些病原菌造成污染。因此常以微生物种类和数量作为判断水生物性污染程度的指标。特别是对生活饮用水，细菌的测定是不可缺少的。另外，由于水中生存的微生物会使水中所含成分产生各种各样的生物化学变化，因此，采集水样后需要适当处理或立即进行分析。

水质常规分析的微生物指标有：总大肠菌群、耐热大肠菌群、大肠埃希菌和菌落总数等。

1.2.2　水质标准

水质标准是对水质指标作出的定量规范。水质标准是依据用户各种用水要求和生活污水、工业废水的排放要求，以不危害人体健康，不影响工农业生产及其发展，考虑水中杂质的性能、毒理学及微生物学、水质分析技术和水处理技术等因素，综合考虑而制定的。

水质标准不仅是环境保护部门监督管理立法的依据，也为水体水质的评价提供了依据。随着国民经济的发展和人民生活水平的不断提高以及科学技术的进步，各种用水对水质要求会不断提高，对污废水中有害物质的排放含量要求也更加严格，因而需要对标准执行过程中发现的问题加以总结，并进行适时的修正，以适应社会发展的需求。

水质标准分为国家正式颁布的统一规定和企业标准。前者是要求各个部门、企业单位都必须遵守的具有指令性和法律性的规定；后者虽不具法律性，但对水质提出的限制和要求，在控制水质安全、保证产品质量方面有积极的参考价值。

在水质分析中常用的水质标准有：《生活饮用水卫生标准》（GB 5749—2022）、《地表水环境质量标准》（GB 3838—2002）、《城市污水再生利用　城市杂用水水质》（GB/T 18920—2020）、《城镇污水处理厂污染物排放标准》（GB 18918—2002）、《污水综合排放标准》（GB 8978—1996）等。

水质标准详见附录及其他有关标准。

1.3 水样的采集与保存

水质分析不仅要求有灵敏度高、精密度好的分析方法，而且要根据分析目的，正确选定采样时间、地点、取样深度、次数、方法及水样的保存技术，同时还需要严谨的质量管理制度。总之，在分析工作中，必须注意各个环节，以保证分析结果真实、准确，为各种用水、科学研究、环境评价等提供可靠资料。

1.3.1 水样的采集

1.3.1.1 采样前的准备

（1）采样器材的准备　采样器材主要包括样品容器和采样器。采集和盛装水样容器的材料应化学稳定性好，保证水样的各组分在贮存期内不与容器发生反应；容器形状、大小适宜，能严密封口；容易清洗并可反复使用。常用材料为聚乙烯塑料瓶、一般玻璃瓶和硬质玻璃瓶等。容量大小按分析项目和数量确定。

（2）保存剂的准备　各种保存剂的纯度和等级要达到分析方法的要求，按有关规定配制备用，并在每次使用前检查有无沾污情况。

1.3.1.2 水样采集方法

供分析用的水样必须具有代表性，不同的水质采样方法也不同。各类水样采集的一般方法如下。

① 采集水样前，应该用水样冲洗采样瓶 2～3 次，然后将水样收集于水样瓶中，水面距离瓶塞应不少于 2cm，以防温度变化时，瓶塞被挤掉。

② 在江河、湖泊等地表水源采样时，应将水样瓶浸入到水面下 20～50cm 处，使水缓缓流入水样瓶。如遇水面较宽时，应在不同的地点分别采样，这样才能得到有代表性的水样。在采集河、湖等较深处的水样时，应用深水采样瓶。

③ 采集工业废水水样时，必须首先了解此工厂企业的生产工艺过程，根据废水生产情况，在一定时间内采集废水的平均水样或平均比例水样。如果废水流量比较恒定，则每隔相同的时间取等量废水混合组成。废水流量不恒定时，则流量大时多取，流量小时少取，然后把每次取得的水样充分混合，再从水中倒出 2L 于洁净瓶中作为水样。

采集生活污水时，应根据分析目的，采集平均水样，或每隔一定的时间单独采样。采样体积根据待测项目和指标多少而不同，一般采集 2~3L 即可，特殊要求的项目需分别采集。

④ 采集自来水时，应先放水 10~15min，以排除管道中的积水，然后将胶管的一头接在水龙头上，胶管的另一头插入瓶内，待水从瓶口溢出，并使瓶内的水更换几次。

水样采集后，应将水样的说明标签贴在水样瓶上，以便分析时参考。

1.3.2 水样的保存

水样采集后，应尽快送到实验室分析，采样时间与测定时间相隔越短，分析的结果就越可靠。放置太久，水样会发生化学和生物反应，使组成发生变化，所以对某些水样的化学组成和物理性质必须现场进行测定。

水样保存期限取决于水样的性质、测定项目的要求和保存条件，一般用于水质理化测定的水样，保存时间越短越好。

水样如不能及时分析，应设法防止水质发生变化。通常的保存方法如下。

(1) **冷藏或冰冻**　样品在 4℃冷藏或将水样迅速冷冻，储存于暗处，可抑制生物活动，减缓物理挥发作用和化学反应速率。

(2) **加入化学保存剂**

① **控制溶液 pH 值**　测定金属离子的水样常用硝酸酸化至 pH 值为 1~2，既可防止重金属的水解沉淀，又可防止金属在器壁表面上的吸附，同时抑制生物的活动。大多数金属可以稳定数周或数月。测定氰化物的水样需加氢氧化钠至 pH 值为 12。

② **加入抑制剂**　为了抑制生物作用，可在样品中加入抑制剂。如在测氨氮、硝酸盐氮和 COD 的水样中，加氯化汞或加入三氯甲烷、甲苯作保护剂以抑制生物对亚硝酸盐、硝酸盐、氨盐的氧化还原作用。

③ **加入氧化剂**　水样中痕量汞易被还原，引起汞的挥发性损失，加入硝酸-重铬酸钾溶液可使汞维持在高氧化态，改善汞的稳定性。

④ **加入还原剂**　测定硫化物的水样，可加入抗坏血酸保存。

样品保存剂如酸、碱或其他试剂在采样前应进行空白试验，其纯度和等级必须达到分析的要求。

常用的水样保存剂列于表 1-1。

表 1-1　常用的水样保存剂

保存剂	作　　用	应用水样范围
$HgCl_2$	细菌抑制剂	含各种形式的氮或磷
HNO_3	金属溶剂，防止沉淀	含多种金属
H_2SO_4	细菌抑制剂与有机碱类形成盐	有机水样（COD，油和油脂、有机碳）、含氮、含胺

保存剂	作　用	应用水样范围
NaOH	与挥发性化合物形成盐	含氰化物类，含有机酸类
冷冻	抑制细菌、减慢化学反应速率	酸度、碱度高，含有机物、BOD、色、臭、有机磷、有机氮、碳等生物有机体

1.4　水质分析的基本计算

1.4.1　基准物质、基准溶液、标准溶液和标准滴定溶液

标准溶液是已知准确浓度的溶液，**标准滴定溶液**就是已知准确浓度的用于滴定分析用的溶液，而**基准溶液**则是用于标定其他溶液的作为基准的溶液。能够用于直接配制或标定标准滴定溶液的物质称为**基准物质**。

基准物质必须满足下列条件。

① 纯度高。杂质含量应少至不影响分析结果的准确度。一般用分析纯和优级纯试剂。

② 试剂的组成应与它的化学式完全相符。

③ 性质稳定。不易被空气氧化，不吸收空气中的 CO_2 等。

④ 有较大的摩尔质量，称量时用量大，可减少称量的相对误差。

在滴定分析中，必须使用标准滴定溶液，最后通过标准滴定溶液的浓度和消耗标准滴定溶液的体积来计算待测组分的含量。

1.4.2　标准滴定溶液浓度的表示法

1.4.2.1　物质的量浓度

物质的量浓度是指单位体积溶液所含溶质的物质的量，其单位为 mol/L，用符号 c 表示。例如，体积为 V（L）的溶液中所含 A 物质的量为 n_A（mol），则该溶液的物质的量浓度为：

$$c_A = \frac{n_A}{V}(mol/L)$$

或

$$n_A = c_A V(mol)$$

如 A 物质的摩尔质量为 M_A（g/mol），则每升溶液中含 A 物质的质量 m_A 为：

$$m_A = n_A M_A(g) = c_A V M_A(g)$$

【例 1-1】 配制 0.02000mol/L $K_2Cr_2O_7$ 标准滴定溶液 250mL，问应称取 $K_2Cr_2O_7$ 多少克？

【解】 $K_2Cr_2O_7$ 的摩尔质量为 294.18g/mol，则应称取 $K_2Cr_2O_7$ 的质量为：

$$m(K_2Cr_2O_7) = c(K_2Cr_2O_7)VM(K_2Cr_2O_7)$$
$$= 0.02000 \times 0.25 \times 294.18$$
$$= 1.4709（g）$$

1.4.2.2 滴定度

滴定度（T）是指1mL标准溶液相当于被测物质的克数。例如，用$K_2Cr_2O_7$标准溶液滴定Fe，$T(Fe/K_2Cr_2O_7)=0.005000g/mL$，表示1mL $K_2Cr_2O_7$标准滴定溶液相当于0.005000g Fe。如果一次滴定中消耗$K_2Cr_2O_7$标准滴定溶液21.50mL，溶液中Fe的含量很快就能求出，即$0.005000\times21.50=0.1075$（g）。

对于生产单位来说，经常分析同一种样品，采用这种浓度表示时，很快就能算出测定结果，使用起来十分方便。

1.4.3 滴定分析的计算

滴定分析中，要涉及一系列的计算问题，如标准滴定溶液及其标定，滴定剂（标准滴定溶液）与被测物质间量的换算及分析结果的计算等。

1.4.3.1 被测物质的量 n_A 与滴定剂的量 n_B 之间的关系

对于任一滴定反应

$$a\mathrm{A}+b\mathrm{B}=\!=\!=c\mathrm{C}+d\mathrm{D}$$

当滴定达到化学计量点时，b mol 的 B 物质恰好与 a mol 的 A 物质完全反应，则化学反应方程式中，各物质的关系比就是反应中各物质相互作用的物质的量之比，即：

$$n_A:n_B=a:b$$

$$n_A=\frac{a}{b}n_B \text{ 或 } n_B=\frac{b}{a}n_A$$

设体积为 V_A 的被测物质浓度为 c_A，在化学计量点时用去浓度为 c_B 的滴定剂的体积为 V_B，则：

$$c_AV_A=\frac{a}{b}c_BV_B$$

如已知 c_B、V_B、V_A，则可求出 c_A：

$$c_A=c_B\frac{V_B}{V_A}\frac{a}{b}$$

如已知被测物质 A 的摩尔质量 M_A，则可进一步求出 A 的质量：

$$m_A=\frac{a}{b}c_BV_BM_A$$

式中，M_A 的计量单位为 g/mol，m_A 的计量单位为 g，通常在滴定时，体积的计量单位为 mL，因此，在运算时毫升（mL）要转化为升（L），也就是要乘以 10^{-3}，则上式可写为：

$$m_A=\frac{a}{b}c_BM_A\frac{V_B}{1000}$$

1.4.3.2 水质分析计算实例

（1）估算应称取基准物质的质量 在滴定分析中，为了减少滴定管的读数误差，一般要求消耗标准滴定溶液的体积为20～30mL，因此大约称取基准物质的质量可以通过计算求得。

📖【例 1-2】 在标定 NaOH 溶液浓度时，要求在滴定时消耗 0.2mol/L NaOH 溶液 20～25mL，问应称取基准试剂邻苯二甲酸氢钾（KHP）多少克？

【解】 设应称取 KHP 为 m 克，已知 c(NaOH) 为 0.2mol/L，V(NaOH) 为 20～25mL，M(KHP) 为 204.22g/mol。

$$m_1 = 0.2 \times 20 \times 10^{-3} \times 204.22 = 0.8169 \approx 0.8 \ (g)$$
$$m_2 = 0.2 \times 25 \times 10^{-3} \times 204.22 = 1.021 \approx 1.0 \ (g)$$

则应称取 KHP 0.8～1.0g。

（2）被测物质的质量分数的计算　设 G 为试样的质量，m_A 为试样中所含被测组分 A 的质量，被测组分的质量分数为：

$$w_A = \frac{m_A}{G} \times 100\%$$

因为

$$m_A = c_B V_B \times 10^{-3} M_A$$

所以

$$w_A = \frac{c_B V_B \times 10^{-3} M_A}{G} \times 100\%$$

若 $a/b \neq 1$ 时，则：

$$w_A = \frac{c_B V_B \times 10^{-3} \times (a/b) M_A}{G} \times 100\%$$

📖【例 1-3】 测定纯碱中 Na_2CO_3 的含量时，称取样品 0.3398g，以甲基橙为指示剂，用 0.2405mol/L 的 HCl 标准溶液滴定至橙色，消耗 HCl 标准溶液 25.58mL，求纯碱中 Na_2CO_3 的质量分数。

【解】 此滴定反应为：

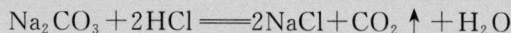

$$Na_2CO_3 + 2HCl \longrightarrow 2NaCl + CO_2 \uparrow + H_2O$$
$$n(Na_2CO_3) = \frac{1}{2}n(HCl)$$
$$w(Na_2CO_3) = \frac{c(HCl)V(HCl) \times 10^{-3} \times M(Na_2CO_3)}{2G} \times 100\%$$
$$= \frac{0.2405 \times 25.58 \times 10^{-3} \times 105.99}{2 \times 0.3398} \times 100\%$$
$$= 95.95\%$$

（3）物质的量浓度与滴定度间的换算

📖【例 1-4】 有一 $KMnO_4$ 标准溶液，已知其浓度为 0.02010mol/L，求其 T（Fe/KMnO$_4$）和 T（Fe$_2$O$_3$/KMnO$_4$）。如果称取试样 0.2718g，溶解后将溶液中的 Fe^{3+} 还原成 Fe^{2+}，然后用 $KMnO_4$ 标准溶液滴定，消耗掉 26.30mL，求试样中铁的质量分数，分别以 w(Fe)、w(Fe$_2$O$_3$) 表示之。

【解】 此滴定反应是：

$$5Fe^{2+} + MnO_4^- + 8H^+ = 5Fe^{3+} + Mn^{2+} + 4H_2O$$

$$n(Fe) = 5n(KMnO_4)$$

$$n(Fe_2O_3) = \frac{5}{2}n(KMnO_4)$$

$$T(Fe/KMnO_4) = \frac{m(Fe)}{V(KMnO_4)} = \frac{n(Fe)M(Fe)}{V(KMnO_4)}$$

$$= \frac{5n(KMnO_4)M(Fe)}{V(KMnO_4)}$$

$$= \frac{5c(KMnO_4)V(KMnO_4)M(Fe)}{V(KMnO_4)}$$

$$= \frac{5 \times 0.02010 \times 26.30 \times 10^{-3} \times 55.85}{26.30}$$

$$= 0.005613 \ (g/mL)$$

$$T(Fe_2O_3/KMnO_4) = \frac{m(Fe_2O_3)}{V(KMnO_4)} = \frac{\frac{5}{2}n(Fe_2O_3)M(Fe_2O_3)}{V(KMnO_4)}$$

$$= \frac{\frac{5}{2}c(KMnO_4)V(KMnO_4)M(Fe_2O_3)}{V(KMnO_4)}$$

$$= \frac{\frac{5}{2} \times 0.02010 \times 26.30 \times 10^{-3} \times 159.69}{26.30}$$

$$= 0.008025 \ (g/mL)$$

$$w(Fe) = \frac{T(Fe/KMnO_4)V(KMnO_4)}{G_{试样}} \times 100\%$$

$$= \frac{0.005613 \times 26.30}{0.2718} \times 100\% = 54.31\%$$

$$w(Fe_2O_3) = \frac{T(Fe_2O_3/KMnO_4)V(KMnO_4)}{G_{试样}} \times 100\%$$

$$= \frac{0.008205 \times 26.30}{0.2718} \times 100\% = 77.65\%$$

1.5 水质分析结果的误差及其表示方法

1.5.1 误差及其产生的原因

水质分析的目的是准确测定水样中有关组分的含量，要求分析结果具有一定的准确度。但是，任何细致的分析工作，都不可能不引入误差，如用天平称基准物质时会带来称量误差；读取滴定管的读数时，小数点后第二位是估读的，因而会产生读数误差。因此，要查出产生误差的原因和研究减少误差的办法。

测定值与真实值的差值称为误差。若测定值大于真实值时，误差为正；反之，误差为负。根据误差的性质和产生的原因，可将误差分为系统误差和偶然误差两类。

1.5.1.1 系统误差

系统误差又称可测误差，由分析过程中某些经常的原因造成的，对分析结果的影响比较固定，在同一条件下，重复测定时，它会重复出现，其大小、正负也有一定的规律，其大小往往可以估计，并可以校正。系统误差产生的主要原因如下。

（1）**方法误差**　方法误差是指分析方法本身不够完善或有缺陷所造成的误差。如在滴定分析中反应不完全，由指示剂引起的滴定终点与化学计量点不符合，副反应发生和干扰离子影响等，系统地影响测定值偏高或偏低。

（2）**仪器和试剂误差**　仪器误差来源于仪器本身不够精确，如砝码长期使用后质量有改变，容量仪器刻度和仪表的刻度不准确等。

试剂误差来源于试剂不纯，如试剂和蒸馏水中含有待测物质或干扰物质等。

（3）**主观误差**　主观误差是由于分析操作人员一些生理上或习惯上的原因造成，如对终点颜色敏感性不同，有人测得的颜色偏深，有人测得的颜色偏浅。

系统误差可以用对照试验、空白试验、校准仪器等办法加以校正。

1.5.1.2 偶然误差

偶然误差又称随机误差，是由某些偶然原因引起的误差。如水温、气压等的微小波动，仪器的微小变化，分析操作人员对水样预处理、保存或操作技术上的微小差别以及天平、滴定管最后一位读数的不确定性等一些不可避免的偶然因素，使分析结果产生波动造成的误差。这类误差的原因常常难以察觉，大小、正负无法测量，也不能加以校正。

1.5.1.3 操作误差

操作误差往往由于分析人员工作不细致，违反操作规程，以致在分析过程中会引入许多操作错误所造成。例如，器皿不洁净，试液丢损，试剂加错，看错砝码，记录和计算上的错误等。这些都属于不应有的过失，会给测定值带来严重影响，必须注意避免。当发现为错误的测定值时，应该将其剔除，不能参与平均值的计算。因此，水质分析人员必须严格遵守操作规程，耐心细致，一丝不苟地进行分析操作，养成良好的实验习惯，从而避免操作误差。

1.5.2 误差的表示方法

1.5.2.1 准确度与误差

准确度表示测定值与真实值的符合程度。测定值与真实值之间差别越小，则测定值的准确度越高，如果相反，则准确度越低。准确度的大小，用误差表示。**误差**是测定值与真实值之间的差值。误差越小，准确度越高；反之，准确度越低。误差有两种表示方法，即绝对误差和相对误差。

$$绝对误差 = 测定值 - 真实值$$
$$相对误差 = \frac{测定值 - 真实值}{真实值} \times 100\%$$

例如，称得某物的质量为 1.6380g，而该物的真实质量为 1.6381g，则：

$$绝对误差 = 1.6380 - 1.6381 = -0.0001 （g）$$

$$相对误差 = \frac{-0.0001}{1.6381} \times 100\% = -0.006\%$$

在实际工作中，由于真实值是未知的，所以需要用测定回收率的方法确定准确度。就是向一未知样品中加入已知量的标准物质，并同时测定该样品和样品加标准物质的结果，按下列公式计算回收率：

$$回收率 = \frac{样品加标准物的测定值 - 样品的测定值}{加入样品标准物的量} \times 100\%$$

1.5.2.2 精密度与偏差

精密度表示在同一条件下，测定某一均匀样品时，多次测定结果之间的符合程度。精密度的大小，用偏差表示。**偏差**是测定值与平均值之差。偏差越小，精密度越高；反之，精密度越低。同误差一样，偏差也有绝对偏差和相对偏差两种。

$$绝对偏差 = 测定值 - 平均值$$

$$相对偏差 = \frac{测定值 - 平均值}{平均值} \times 100\%$$

如果说一组平行测定的数据精密度高，就是指几次测定值之间很符合，但是准确度不一定高。如果要求准确度高，必须以精密度高为前提。

实际上，即使分析条件完全相同，同一样品的多次测定结果也不会完全相同，虽然各测定值的偏差彼此独立，互不相关，但全部测定值有明显集中的趋势。为了描述这些测定值之间的分散程度（即精密度），常用标准偏差或变异系数（又称相对标准偏差）表示：

$$标准偏差（S） = \sqrt{\frac{\sum_{i=1}^{n}(x_i - \overline{x})^2}{n=1}}$$

式中　n——测定次数；

　　　x_i——第 i 次测定值；

　　　$\overline{x}$——测定值的平均值。

$$变异系数（CV） = \frac{S}{\overline{x}} \times 100\%$$

1.5.2.3 提高准确度与精密度的方法

为了提高水质分析方法的准确度和精密度，必须减少或消除分析过程中的系统误差和偶然误差。在水样分析测定时，可采取如下措施。

（1）校准仪器　在准确度要求较高的分析中，应定期对砝码、滴定管、容量瓶、移液管及某些精密分析仪器进行校准。

（2）空白试验　空白试验是以蒸馏水代替试样，按照与分析试样完全相同的操作步骤和条件进行分析试验。得到的结果称为空白试验值。试样的测定值减去空白试验值可以得到更接近真实含量的测定值。

（3）对照试验　对照试验是用于检查系统误差的有效方法。进行对照实验时，常用标准试样或用纯物质配成的试液与试样按照同一方法进行对照。

（4）增加平行测定次数　增加测定次数，可以减小偶然误差，提高精密度，通常要求平行测定 2～4 次。

（5）分析结果的校正　有些测定由于本身不够完善而引入误差。在重量分析中使待测组分沉淀，但沉淀不可能绝对完全，必须采用其他方法进行校正。例如，在沉淀 $BaSO_4$ 后的滤液中可以用比浊法测出少量 SO_4^{2-}。必要时，可将比浊法测定值加到重量法测定值中去。

1.6　数据处理

1.6.1　有效数字

1.6.1.1　有效数字的意义

有效数字用于表示测量结果，指测量中实际能测得的数字，即表示数字的有效意义。有效数字与通常数学上的数值在概念上是不同的。由有效数字构成的数值（如测定值），其位数反映了计量器具或仪器的精密度和准确度。例如，34.5、34.50 和 34.500 在数学上都视为同一数值，如用于表示测定值，则其所反映的测量结果的准确程度是不同的。一个由有效数字构成的数值，其倒数第二位上的数字应该是可靠的，或为确定的，只有末位数字是可疑的或为不确定的。因此，有效数字是由全部确定数字和一位不确定数字构成的，是指在分析和测量中所能得到的有实际意义的数字。

测量结果的记录、运算和报告，必须使用有效数字。有效数字的位数不能任意增删。

由有效数字构成的测定值必然是近似值。因此，测定值的运算应按照近似计算规则进行。

数字"0"，当它用于指示小数点的位置，而与测量的准确程度无关，不是有效数字；当它用于与测量准确度有关的数值大小时，即为有效数字。这与"0"在数值中的位置有关。

① 第一个非零数字前的"0"不是有效数字，例如：

0.0398　　　　　　　　　　　三位有效数字

0.008　　　　　　　　　　　一位有效数字

② 非零数字中的"0"是有效数字，例如：

3.0098　　　　　　　　　　　五位有效数字

5301　　　　　　　　　　　四位有效数字

③ 小数中最后一个非零数字后的"0"是有效数字，例如：

3.9800　　　　　　　　　　　五位有效数字

0.390%　　　　　　　　　　　三位有效数字

④ 以"0"结尾的整数，有效数字的位数难以判断，例如：39800 可能是三位、四位甚至五位有效数字。在此情况下，应根据测定值的准确程度改写为指数形式，例如：

3.98×10^4　　　　　　　　　三位有效数字

3.9800×10^4　　　　　　　　五位有效数字

1.6.1.2　测量数据的有效数字记数规则

（1）记录测量数据时，只保留一位可疑数字。

一个分析结果有效数字的位数，主要取决于原始数据的正确记录和数值的正确计算。在记录测量值时，要同时考虑到计量器具的精密度和准确度，以及测量仪器本身的误差。

当用检定合格的计量器具称量物质或量取溶液时，有效数字可以记录到其最小分度值，最多保留一位不确定数字。以实验室最常用的计量器具为例：

① 最小分度值为 0.1mg 的分析天平称量物质时，有效数字可以记录到小数点第四位。如 1.3485g，此时有效数字为 5 位；称取 0.8642g，有效数字则为 4 位。

② 用玻璃量器量取溶液体积的有效数字位数是根据量器的容量允许差和读数误差来确定的。如单位线 A 级 50mL 的容量瓶，准确容积为 50.00mL；单位线 A 级 10mL 的移液管，准确容积为 10.00mL，有效数字均为 4 位；用有分度标记的移液管或滴定管量取溶液时，读数的有效位数可达其最小分度后一位，保留一位不确定数字。

③ 分光光度计最小分度值为 0.005，因此吸光度一般可记到小数点后第三位，有效数字位数最多只有三位。

④ 带有计算机处理系统的分析仪器，往往根据计算机自身的设定打印或显示结果，可以有很多位数，但这并不增加仪器的精度和可读的有效位数。

⑤ 在一系列操作中，使用多种计量仪器时，有效数字以最少的一种计量仪器的位数表示。

（2）测量结果的有效数字所能达到的位数不能超过方法检出限的有效数字所能达到的位数。例如，一个方法的最低检出浓度为 0.02mg/L，则分析结果报出 0.088mg/L 就不合理，应报 0.09mg/L。

（3）在数值计算中，当有效数字位数确定之后，其余数字应按修约规则一律舍去。

（4）在数值计算中，某些倍数、分数不连续物理量的数目，以及不经测量而完全根据理论计算或定义得到的数值，其有效数字的位数可视为无限。这类数值在计算中需要几位就可以写几位。

（5）表示精密度通常只取一位有效数字。测定次数很多时，方可取两位有效数字，且最多只取两位。

1.6.2 有效数字修约及计算规则

1.6.2.1 有效数字的修约规则

测量值的有效数字位数确定后，应将它们后面多余的数字舍去，舍去多余数字的过程称为数字修约。各种分析、计算的数值需修约时，应按《数值修约规则与极限数值的表示和判定》（GB/T 8170—2008）进行数值修约。

（1）确定修约位数的表达方式

① 指定数位

a. 指定修约间隔为 10^{-n}（n 为正整数），或指明数值修约到 n 位小数。

b. 指定修约间隔为 1，或指明数值修约到个数位。

c. 指定修约间隔为 10^n，或指明数值修约到 10^n 数位（n 为正整数），或指明将数值修约到"十""百""千"……数位。

② 指定将数值修约成 n 位有效位数。

（2）取舍规则　各种测量、计算数据需要修约时，应按照**"四舍六入五考虑，五后非零则进一，五后皆零视奇偶，五前为偶应舍去，五前为奇则进一"**的原则取舍，即：

① 拟舍弃数字的最左一位数字小于 5 时，则舍去，即保留的各位数字不变。

例如，如将 12.1498 修约到一位小数，得 12.1，修约成两位有效数字，得 12。

② 拟舍弃数字的最左一位数字大于 5 或虽等于 5，而后并非全部为 0 的数字时，则进 1，即保留的末尾数字加 1。

例如，将 1268 修约到百位，得 13×10^2。将 10.502 修约到个位，得 11。

③ 拟舍弃数字的最左一位数字为 5，而右面无数字或皆为零时，若保留的末位数为奇数，则进 1，为偶数则舍去。

例如，1.050 和 0.350 的修约间隔为 0.1（或 10^{-1}），则其修约值分别为 1.0 和 0.4。

如 2500 和 3500 的修约间隔指定为 1000（或 10^3），其修约值分别为 2×10^3 和 4×10^3。

又如将 0.0325 修约成两位有效数字，得 0.032，将 32500 修约成两位有效数字，得 32×10^3。

1.6.2.2 有效数字的计算规则

在加减法的计算中，几个数相加或相减，最后结果的有效数字位数自左起不超过参加计算的有效数字中第一个出现的可疑数字。如在小数的加减计算中，结果所保留的小数点后的位数与各数中小数点后位数最少者相同。在实际运算中，保留的位数比各数值中小数点后位数最少者多留一位小数，而计算结果则按数值修约规则处理。例如：

$$508.4 - 438.68 + 13.046 - 6.0548$$
$$\approx 508.4 - 438.68 + 13.05 - 6.05 = 76.72$$

最后计算结果只保留一位小数，得 76.7。

几个数相乘或相除时，最后结果的有效数字位数要与参加计算的各数值中有效数字位数最少者相同。在实际运算过程中，先将各数值修约至比有效数字位数最少者多保留一位有效数字，再将计算结果按数值修约规则处理。例如：

$$0.0676 \times 70.19 \times 6.50237$$
$$\approx 0.0676 \times 70.19 \times 6.502 = 30.850975688$$

最后的计算结果用三位有效数字表示为 30.9。

在当前普遍使用计算器的情况下，为减少计算误差，可在运算过程中适当保留较多的数字，对中间结果不作修约，只将结果修约到所需位数。

✏ 思考题与习题 >>>

1. 填空题

（1）在水质分析中，主要以分析化学的基本原理为基础，其基本方法可分为_____法和_____法两大类。

（2）已知准确浓度的试剂溶液被称为_____或_____；将_____通过滴定管计量并滴加到被分析物质溶液中的过程称为_____。

（3）测定值与真实值的差值称为_____，根据_____的性质和产生的原因，可以分为_____和_____两类。

2. 判断题

（1）采集的水样与测定时间相隔越短，分析的结果就越可靠。（　　）

（2）如果说一组平行测定的数据精密度高，就是几次测定值之间很符合，准确度一定高。（　　）

（3）有效数字与通常数学上的数值在概念上是相同的。（　　）

3. 简答题

（1）为什么用于滴定分析的化学反应必须有确定的计量关系？

（2）什么是化学计量点？什么是滴定终点？

（3）基准物质应具备哪些条件？标准滴定溶液如何配制？

（4）精密度与准确度有何区别？对分析来说，两者的关系如何？

（5）产生系统误差的原因有哪些？

（6）溶液浓度常有哪几种表示方法？

（7）简述采集工业废水水样时的注意事项。

4. 计算题

（1）已知浓硫酸的相对密度为 1.84，浓度为 98%。如欲配制 1L 0.20mol/L 硫酸溶液，应取这种硫酸溶液多少毫升？

（2）有一氢氧化钠溶液，其浓度为 0.5450mol/L，取该溶液 100.0mL，需加水多少毫升方能配成 0.5000mol/L 的溶液？

（3）称取 0.5008g 磷苯二甲酸氢钾（KHP）做基准物质，来标定 NaOH 溶液，已知用去 NaOH 溶液 23.48mL，求 NaOH 溶液的质量浓度。

（4）测定 5 次氯化物的含量，测定值分别为 115mg/L、112mg/L、114mg/L、113mg/L、115mg/L，分别计算测定平均值、测定值的标准偏差、变异系数。

📖 拓展阅读

分析化学家俞汝勤：报国情怀　矢志不渝

俞汝勤，分析化学家，中国分析化学的学术带头人。

俞汝勤先生出生于 20 世纪 30 年代，1952 年中学毕业后，他因学习勤奋、成绩优秀，被选送出国深造。那时新中国刚成立不久，出国留学的人很少。俞先生感恩祖国的培养，努力学习，一心想学好科学知识，希望自己能有一技之长，报效祖国。因此，在苏联时期的列宁格勒大学化学系学习时，几乎是夜以继日、废寝忘食，抓紧一切时间学习专业知识，为后来的科研与教学工作打下了良好的专业基础。

1959 年，俞先生毕业后回国，长期从事分析化学、有机分析试剂及化学计量学等方面的研究与教学工作。他建立了稀有金属的分析方法，研制出多种新型电化学及光化学传感器，将数学、计算机科学的新成果应用到分析化学的基础研究领域，提出了作为化学量测基础理论与方法学的独特教学体系。他发表学术专著和学术论文 300 余篇，其许多具有开拓意义的研究成果被广泛应用于化工、冶金、环保等领域。俞先生先后应邀在瑞士联邦理工学院、美国华盛顿州立大学、俄罗斯科学院维尔纳茨基地球化学与分析化学研究所作有关化学传感器专题讲学，在美国华盛顿大学、香港浸会大学与日本鹿儿岛大学作化学计量学专题讲学，并先后获得多项国家自然科学奖和省、部级奖励。

1991 年，俞汝勤当选为中国科学院院士。俞先生常说，人生的目的不在于获取而在于奉献，能否成功在于勤奋。数十年一贯勤于思索、勤于实践，他在科研、教育领域的卓越贡献就是最好的诠释。俞先生始终把培育人才放在重要位置，对学生以身作则，勤于指导，为国家培养了一大批高质量的博士、硕士研究生。他的言传身教，也深深感染着自己的学生和身边的年轻人。

俞先生从国外归来时，心里就装着使命，在分析化学与化学计量学的研究领域顽强拼搏，潜心治学，教书育人。在他身上能感受到一种报国情怀，一种奉献精神。后者成就了这一代人面对困难决不退缩的担当，有了成就更要献身国家和人民的使命与责任。

2

水质分析技能基础知识

📨 学习目标

❖ **知识目标**

了解酸碱指示剂的变色原理和变色范围；理解酸碱滴定的曲线突跃范围和准确滴定的条件；掌握分步滴定的准确性判断依据和各计量点指示剂的选择。

❖ **能力目标**

能设计实验并判断能否准确滴定、选择合适指示剂和滴定剂；在测定酸、碱度的实验过程中，观察、思考和解决出现的实际问题。

❖ **素质目标**

结合实际水质分析操作案例，培养勇于正视问题、正确认知、勤于反思和务实求真的科学素养；树立正确的实验室安全意识和实验室废液回收的环保意识。

2.1 常用玻璃仪器及其他器皿、器具

2.1.1 常用玻璃仪器

玻璃仪器由于具有透明、耐热、耐腐蚀、易清洗等特点，在水质分析中应用较广。常用玻璃仪器的规格、用途及使用注意事项见表 2-1。

表 2-1 水质分析常用玻璃仪器

名 称	规 格	主要用途	注意事项
烧杯	容量/mL 25，50，100，250，400，500，800，1000，2000	配制溶液，溶解处理样品	① 加热时须在底部垫石棉网，防止其因局部加热而破裂 ② 杯内待加热液体的体积不要超过总容积的 2/3 ③ 加热腐蚀性液体时，杯口要盖表面皿
锥形瓶及碘量瓶	容量/mL 50，100，250，500，1000	用于容量滴定分析；加热处理试样；碘量法及其他生成易挥发性物质的定量分析	① 加热时应置于石棉网上，使之受热均匀，瓶内液体应为容积的 1/3 左右 ② 磨口锥形瓶加热时要打开瓶塞

名　称	规　格	主要用途	注意事项
平（圆）底烧瓶	容量/mL 250，500，1000	加热及蒸馏液体	① 加热时应置于石棉网上 ② 可加热至高温，注意不要使温度变化过于剧烈
蒸馏烧瓶	容量/mL 50，100，250，500，1000	蒸馏	① 加热时应置于石棉网上 ② 可加热至高温，注意不要使温度变化过于剧烈
量筒	容量/mL 5，10，25，50，100，250，500，1000，2000	粗略量取一定体积的液体	① 不能用量筒加热溶液 ② 不可作溶液配制的容器使用 ③ 操作时要沿壁加入或倒出液体
容量瓶	容量/mL 5，10，25，50，100，200，250，500，1000，2000	用于配制体积要求准确的溶液；定容分无色和棕色两种，棕色用于盛放避光溶液	① 磨口塞要保持原配，漏水的容量瓶不能用 ② 不能用火加热也不能在烤箱内烘烤 ③ 不能在其中溶解固体试剂 ④ 不能盛放碱性溶液
滴定管	容量/mL 25，50，100	滴定分析中的精密量器，用于准确测量滴加到试液中的标准滴定溶液的体积	① 活塞要原配 ② 漏水不能使用 ③ 不能加热 ④ 碱式滴定管不能用来装与胶管作用的溶液
微量滴定管	容量/mL 1，2，3，4，5，10	用于微量或半微量分析滴定使用	① 活塞要原配 ② 漏水不能使用 ③ 非碱式滴定管不能用来装碱性溶液

名　称	规　格	主要用途	注意事项
移液管　吸量管	容量/mL 无分度移液管：1，2，5，10，25，50，100 直管式吸量管：0.1，0.5，1，2，5，10 上小直管式吸量管：1，2，5，10	滴定分析中的精密量器，用于准确量取一定体积的溶液	① 使用前洗涤干净，用待吸液润洗 ② 移液时，移液管尖与受液容器壁接触，待溶液流尽后，停留15s，再将移液管拿走 ③ 除吹出式移液管外，不能将留在管尖内的液体吹出 ④ 不能加热，管尖不能磕坏
比色管	容量/mL 10，25，50，100 （有具塞、不具塞两种）	比色分析	① 比色时必须选用质量、口径、厚薄、形状完全相同的成套比色管使用 ② 不能用毛刷擦洗，不可加热
滴瓶	容量/mL 30，60，125，250；有无色、棕色两种	常用于盛装逐滴加入的试剂溶液	① 磨口滴头要保持原配 ② 放碱性试剂的滴瓶应该用橡胶塞，以防长时间不用而打不开 ③ 滴管不能倒置，不要将溶液吸入胶头
细口瓶、广口瓶	容量/mL 30，60，125，500，1000，2000；有无色和棕色两种，棕色盛放避光试剂	也称试剂瓶，细口瓶盛放液体试剂，广口瓶盛放固体试剂或糊状试剂溶液	① 不能用火直接加热 ② 盛放碱溶液要用胶塞或软木塞 ③ 取用试剂时，瓶盖应倒放 ④ 长期不用时应在瓶口与磨塞间衬纸条，以便在需要时顺利打开
洗瓶	容量/mL 250，500，1000	洗涤仪器和沉淀	① 不能装自来水 ② 可以自己装配

名　称	规　格	主要用途	注意事项
冷凝管	长度/mm 320，370，490； 直形，球形，蛇形冷凝管	用于冷却蒸馏出的液体	① 装配仪器时，先装冷却水胶管，再装仪器 ② 装配时从下口进冷却水，从上口出冷凝液；开始进水须缓慢，水流不能太大 ③ 使用时不应骤冷骤热
干燥器	直径/mm 160，210，240，300； 分普通干燥器和真空干燥器	用于冷却和保存已经烘干的试剂、样器或已恒重的称量瓶、坩埚	① 盖子与器体的磨口处涂适量的凡士林，以保证密封 ② 放入干燥器的物品温度不能过高 ③ 开启顶盖时不要向上拉，而应向旁边水平错开，顶盖取下后要翻过来放稳 ④ 经常更换干燥剂
漏斗	直径/mm 45，55，60，80，100，120	用于过滤或倾注液体	① 不可直接用火加热，过滤的液体也不能太热 ② 过滤时，漏斗颈尖端要紧贴承接容器的内壁 ③ 滤纸铺好后应低于漏斗上边缘 5mm
分液漏斗	容积/mL 50，100，125，150，250，500，1000	分开两种密度不同又互不混溶的液体；作反应器的加液装置	① 活塞上要涂凡士林，使之转动灵活，密合不漏 ② 活塞、旋塞必须保持原配 ③ 长期不用时，在磨口处垫一纸条 ④ 不能用火加热
研钵	直径/mm 60，80，100，150，190	研磨固体试剂	不能撞击，不能加热
表面皿	直径/mm 45，60，75，90，100，120，150，200	用于盖烧杯及漏斗等，防止灰尘落入或液体沸腾飞溅产生损失，做点滴板	不能用火直接加热

名　称	规　格	主　要　用　途	注　意　事　项
称量瓶 高型　　低型	容量/mL 低型：10，20，25，40，60 高型：5，10，15，30，45	称量或烘干样品、基准试剂，测定固体样品中水分	① 洗净，烘干（但不能盖紧瓶盖烘烤），置于干燥器中备用 ② 磨口塞要原配 ③ 称量时不要用手直接拿取，应用洁净的纸带或用棉纱手套 ④ 烘干样品时不能盖紧磨塞

2.1.2　常用瓷器皿

由于瓷质器皿与玻璃仪器相比，有耐高温（可达1200℃）、机械强度大、耐骤冷骤热的温度变化等优点，在实验室中经常用到。表2-2列举了实验室常用瓷器皿。

表2-2　水质分析常用瓷器皿

名　称	常用规格	主　要　用　途	注　意　事　项
蒸发皿	容量/mL 无柄：35，60，100，150，200，300，500，1000 有柄：30，50，80，100，150，200，300，500，1000	蒸发浓缩液体用于700℃以下物料灼烧	① 能耐高温，但不宜骤冷 ② 一般在铁环上直接用火加热，但必须在预热后再提高加热强度
坩埚	容量/mL 高型：15，20，30，50 中型：2，5，10，15，20，50，100 低型：15，25，30，45，50	灼烧沉淀，处理样品	① 能耐高温，但不宜骤冷 ② 根据灼烧物质的性质选用不同材料的坩埚
研钵	直径/mm 普通型：60，80，100，150，190 深型：100，120，150，180，205	混合、研磨固体物料绝对不允许研磨强氧化剂（如$KClO_4$）研磨时不得敲击	① 不能作反应容器，放入物质量不超过容积的1/3 ② 绝对不允许研磨强氧化剂（如$KClO_4$） ③ 研磨时不得敲击
点滴板	孔数：6，12 上釉瓷板，分黑、白两种	定性点滴试验，观察沉淀生成或颜色	① 白色点滴板用于有色沉淀，显色试验 ② 黑色点滴板用于白色、浅色沉淀，显色试验

名　　称	常用规格	主要用途	注意事项
布氏漏斗	外径/mm 51，67，85，106，127，142，171，213，269	用于抽滤物料	① 漏斗和吸滤瓶大小要配套，滤纸直径略小于漏斗内径 ② 过滤前，先抽气；结束时，先断开抽气管与滤瓶连接处再停抽气，以防止液体倒吸
白瓷板	长×宽×高 152mm × 152mm × 5mm	滴定分析时垫于滴定板上，便于观测滴定时的颜色变化	—

2.1.3　常用器具

水质分析中为配合玻璃仪器的使用，还必须配备一些器具。这些常用器具见表2-3。

表2-3　水质分析常用器具

名　　称	用　途	名　　称	用　途
水浴锅	用于加热反应器皿，电热恒温水浴使用更为方便	滴定台　滴定夹	夹持滴定管
铁架台铁三脚架	固定放置反应容器；如要加热，在铁环或铁三脚架上要垫石棉网或泥三角	移液管（吸管架）	放置各种规格的移液管（吸量管）
石棉网	加热容器时，垫在容器和热源之间，使容器受热均匀	漏斗架	放置漏斗进行过滤

名　称	用　途	名　称	用　途
泥三角	架放直接加热的小蒸发皿	试管架	放置试管
万能夹　烧瓶夹	夹持冷凝管、烧瓶等	比色管架	放置比色管

2.1.4　玻璃仪器的洗涤及保管

在进行水质分析前，必须将所用玻璃仪器洗净，玻璃仪器是否洁净，对实验结果的准确度和精密度都有直接的影响。因此，玻璃仪器的洗涤是实验工作中非常重要的环节。洗涤后的仪器必须达到倾去水后器壁不挂水珠的程度。

2.1.4.1　一般玻璃仪器的洗涤

洗涤任何玻璃仪器之前，一定要先将仪器内原有的试液倒掉，然后再按下述步骤进行洗涤。

（1）用水洗　根据仪器的种类和规格，选择合适的刷子蘸水刷洗，或用水摇动（必要时可加入滤纸碎片），洗去灰尘和可溶性物质。

（2）用洗涤剂洗　用于对一般玻璃仪器如烧杯、锥形瓶、试剂瓶、量筒、量杯等的洗涤。其方法是用毛刷蘸取低泡沫的洗涤剂，用刷子反复刷洗，然后边刷边用水冲洗，当倾去水后，如果被刷洗容器壁上不挂水珠，即可用少量蒸馏水或去离子水分多次（至少三次）淋洗，洗去所沾的自来水后，即可（或干燥后）使用或保存。

（3）用洗液洗　对于有些难以洗净的污垢，或不宜用刷子刷洗的容量仪器，如移液管、滴定管、容量瓶等，以及无法用刷子刷洗的异形仪器，如冷凝管，还有上述方法不能洗净的玻璃仪器。若用上述方法已洗至不挂水珠，此步骤可省略。其方法是将洗液倒入仪器内进行淌洗或浸泡一段时间，回收洗液后用自来水冲洗干净。可根据污垢的性质选用相应的洗液洗涤。常用的洗液种类及用途见表2-4和表2-5。

用洗液洗涤时要注意两点：一是在使用一种洗液时，一定要洗尽前一种洗液，以免两种洗液互相作用，降低洗涤效果，或者生成更难洗涤的物质；二是在用洗液洗涤后，仍需先用自来水冲洗，洗尽洗液后，再用蒸馏水淋洗，除尽自来水，控干备用。

（4）用专用有机溶剂洗　用上述方法不能洗净的油或油类物质，可用适当的专用有机溶剂溶解去除。

洗涤玻璃仪器的一般步骤为：①用自来水冲洗；②用洗液（剂）洗涤；③用自来水冲洗；④用少量蒸馏水淋洗至少3次，直到仪器器壁不挂水珠，无干痕。

表 2-4 水质分析常用洗液

洗液名称	配制方法	适用洗涤的仪器	注意事项
合成洗涤剂	选用合适的洗涤剂或洗衣粉，溶于温水中，配成浓溶液	洗涤玻璃器皿安全方便，不腐蚀衣物	该洗液用后，最好再用 6mol/L 硝酸浸泡片刻
铬酸洗液	称 20g 研细的重铬酸钾（工业纯）加 40mL 水，加热溶解。冷却后，沿玻璃棒慢慢加入 360mL 浓硫酸，边加边搅拌，放冷后装入试剂瓶中盖紧瓶塞备用	用于去除器壁残留的油污，用少量洗液刷洗或浸泡	① 具有强腐蚀性，防止烧伤皮肤和衣物 ② 新配的洗液呈暗红色，用毕回收，可反复使用。贮存时瓶塞要盖紧，以防吸水失效 ③ 如该液体转变成绿色，则失效 ④ 废液应集中回收处理
碱性高锰酸钾洗液	4g KMnO$_4$ 溶于少量水中，加 10% 的 NaOH 溶液至 100mL	此洗液作用缓慢温和，用于洗涤油污或某些有机物	① 玻璃器皿上沾有褐色氧化锰可用盐酸羟胺或草酸洗液洗除之 ② 洗涤不应在所洗的玻璃器皿中长期存留
草酸洗液	5～10g 草酸溶于 100mL 水中，加入少量浓盐酸	用于洗涤使用高锰酸钾洗液后，器皿产生的二氧化锰	必要时加热使用
纯酸洗液	① (1+1) HCl ② (1+1) H$_2$SO$_4$ ③ (1+1) HNO$_3$ ④ H$_2$SO$_4$＋HNO$_3$ 等体积混合液	浸泡或浸煮器皿，用于洗去碱性物质及大多数无机物残渣	使用需加热时，温度不宜太高，以免浓酸挥发或分解
碱性乙醇洗液	25g 氢氧化钾溶于少量水中，再用工业纯乙醇稀释至 1L	适于洗涤玻璃器皿上的油污	① 应贮于胶塞瓶中，久贮易失效 ② 防止挥发，防火
碘-碘化钾洗液	1g 碘和 2g 碘化钾混合研磨，溶于少量水中，再加水稀释至 100mL	洗涤硝酸银的褐色残留物	洗液应避光保存
有机溶剂	汽油、甲苯、二甲苯、丙酮、酒精、氯仿等有机溶剂	用于洗涤粘较多油脂性污物、小件和形状复杂的玻璃仪器。如活塞内孔，吸管和滴定管尖头等	① 使用时要注意其毒性及可燃性，注意通风 ② 用过的废液回收，蒸馏后仍可继续使用

　　玻璃砂（滤）坩埚、玻璃砂（滤）漏斗及其他玻璃砂芯滤器，由于滤片上空隙很小，极易被灰尘、沉淀物等堵塞，又不能用毛刷清洗，须选用适宜的洗液浸泡抽洗，最后用自来水、蒸馏水冲洗干净。

　　适用于洗涤砂芯滤器的洗液见表 2-5。

表 2-5 砂芯滤器洗液

沉淀物	洗液配方	用法
新滤器	热 HCl、铬酸洗液	浸泡、抽洗
氯化银	1∶1 氨水、10% 亚硫酸钠	浸泡后抽洗
硫酸钡	浓硫酸、3% EDTA 500mL＋浓氨水 100mL 混合液	浸泡、蒸煮、抽洗

沉 淀 物	洗 液 配 方	用 法
汞	热浓硝酸	浸泡、抽洗
氧化铜	热氯酸钾＋盐酸混合液	浸泡、抽洗
有机物	热铬酸洗液	抽洗
脂肪	四氯化碳	浸泡、抽洗、再换洁净的四氯化碳抽洗

2.1.4.2 玻璃仪器的干燥

不同的分析操作对仪器的干燥程度要求不同，有的可以带水，有的则要求干燥，所以应根据实验的要求来选择合适的干燥方式。表2-6为常见的干燥方式。

表 2-6 玻璃仪器常见的干燥方式

干 燥 方 式	操 作 要 领	注 意 事 项
晾干	不急于使用的、要求一般干燥的仪器，洗净后倒置，控去水分，使其自然干燥	—
烘干	要求无水的仪器在 110～120℃清洁的烘箱内烘 1h 左右	① 干燥实心玻璃塞、厚壁仪器烘干时，要缓慢升温，以免炸裂 ② 烘干后的仪器一般应在干燥器中保存 ③ 任何量器均不得用烘干法干燥
吹干	急于干燥的仪器或不适合烘干的仪器如量器，可控净水后依次用乙醇、乙醚淌洗几次，然后用吹风机按热、冷风顺序吹干	① 溶剂要回收 ② 注意室内通风、防火、防毒
烤干	急用的试管，试管口向下倾斜，用火焰从管底依次向管口烘烤	① 只适用于试管 ② 注意防火、防炸裂

2.1.4.3 玻璃仪器的保管

洗净、干燥的玻璃仪器要按实验要求妥善保管，如称量瓶要保存在干燥器中，滴定管倒置于滴定管架上；比色皿和比色管要放入专用盒内或倒置在专用架上；磨口仪器，如容量瓶、碘量瓶、分液漏斗等要用小绳将塞子拴好，以免打破塞子或互相弄混；暂时不用的磨口仪器，磨口处要垫一纸条，用橡皮筋拴好塞子保存。

2.2 化学试剂与试液

2.2.1 化学试剂

水质分析中要用到各种化学试剂，了解化学试剂的分类、规格、性质及使用知识是很有必要的。

2.2.1.1 试剂的分类与规格

化学试剂根据用途可分为一般化学试剂和特殊化学试剂。

（1）一般化学试剂　根据国家标准，一般化学试剂按其纯度可分为四级，其规格及适用范围见表2-7。另外，指示剂也属于一般化学试剂。

表 2-7　化学试剂的规格及适用范围

试剂级别	纯度分类	符　号	瓶签颜色	适 用 范 围
一级品	优级纯	G. R.	绿色	纯度很高，适用于精密分析及科学研究工作
二级品	分析纯	A. R.	红色	纯度较高，适用于一般分析测试及科学研究工作
三级品	化学纯	C. P.	蓝色	纯度较差，适用于工业分析和化学试验
四级品	实验试剂	L. R.	棕色	纯度较低，适用于一般的化学实验或研究

（2）特殊化学试剂

① **基准试剂**　其纯度相当于（或高于）一级品，主成分含量一般为 99.95% ～ 100.00%，可用作滴定分析中的基准物质，也可直接配制成已知浓度的标准滴定溶液。

② **高纯试剂**　这一类试剂的主要成分含量可达到四个九（99.99%）以上，主要用于极精密分析中的标准物或配制标样的基体。其中："光谱纯"试剂杂质含量用光谱分析法已测不出或低于某一限度；"分光光度纯"试剂要求在一定波长范围内没有干扰物质或很少干扰物质；"色谱纯"试剂或"色谱标准物质"，其杂质含量用色谱分析法检测不出或低于某一限度。

③ **生化试剂**　用于各种生物化学检验。

2.2.1.2 化学试剂的选择

化学试剂的纯度对分析结果的准确性有较大的影响，但是试剂纯度越高，其价格也越贵。所以应该根据分析任务，分析方法以及对分析结果准确度的要求选用不同规格的试剂。

化学试剂选用的原则是在满足分析要求的前提下，选择试剂的级别应尽可能低，既不要超级别而造成浪费，也不能随意降低试剂级别而降低分析结果的准确度。试剂的选择通常考虑以下几点：

① 对痕量分析应选高纯度规格的试剂，以降低空白值；对于仲裁分析，一般选用优级纯和分析纯试剂。

② 滴定分析中用间接法配制的标准滴定溶液，应选择分析纯试剂配制，再用基准物质标定。如对分析测定结果要求不是很高的实验，也可用优级纯或分析纯代替基准试剂作标定。滴定分析中所用的其他试剂一般为分析纯试剂。

③ 仪器分析中一般选择优级纯或专用试剂，测定微量成分时应选用高纯试剂。

④ 配制定量或定性分析中的普通试液和清洁液时应选用化学纯试剂。

需要注意的是，若试剂的级别要求高，分析实验用水的纯度及容器、仪器洁净程度也有特殊要求，必须配合使用，才能满足要求。

此外，由于进口化学试剂的规格、标志与我国化学试剂现行等级标准不甚相同，使用时可参照有关化学手册加以区别。

2.2.1.3 化学试剂的贮存、管理和使用

实验室都需贮存一定量的化学药品（包括原装化学试剂和自己制备的各类试剂），这些化学药品应该由专人妥善管理，尤其是大部分药品都具有一定的毒性或易燃易爆性，若管理不当，易发生危险事故。同时，化学试剂如保管不善则会发生变质，变质试剂不仅是导致分析测定结果误差的主要原因，而且还会使分析工作失败，甚至引起事故。因此，必须了解化学药品的性质，避开引起试剂变质的各种因素，妥善保管。

（1）引起化学试剂变质的因素

① 空气的影响　空气中的氧易使还原性试剂氧化而变质；强碱性试剂易吸收二氧化碳而变成碳酸盐；水分可以使某些试剂潮解、结块；纤维、灰尘能使某些试剂还原、变色等。

② 温度的影响　高温加速不稳定试剂的分解速度；低温对有些试剂也有影响，如温度过低会析出沉淀、发生冻结等。

③ 光的影响　日光中的紫外线能加速某些试剂的化学反应而使其变质（例如银盐，汞盐，溴和碘的钾、钠、铵盐和某些酚类试剂）。

④ 湿度的影响　空气中相对湿度在$40\%\sim70\%$为正常，湿度过高或过低都易使试剂发生化学或物理变化，使不同的试剂发生潮解、风化、稀释、分解等变化。

⑤ 杂质的影响　试剂纯净与否，会影响其变质情况。所以在取用试剂时要特别防止带入杂质。

⑥ 贮存期的影响　不稳定试剂在长期贮存后会发生歧化、聚合、分解或沉淀等变化。

（2）化学试剂的贮存　一般化学试剂应贮存在通风良好、干燥洁净、避免阳光照射的房间里，要远离火源，并注意防止水分、灰尘和其他物质的污染。通常化学药品的存放可分类如下。

① 无机物　盐类及氧化物（按周期表分类存放），如钠、钾、铵、镁、钙、锌等的盐及CaO、MgO、ZnO等；

碱类，如KOH、$NaOH$、$NH_3 \cdot H_2O$等；

酸类，如H_2SO_4、HNO_3、HCl、$HClO_4$等。

② 有机物　按官能团分类存放，如烃类、醇类、酚类、酮类、酯类、羧酸类、胺类、卤代烷类、苯系物等。

③ 指示剂　酸类指示剂、氧化还原指示剂、配位滴定指示剂、荧光指示剂等。

④ 剧毒试剂　如$NaCN$、As_2O_3、$HgCl_2$等，必须安全使用和妥善保管。

（3）化学试剂的取用　取用化学试剂应遵循以下原则。

① 取用前先检查试剂的外观、生产日期，处理好不能使用的失效的试剂。如怀疑其变质，应检验确认合格后再用。若瓶上的标签脱落，应及时贴好，防止试剂混淆。

② 取用固体试剂时应遵循"只出不回，量用为出"的原则，取出的多余试剂不得回到原瓶。要用洁净干燥的药匙，不允许一匙多用，取完试剂要立即盖上瓶盖。一般的固体试剂可以放在干净的硫酸纸或表面皿上称量，具有腐蚀性、强氧化性或易潮解的试剂不能在纸上称量。

③ 取用液体试剂时，必须倾倒在洁净的容器中再吸取使用，不得在试剂瓶中直接吸取，倒出的试剂不得再倒回原瓶。倾倒试剂时应使瓶签朝向手心，防止流下的液体沾污、腐蚀瓶签。

2.2.2 实验室分析用水

在水质分析工作中，洗涤仪器、溶解样品、配制溶液等均需用到水。一般天然水和自来水中常含有氯化物、碳酸盐、硫酸盐、泥沙及少量有机物等杂质，影响水质分析结果的准确度。作为分析用水，必须先用一定的方法净化，达到国家规定的实验室用水规格后才能使用。

2.2.2.1 实验室用水的质量要求

（1）外观与等级 实验室用水应为无色透明的液体，其中不得有肉眼可辨的颜色和杂质。

实验室用水应在独立的制水间制备，一般分为三个等级，其用途及处理方法见表2-8。

（2）质量指标 实验室用水的质量应符合表2-9规定。

表 2-8 实验室用水的等级、用途及处理方法

等 级	用 途	处 理 方 法	备 注
一级水	一级水用于有严格要求的分析实验。可用于制备标准水样或超痕量物质分析，如液相色谱分析用水等	二级水经再蒸馏、离子交换混合床和0.2μm滤膜过滤等方法处理，或用石英蒸馏装置将二级水作进一步处理	不含溶解杂质或胶态有机物
二级水	用于精确分析和研究工作，如原子吸收光谱分析用水	将蒸馏、电渗析或离子交换法制得的水再进行蒸馏处理	常含有微量的无机物、有机或胶态杂质
三级水	用于一般化学分析实验	用蒸馏、电渗析或离子交换等方法制备	

表 2-9 实验室用水质量指标

名 称	一级	二级	三级
pH 值范围（25℃）	—	—	5.0～7.5
电导率（25℃）/(μS/cm)	≤0.1	≤1.0	≤5.0
可氧化物质（以 O 计）/(mg/L)	—	0.08	0.4
吸光度（254nm，1cm 光程）	≤0.001	≤0.01	—
蒸发残渣（105℃±2℃）/(mg/L)	—	≤1.0	≤2.0
可溶性硅（以 SiO_2 计）/(mg/L)	≤0.01	≤0.02	—

2.2.2.2 实验室用水的制备

制备实验室用水，应选取饮用水或比较纯净的水，如被污染，必须进行预处理。

（1）一般用水的制备 实验室各种用水的制备如表2-10所示。

表 2-10 实验室各种用水的制备

水 的 名 称	制 备 方 法	适 用 范 围
普通蒸馏水	将天然水或自来水用蒸馏器蒸馏、冷凝制得	普通化学分析
高纯蒸馏水	将普通蒸馏水用石英玻璃蒸馏器重新进行蒸馏（可进行多次）所得的蒸馏水	分析高纯物质

水 的 名 称	制 备 方 法	适 用 范 围
电渗析水	将自来水通过电渗析器除去水中大部分阴、阳离子后所得到的水	供制备去离子水
去离子水（离子交换水）	将电渗析水（也可用自来水）经过阴、阳离子交换树脂（单柱或混柱）后所得到的水	分析普通和高纯物质
膜过滤高纯水	将普通蒸馏水或去离子水通过膜过滤后所得到的水	分析高纯物质

（2）特殊要求的实验室用水　在某些项目分析时，要求分析过程中所用纯水中的某些指标含量应越低越好，这就要求制备某些特殊的纯水，以满足分析需要。

① 无氯水　利用亚硫酸钠等还原剂将水中余氯还原成氯离子，用邻联甲苯胺检查不显黄色。然后用附有缓冲球的全玻璃蒸馏器（以下各项的蒸馏同此）进行蒸馏制得。

② 无氨水　加入硫酸至 pH<2，使水中各种形态的氨或胺均转变成不挥发的盐类，然后用全玻璃蒸馏器进行蒸馏制得。但应注意避免实验室空气中存在的氨被重新污染。还可利用强酸性阳离子交换树脂进行离子交换，得到量较大的无氨水。

③ 无二氧化碳水

a. 煮沸法　将蒸馏水或去离子水煮沸至少 10min（水多时），或使水量蒸发 10% 以上（水少时），加盖放冷即得。

b. 曝气法　用惰性气体或纯氮气通入蒸馏水或去离子水至饱和即得。

制得的无二氧化碳水应储于具有碱石灰管的、用橡胶塞盖严的瓶中。

④ 无铅（重金属）水　用氢型强酸性阳离子交换树脂处理原水即得。所用储水器事先应用 6mol/L 硝酸溶液浸泡过夜再用无铅水洗净。

⑤ 无砷水　一般蒸馏水和去离子水均能达到基本无砷的要求。制备痕量砷分析用水时，必须使用石英蒸馏器、石英储水瓶等器皿。

⑥ 无酚水

a. 加碱蒸馏法　加氢氧化钠至水的 pH 值大于 11，使水中的酚生成不挥发的酚钠后蒸馏即得；也可同时加入少量高锰酸钾溶液至水呈红色（氧化酚类化合物）后进行蒸馏。

b. 活性炭吸附法　每升水加 0.2g 活性炭，置于分液漏斗中，充分振摇，放置过夜，用中速滤纸过滤即得。

⑦ 不含有机物的蒸馏水　加入少量碱性高锰酸钾（氧化水中有机物）溶液，使水呈紫红色，进行蒸馏即得。若蒸馏过程中红色褪去应补加高锰酸钾。

2.2.3　溶液的配制

在水质分析中，常要将试剂配制成所需浓度的溶液。实验中用到的溶液有一般溶液、标准滴定溶液和缓冲溶液几种。

2.2.3.1　一般溶液的配制

未规定准确浓度，只用于一般实验的溶液称为一般溶液或常用溶液。配制时试剂的质量可用托盘天平称量，体积可用量筒或量杯量取。配制这类溶液的关键是正确计算出应该称量溶质的质量，以及应量取溶液溶质的体积。

（1）配制方法

① 常用酸溶液的配制　对于液体酸溶液的配制，可用下述方法：先在容器中加入一定量的水，然后量取一定体积的浓酸倒入水中，待所配酸溶液冷却后，转移至试剂瓶中，稀释至所需体积。

在配制酸溶液时，一定要将浓酸缓慢地倒入水中，并边倒边搅拌，切不可把水倾倒在浓酸中，以防浓酸飞溅伤人。

② 常用碱溶液的配制　固体碱溶液的配制：用烧杯在托盘天平上称量出所需的固体碱的质量，溶于适量水中，再稀释至所需的体积。

③ 常用盐溶液的配制　在托盘天平上称量所需试剂的量，溶于适量的水中，再用水稀释到预定体积。对于不易溶解或易于水解的盐，需加入适量酸，再用水或稀酸稀释。易于氧化还原的盐，应在使用前临时配制。

（2）配制注意事项

① 配制试剂时，应根据对溶液浓度准确度的要求，合理选择试剂的级别、称量器皿、天平的级别、有效数字的表示以及盛装容器等。

② 经常或大量使用的溶液，可先配制 10 倍于预定浓度的贮备液，需要时适当稀释即可。

③ 对易于腐蚀玻璃的溶液，不应盛放在玻璃瓶内。

④ 易挥发、易分解的溶液，如 $KMnO_4$、$AgNO_3$ 等应盛放在棕色试剂瓶中，置于阴凉暗处，避免光照。

⑤ 配好的溶液盛于试剂瓶后，应马上贴上标签，注明溶液的名称、浓度、配制日期、配制人，并做好配制记录，记录中应包括所用试剂的规格、生产厂家、配制过程等。

2.2.3.2　标准滴定溶液的配制及标定

（1）标准滴定溶液的配制　配制标准滴定溶液，通常有直接配制法和间接配制法。

① **直接配制法**　用分析天平准确称取一定量的基准试剂，用适量水溶解后，移入一定体积的容量瓶中，加水稀释至刻度，摇匀即可。根据称得的基准试剂的质量和容量瓶体积计算标准滴定溶液的准确浓度。

凡是基准试剂均可用来直接配制标准滴定溶液。但大多物质不能满足以上要求，如 NaOH 极易吸收空气中的 CO_2 和水分，称得的质量不能代表纯 NaOH 的量，因此这类物质均不能用直接法配制标准滴定溶液，而要用间接法配制。

② **间接配制法**　又称标定法，先粗略地称取一定量物质或量取一定体积的溶液，配制成接近于所需要浓度的溶液，这样的溶液其准确度还是未知的，然后用基准物质或另一种物质的标准溶液来测定其浓度，这种确定浓度的操作称为标定。

（2）标准滴定溶液的标定　标准滴定溶液的标定方法有直接标定法和比较标定法两种。

① **直接标定法**　是用基准物质标定溶液浓度的方法，根据基准物质的质量和待标定溶液所消耗的体积，可计算出待标定溶液的准确浓度。

② **比较标定法**　是用标准溶液来标定溶液浓度的方法，根据两种溶液消耗的体积及标准溶液的浓度，可以计算出待标定溶液的准确浓度。这种方法虽然不如直接标定法准确，但简便易行。

标定时，应做三次平行测定，滴定结果的相对偏差不超过 0.2%，将三次测得数据取算术平均值作为被标定溶液的浓度。

2.2.3.3 缓冲溶液的配制

缓冲溶液是一种能对溶液的酸碱度起稳定作用的溶液。能够耐受进入其溶液中的少量强酸或强碱性物质以及水的稀释作用而保持溶液 pH 基本不变。

缓冲溶液可分为普通缓冲溶液和标准缓冲溶液两类。普通缓冲溶液主要是用来控制溶液酸度（pH）的。标准缓冲溶液其 pH 值是一定的（与温度有关），主要用来校正 pH 计。

配制缓冲溶液必须使用符合要求的新鲜蒸馏水（三级水），试剂纯度应在分析纯以上。配制 pH 值在 6.0 以上的缓冲溶液时，必须除去水中的二氧化碳并避免其侵入。所有缓冲溶液都应避开酸性或碱性物质的蒸气，保存期不得超过三个月。凡出现浑浊、沉淀或发霉等现象时，应弃去重新配制。

常用缓冲溶液及配制方法见表 2-11。

表 2-11 常用缓冲溶液及其配制方法

缓冲溶液组成	pK_a	缓冲溶液的 pH	缓冲溶液的配制方法
氨基乙酸-HCl	2.35（pK_{a1}）	2.3	取氨基乙酸 150g 溶于 500mL 水中后，加浓盐酸 80mL，再用水稀释至 1L
H_3PO_4-柠檬酸	—	2.5	取 $Na_2HPO_4 \cdot 12H_2O$ 113g 溶于 200mL 水中后，加柠檬酸 387g 溶解，过滤后稀释至 1L
一氯乙酸-NaOH	2.86	2.8	取 200g 一氯乙酸溶于 200mL 水中，加 NaOH 40g，溶解后，稀释至 1L
邻苯二甲酸氢钾-HCl	2.95（pK_{a1}）	2.9	取 500g 邻苯二甲酸氢钾溶于 500mL 水中后，加浓盐酸 80mL，稀释至 1L
甲酸-NaOH	3.76	3.7	取 95g 甲酸和 NaOH 40g 于 500mL 水中溶解，稀释至 1L
NH_4Ac-HAc	—	4.5	取 NH_4Ac 77g 溶于 200mL 水中后，加冰醋酸 59mL，稀释至 1L
NaAc-HAc	4.74	4.7	取无水 NaAc 83g 溶于水中，加冰醋酸 60mL，稀释至 1L
NH_4Ac-HAc	—	5.0	取 NH_4Ac 250g 溶于水中，加冰醋酸 25mL，稀释至 1L
六亚甲基四胺-HCl	5.15	5.4	取六亚甲基四胺 40g 溶于 200mL 水中，加浓盐酸 10mL，稀释至 1L
NH_4Ac-HAc	—	6.0	取 NH_4Ac 600g 溶于水中，加冰醋酸 20mL，稀释至 1L
$NaAc$-Na_2HPO_4	—	8.0	取无水 NaAc 50g 和 $Na_2HPO_4 \cdot 12H_2O$ 50g 溶于水中，稀释至 1L
NH_3-NH_4Cl	9.26	9.2	取 NH_4Cl 54g 溶于水中，加浓氨水 63mL，稀释至 1L
NH_3-NH_4Cl	9.26	9.5	取 NH_4Cl 54g 溶于水中，加浓氨水 126mL，稀释至 1L
NH_3-NH_4Cl	9.29	10.0	取 NH_4Cl 54g 溶于水中，加浓氨水 350mL，稀释至 1L

注：标准缓冲溶液的配制要求所用试剂必须是"pH 基准缓冲物质"，一般有专门出售的试剂，也可以购置市售的固体 pH 标准缓冲溶液。

2.3 实验室常用仪器设备

2.3.1 天平

天平是水质分析实验室常用的称量仪器，天平的种类很多，根据称量的准确度可分为两大类，即托盘天平和分析天平。

2.3.1.1 托盘天平

托盘天平又称台秤。其操作简便快速，但称量精度不高，一般能称准到 0.1g 或 0.01g，可用于精度要求不高的称量，如配制各种百分比浓度、比例浓度的溶液，以及有效数字要求在整数以内的物质的量浓度溶液或者用于称取较大量的样品、原料等工作中。

称量时，取两张质量相当的纸，放在两边天平盘上，调节好零点。左边天平盘上放置欲称量样品，在右边天平盘上加砝码。加砝码的顺序一般是从大的开始加起，如果偏重再换小的砝码。大砝码放在托盘中间，小砝码放在大砝码周围。称量完毕后，将砝码放入砝码盒内，两个天平盘放在一边，以免天平经常处于摆动状态。称量时不能用手拿取砝码，应用镊子夹取。化学试剂不允许直接放在天平盘上。

2.3.1.2 分析天平

分析天平的种类很多，根据其结构可分为等臂天平和不等臂天平。根据秤盘的多少，又可分为等臂单盘天平、等臂双盘天平和不等臂单盘天平。等臂双盘天平是最常见的一种，不等臂天平几乎都是单盘天平。可根据实验的要求合理选用。下面重点介绍常用的电光天平和电子天平。

（1）电光天平　最常用的电光天平是半自动电光天平和全自动电光天平，两者都是等臂双盘天平。一般能称准至 0.1mg，所以又称万分之一天平，最大载荷为 100g 或 200g，适用于对精确度要求较高的称量。

① 电光天平的使用

a. 称量前的准备　使用前检查天平是否水平、天平秤盘是否清洁、砝码是否齐全、机械加码指数盘是否在"000"的位置。

b. 零点的测定　接通电源，旋开升降旋钮，投影屏上可以看到移动的标尺投影。待稳定后，标尺的"0"应与屏幕上的刻线重合，使零点为"0.0"。如果两者不重合，可用调节杆调节光屏左右位置，使两线重合。如果偏差较大，不易调整，可用天平梁上的平衡砣调节。

c. 称量

Ⅰ. 直接法：先准确称量表面皿、坩埚或小烧杯等容器的质量，再把试样放入容器中称量，两次称量之差即为试样的质量。该称量方法只适用于在空气中性质比较稳定的试样。

Ⅱ. 减量法：在干燥洁净的称量瓶中，装入一定量的样品，盖好瓶盖，放在天平盘上称其质量，记下准确读数。然后取下称量瓶，打开瓶盖，使瓶倾斜，用瓶盖轻轻敲击瓶的上沿，使样品慢慢倾出于洗净的烧杯中。估计已够时，慢慢竖起称量瓶再轻轻敲几次，使瓶口不留一点试样，放回天平盘上再称其质量。如果一次倒出的试样不够，可再倒一次，但次数不能太多。如果称出的试样超出要求值，只能弃去。两次称量之差即为试样质量。

本法适用于称量一般易吸湿、易氧化、易与 CO_2 反应的试样，也适用于几份同一试样的连续称量。称取一些吸湿性很强（无水 $CaCl_2$、P_2O_5 等）及极易吸收 CO_2 的样品 [CaO、$Ba(OH)_2$ 等] 时，要求动作迅速，必要时还应采取其他保护措施。

② 电光天平使用时应注意的问题

a. 同一实验应使用同一台天平和砝码。

b. 使用砝码时，只能用镊子夹取，严禁用手拿取。

c. 称量前后检查天平是否完好并保持天平清洁，如在天平内洒落药品应立即清理干净，以免腐蚀天平。

d. 天平载重不得超过最大载荷，被称物应放在干燥清洁的器皿中称量。挥发性、腐蚀性物体必须放在密封加盖的容器中称量。

e. 不要把过热的或过冷的物体放到天平上称量，应待物体和天平室温度一致后进行称量。

f. 被称物和砝码应放在天平盘中央。开门取放物体和砝码时，必须关闭天平。开启或关闭天平时，动作要缓慢均匀。

g. 称量完毕应及时取出所称样品，将砝码放回盒中，读数盘转到零位，关好天平门，检查天平零点，拔下电源插头，罩上防尘罩，进行登记。

h. 天平有故障时应请专业人员检查、修理，不得随意拆卸乱动。

（2）电子天平　电子天平是天平中最新发展的一种。目前大多数水质分析实验室均有电子天平的使用。电子天平具有操作简单、智能化等优点。

电子天平的型号较多，不同型号的电子天平操作步骤有很大差异，因此，要按仪器使用说明书的操作程序使用。

① 电子天平的使用

a. 开机　天平接通电源，预热至指示时间。按动"ON"键，显示器亮，并显示仪器状态。

b. 校准天平　天平校准前应把所有的物品从称盘中取走，关闭所有挡风窗，按仪器使用说明书将天平调至校准模式，按"CAL"天平校准键校准天平，使天平准确无误。

c. 称量

Ⅰ. 直接称量：按"TAR"键，显示器显示零后，置被称物于盘中，待数字稳定后，该数字即为被称物的质量。

Ⅱ. 去皮重：置被称容器于称盘中，天平显示容器质量，按"TAR"键，显示零，即去皮重，再置被称物于容器中，这时显示的是被称物的净重。

d. 关天平　轻按"OFF"键，显示器熄灭。

② 电子天平的维护

a. 天平应置于稳定的工作台上，避免振动、阳光照射、气流和腐蚀性气体侵蚀。

b. 工作环境温度：（20 ± 5）℃，相对湿度 $50\%\sim70\%$。其余维护工作可参考说明书要求。

c. 天平箱内应保持清洁、干燥。被称量的物品一定要放在适当的容器内（称量瓶、烧杯等），一般不得直接放在天平盘上进行称量；不可称量热的物品；称量潮湿或有腐蚀性的物品时，应放在密闭的容器中进行。

d. 不可使天平的称量超过其最大称量限度，以免损坏天平。

e. 天平有故障时应请专业人员检查维修，不准随意拆卸。

2.3.2 电热设备

2.3.2.1 电热恒温干燥箱

电热恒温干燥箱又称干燥箱或烘箱，主要用于干燥试样、玻璃器皿及其他物品，常用温度在 100～150℃，最高温度可达 300℃。

使用干燥箱时必须按设备使用说明书操作，并注意以下事项：

① 干燥箱应安装在室内通风、干燥、水平处，防止振动和腐蚀；

② 使用前应检查电源，并有良好的接地；

③ 使用干燥箱前，必须首先打开干燥箱上部的排气孔，然后接通电源，注意烘箱顶部小孔内插入温度计与表盘显示的温度是否一致；

④ 干燥箱无防爆装置，切勿将易燃、易爆及挥发性物品放入箱内加热，箱体附近不要放置易燃、易爆物品；

⑤ 待烘干的试剂、样品必须放在称量瓶、玻璃器皿或瓷皿中，不得直接放置在隔板上，或用纸衬垫或包裹；

⑥ 带鼓风的干燥箱，在加热和恒温过程中必须开动鼓风机，否则影响烘箱内温度的均匀性和损坏加热元件；

⑦ 保持箱内清洁，避免所干燥物品交叉污染。

2.3.2.2 高温炉

常用的高温炉是马弗炉，用于重量分析中灼烧沉淀、测定灰分、有机物的灰化处理以及样品的熔融分解等工作。

用电阻丝加热的高温炉，最高使用温度为 950℃，常用温度为 800℃；用硅碳棒加热的高温炉，最高使用温度为 1350℃。

使用高温炉时必须按设备使用说明书操作，并注意以下事项：

① 要有专用电闸控制电源；

② 周围禁止存放易燃、易爆物品；

③ 灼烧样品时应严格控制升温速度和最高炉温，避免样品飞溅腐蚀炉膛；

④ 新炉应在低温下烘烤数小时，以免炸膛；

⑤ 不宜在高温下长期使用，以保护炉膛；

⑥ 使用完毕，要待温度降至 200℃ 以下方可打开炉门。要及时切断电源，关好炉门，防止耐火材料受潮气侵蚀。

2.3.2.3 电热恒温培养箱

电热恒温培养箱简称培养箱，是培养微生物必备的设备。其结构与普通干燥箱大致相同，使用温度在 60℃ 以下，一般常用温度为 37℃。使用时的注意事项与干燥箱相同。在水质分析中生化培养箱主要用于 BOD_5 的培养，是一种专用恒温设备。

2.3.2.4 电热恒温水浴锅

电热恒温水浴锅是实验室常用的恒温加热和蒸发设备，常用的有两孔、四孔、六孔、八孔、单列式或双列式等规格。加热器位于水浴锅的底部，正面板上装有自动温度控制器，放水阀位于水浴槽的左下部或后部。

使用时应按设备使用说明书操作，并注意以下事项：

① 水槽内水位不得低于电热管，否则电热管会被烧坏；

② 不要将水溅到电器控制箱部分，以防设备受潮漏电伤人或损坏仪器；

③ 使用时随时注意水浴槽是否有渗漏现象，槽内水位不足 2/3 时，应随时补加；

④ 较长时间不用时，应将水排净，擦干箱内，以免生锈。

2.3.3 其他设备

实验室除了常用电热设备外，还要用到一些其他设备。

2.3.3.1 电动离心机

电动离心机是利用离心沉降原理将液体中的沉淀物或悬浮物分离或将两种以上液体形成的乳化溶液分离。常用的低速离心机，其转速一般为 $0 \sim 5000 r/min$，高转速的可达 $10000 r/min$ 以上，使用时应注意以下几点：

① 每次实验使用的离心管规格要符合要求，直径、长短及每支管的质量要统一，并保持其清洁、干燥；

② 加入离心管的液体的密度及体积应一致，且不允许超过离心管的标称容量，离心管应对称安放；

③ 离心机的转速和离心时间依实验需要来调整，启动时应先低速开始，运转平稳后再逐渐过渡到高速，切不可直接在高速运转；

④ 离心机的套管（放离心管的位置）应保持清洁干燥。

2.3.3.2 搅拌器

一般用于搅拌液体反应物，搅拌器分为电动搅拌器和电磁搅拌器。水质分析中常用的是电磁搅拌器。

电磁搅拌器由电机带动磁体旋转，磁体又带动反应器中的磁子旋转，从而达到搅拌的目的。电磁搅拌器一般都带有温度和速度控制旋转钮，使用后应将旋钮回零。使用过程中注意防潮防腐。

2.3.3.3 空气压缩机

实验室中常用的空气压缩机为小型空气压缩机，选用时应考虑工作压力和排气量两项指标。

空气压缩机的使用应注意以下几点：

① 使用 220V 电源，接通电源即开始工作；

② 曲柄箱内装 20 号机油，根据使用时间及污染程度不定期更换；

③ 运转时不应有明显的振动、噪声和发热，发现异常立即停机检修；

④ 定期检查滤油器的羊毛毡，除去过多的油；

⑤ 油盒处应定期加油。

2.3.3.4 真空泵

"真空"是指压力小于 $101.3 kPa$（一个标准大气压）的气态空间。真空泵是利用机械、物理、化学或物理化学方法对容器进行抽气，以获得真空的设备。真空泵的种类很多，一般实验室最常用的是定片式或旋片式转动泵。

在实验室中，真空泵主要用于真空干燥、真空蒸馏、真空过滤。

使用真空泵必须注意以下几点：

① 开泵前先检查泵内油的液面是否在油孔的标线处。油过多，在运转时会随气体由排气孔向外飞溅；油不足，泵体不能完全浸没，达不到密封和润滑作用，对泵体有损坏。

② 真空泵使用时应使电源电压与电动机要求的电压相符。对于三相（380V）电动机，送电前要先取下皮带，检查电动机转动方向是否相符，勿使电动机倒转，造成泵油喷出。

③ 真空泵与被抽系统（干燥箱、抽滤瓶等）之间，必须连接安全瓶、干燥过滤塔（内装无水 $CaCl_2$、固体 NaOH、石蜡、变色硅胶）用以吸收酸性气体、水分、有机蒸气等，以免其进入泵内污染润滑油。

④ 真空泵运转时要注意电动机的温度不可超过规定温度（一般为65℃），且不应有摩擦和金属撞击声。

⑤ 停泵前，应使泵的进气口先通入大气后再切断电源，以防泵油返压进入抽气系统。

⑥ 真空泵应定期清洗进气口处的细纱网，以免固体小颗粒落入泵内，损坏泵体。使用半年或一年后，必须换油。

2.3.3.5　气体钢瓶与高压气

各种高压气的气瓶在装气前必须经过试压并定期进行技术检验，充装一般气体的有效期为三年，充装腐蚀性气体的有效期为两年。不符合国家安全规定的气瓶不得使用。在气体钢瓶及高压气使用时需注意：

① 各种高压气体钢瓶的外表必须按规定漆上颜色、标志并标明气体名称，见表2-12。

表2-12　高压气气瓶标志

气体名称	瓶外表颜色	气体颜色	气体名称	瓶外表颜色	气体颜色
氧	天蓝	黑	压缩空气	黑	白
氢	深绿	红	乙炔	白	红
氮	黑	黄	二氧化碳	黑	黄
氩	灰	绿			

② 瓶身上附有两个防振用的橡胶圈，移动气瓶时，瓶上的安全帽要旋紧。气瓶不应放在高温附近。

③ 未装减压阀时绝不允许打开气瓶阀门，否则易造成事故。

④ 不得把气瓶中的气体用完。若气瓶的剩余压力达到或低于剩余残压时，就不能再使用，应立即将气瓶阀门关紧，不让余气漏掉。建议剩余残压不少于 0.3～0.5MPa。

⑤ 气瓶与用气室分开，直立并固定，室内放置气瓶不宜过多。

2.4　滴定分析基本操作

在滴定分析中，常用到三种准确测量溶液体积的仪器，即滴定管、移液管和容量瓶。这三种仪器的使用是滴定分析中最重要的基本操作。正确、熟练地使用这三种仪器，是减小溶液体积测量误差，获得准确分析结果的先决条件。

本节分别介绍这几种仪器的性能、使用、校准和洗涤方法。

2.4.1 滴定管的选择及使用

滴定管是滴定时用来准确测量流出操作溶液体积的量器（量出式仪器）。根据其容积、盛放溶液的性质和颜色可分为常量滴定管、半微量滴定管或微量滴定管，酸式滴定管和碱式滴定管，无色滴定管和棕色滴定管。用聚四氟乙烯制成的滴定管，则无酸碱式之分。

2.4.1.1 滴定管的选择

应根据滴定剂的性质以及滴定时消耗标准滴定剂体积选择相应规格的滴定管。酸性溶液、氧化性溶液和盐类稀溶液应选择酸式滴定管；碱性溶液应选择碱式滴定管；高锰酸钾、碘和硝酸银等溶液因能与橡胶管起反应而不能装入碱式滴定管；消耗较少滴定剂时，应选用微量滴定管；见光易分解的滴定剂应选择棕色滴定管。

2.4.1.2 滴定管的使用

（1）酸式滴定管的准备

① 涂抹凡士林　在使用一支新的或较长时间不使用的和使用了较长时间的酸式滴定管时，其会因玻璃旋塞闭合不好或转动不灵活，而导致漏液和操作困难，这时需涂抹凡士林。其方法是将滴定管放在平台上，取下活（旋）塞，用滤纸片擦干活塞和活塞套。用手指均匀地涂一薄层凡士林于活塞两头。注意不要将油涂在活塞孔上、下两侧，以免旋转时堵塞旋塞孔。将旋塞径直插入活塞套中，向同一方向转动活塞，直至活塞和活塞套内的凡士林全部透明为止。用一小橡胶圈套在活塞尾部的凹槽内，以防活塞掉落损坏。涂抹凡士林和转动活塞见图 2-1。

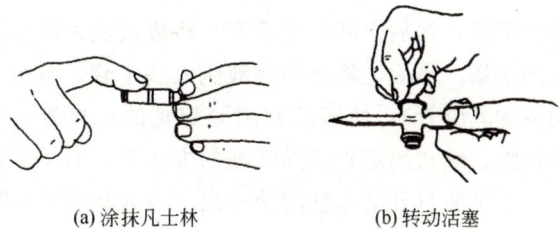

(a) 涂抹凡士林　　　(b) 转动活塞

图 2-1　涂抹凡士林和转动活塞

② 试漏　检查活塞处是否漏水。其方法是将活塞关闭，用自来水充满至一定刻度，擦干滴定管外壁，将其直立夹在滴定管架上静置约 10min，观察液面是否下降，滴定管下管口是否有液珠，活塞两端缝隙间是否渗水（用干的滤纸在活塞套两端贴紧活塞擦拭，若滤纸潮湿，说明渗水）。若不漏水，将活塞旋转 180°，静置 2min，按前述方法查看是否漏水。若不漏水且活塞旋转灵活，则涂抹凡士林成功。否则重新操作。若凡士林堵塞出口尖端，可将它插入热水中温热片刻，然后打开活塞，使管内的水突然流下（最好借助洗耳球挤压），将软化的凡士林冲出，并重新涂抹、试漏。

③ 洗涤　滴定管的外侧可用洗洁精或肥皂水刷洗，管内无明显油污的滴定管可直接用自来水冲洗，或用洗涤剂泡洗，但不可刷洗，以免划伤内壁，影响体积的准确测量。若有油污不易清洗，可根据沾污的程度，采用不同的洗液（如铬酸洗液、草酸加硫酸溶液等）洗涤。洗涤时，将酸式滴定管内的水尽量除去，关闭活塞，倒入 10～15mL 洗液，两手横持滴定管，边转动边将管口倾斜，直至洗液布满全管内壁，立起后打开活塞，将洗液放回原瓶中。若滴定管油污较多，可用温热洗液加满滴定管浸泡一段时间。将洗液从滴定管彻底放净后，用自来水冲洗（注意最初的刷洗液应倒入废酸缸中，以免腐蚀下水管道），再用蒸馏水

淋洗 3 次，洗净的滴定管其内壁应完全被水润湿而不挂水珠，否则需重新洗涤。洗净的滴定管倒夹（防止落入灰尘）在滴定台上备用。

长期不用的滴定管应将活塞和活塞套擦拭干净，并夹上薄纸后再保存，以防活塞和活塞套粘住而打不开。

（2）**碱式滴定管的准备**

① 检查　使用前应检查乳胶管和玻璃珠是否完好。若胶管已老化，玻璃珠过大（不易操作）或过小和不圆滑（漏水），应予更换。

② 试漏　装入自来水至一定刻度线，擦干滴定管外壁，处理掉管尖处的液滴。将滴定管直立夹在滴定架上静置 5min，观察液面是否下降，滴定管下管口是否有液珠。若漏水，则应调换胶管中的玻璃珠，选择一个大小使用合适且比较圆滑的配上再试。

③ 洗涤　碱式滴定管的洗涤方法与酸式滴定管相同，但要注意用铬酸洗液洗涤时，不能直接接触橡胶管，可将胶管连同尖嘴部分一起拔下，套上旧滴瓶胶帽，然后装入洗液洗涤。

（3）装溶液、赶气泡　装入操作溶液前，应将试剂瓶中的溶液摇匀，并将操作溶液直接倒入滴定管中，不得借助其他容器（如烧杯、漏斗等）转移。关闭滴定管活塞，用左手前三指持滴定管上部无刻度处（不要整个手握住滴定管），并可稍微倾斜；右手拿住细口试剂瓶向滴定管中倒入溶液，让溶液慢慢沿滴定管内壁流下，如图 2-2 所示。先用摇匀的操作溶液（每次约 10mL）将滴定管刷洗三次。应注意，刷洗时，两手横持滴定管，边转动边将管口倾斜，一定要使操作溶液洗遍滴定管全部内壁，并使溶液接触管壁 1～2min，以便刷洗掉原来的残留液，然后立即打开活塞，将废液放入废液缸中。对于碱式滴定管，仍应注意玻璃珠下方的洗涤。最后，将操作溶液倒入滴定管，直至 0 刻度以上，打开活塞（或用手指捏玻璃珠周围的乳胶管），使溶液充满滴定管的出口管，并检查出口管中是否有气泡。若有气泡，必须排除。酸式滴定管排除气泡的方法是，右手拿滴定管上部无刻度处，并使滴定管稍微倾斜，左手迅速打开活塞使溶液冲出（放入烧杯）。若气泡未能排出，可用手握住滴定管，用力上下抖动滴定管。如仍不能排出气泡，可能是出口没洗干净，必须重洗。碱式滴定管赶气泡的方法见图 2-3。左手拇指和食指拿住玻璃珠所在部位并使乳胶管向上弯曲，出口管倾斜向上，然后轻轻捏玻璃珠部位的乳胶管，使溶液从管口喷出（下面用烧杯承接溶液），再一边捏乳胶管一边把乳胶管放直，注意应在乳胶管放直后，再松开拇指和食指，否则出口管仍会有气泡。

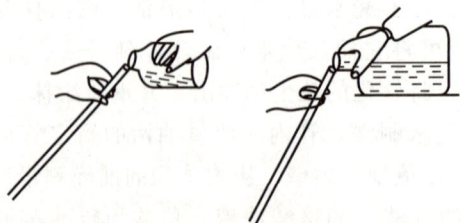

图 2-2　装溶液　　　　　　　　　图 2-3　碱式滴定管赶气泡

（4）**滴定管的读数**

① 装入或放出溶液后，必须等待 1～2min，使附着在滴定管内壁上的溶液流下来，再

进行读数。如果放出溶液的速度较慢（例如，滴定到最后阶段，每次只加半滴溶液时），等待 0.5～1min 方可读数。每次读数前要检查一下管内壁是否挂有液珠，出口管内是否有气泡，管尖是否有液滴。

② 读数时用手拿住滴定管上部无刻度处，使滴定管保持自由下垂。如图 2-4 所示，对于无色或浅色溶液，读数时，视线与弯月面下缘最低点相切，读取弯月面下缘的最低点读数；溶液颜色太深时，视线与液面两侧的最高点相切，读取液面两侧的最高点读数。若为白底蓝线衬背滴定管，应当取蓝线上下两尖端相对点的位置读数。无论哪种读数方法，都应注意读数与终读数采用同一标准。

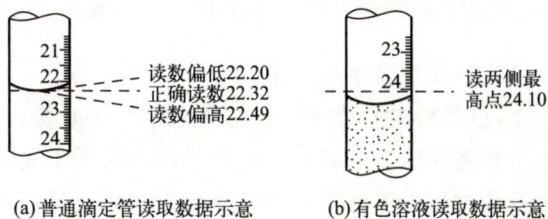

图 2-4　滴定管读数

③ 读取初读数前，应将滴定管尖悬挂着的液滴除去。滴定至终点时应立即关闭活塞，并注意不要使滴定管中溶液有流出，否则终读数会包括流出的半滴溶液。因此，在读取终读数前，应注意检查出口管尖是否悬有溶液。

（5）滴定操作　进行滴定时，应将滴定管垂直地夹在滴定管架上。使用滴定管的操作如图 2-5 和图 2-6 所示。滴定姿势一般应采取站姿，要求操作者身体要站立。有时为操作方便也可坐着滴定。

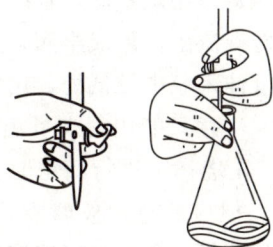

图 2-5　酸式滴定管操作　　　　图 2-6　碱式滴定管操作

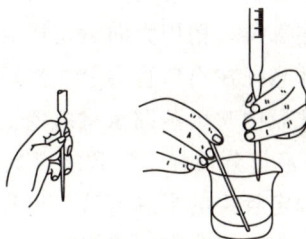

滴定反应可在锥形瓶或烧杯中进行。使用酸式滴定管并在锥形瓶中进行滴定时，用右手拿住锥形瓶上部，使瓶底离滴定台约 2～3cm，滴定管下端伸入瓶口内约 1cm。用左手控制活塞，拇指在前，中指和食指在后，轻轻捏住活塞柄，无名指和小指向手心弯曲，手心内凹，不要让手心顶着活塞，以防顶出活塞，造成漏液。转动活塞时应稍向手心用力，不要向外用力，以免造成漏液。但也不要往里用力太大，以免造成活塞转动不灵活。操作时边滴加溶液，边用右手摇动锥形瓶，使溶液沿一个方向旋转，要边摇边滴，使滴下去的溶液尽快混匀。

在烧杯中进行滴定时，把烧杯放在滴定台上，滴定管的高度应以其下端伸入烧杯内约 1cm 为宜。滴定管的下端应在烧杯中心的左后方处，如放在中央，会影响搅拌；如离杯壁过近，滴下的溶液不宜搅拌均匀。左手控制滴定管滴加溶液，右手持玻璃棒搅拌溶液。玻璃棒应作圆周搅动，不要碰到烧杯壁和底部。使用碱式滴定管时，左手无名指及小手指夹住出口管，拇指与食指在玻璃珠所在部位往一旁（左右均可）捏乳胶管，使溶液从玻璃珠旁空隙处流出。

滴定操作注意事项如下。

① 每次滴定前都应将液面调至零刻度或接近零刻度处，这样可使每次滴定前后的读数基本上都在滴定管的同一部位，从而消除由于滴定管刻度不准确而引起的误差；还可以保证滴定操作过程中溶液量足够，避免由于溶液量不够，需重新装一次溶液再滴定而引起的读数误差。

② 滴定时，左手不能离开旋塞任溶液自流。

③ 摇锥形瓶时，应微动腕关节，使锥形瓶作圆周运动，瓶中的溶液则向同一方向旋转，左、右旋转均可，但不可前后晃动，以免溶液溅出。

④ 滴定时，应认真观察锥形瓶中溶液颜色的变化。不要去看滴定管上的刻度变化，而不顾滴定反应的进行。

⑤ 要正确控制滴定速度。开始滴定时，速度可稍快些，但溶液不能成流水状地从滴定管放出。应呈"见滴成线"状，这时流速为3～4滴/s左右。接近终点时，应一滴一滴地加入。快到终点时，应半滴半滴地加入，直到溶液出现颜色变化为止。

⑥ 半滴溶液的控制与加入。用酸式滴定管时，可慢慢转动旋塞，旋塞稍打开一点，让溶液慢慢流出悬挂在出口管尖上，形成半滴，立即关闭活塞。用碱式滴定管时，拇指和食指捏住玻璃珠所在部位，稍用力向右挤压乳胶管，使溶液慢慢流出，形成半滴，立即松开拇指与食指，溶液即悬挂在出口管尖上。然后将滴定管嘴尽量伸入瓶中较低处，用瓶壁将半滴溶液靠下，再从洗瓶中吹出蒸馏水将瓶壁上的溶液冲下去。注意只能用很少量蒸馏水冲洗1～2次，否则使溶液过分稀释，导致终点颜色变化不敏锐。在烧杯中进行滴定时，可用玻璃棒下端轻轻沾下滴定管尖的半滴溶液，再浸入烧杯中搅匀。但应注意，玻璃棒只能接触溶液，不能接触管尖。用碱式滴定管滴定时，一定先松开拇指和食指，再将半滴溶液靠下，否则尖嘴玻璃管内会产生气泡。

⑦ 读数必须读到小数点后第二位，而且要求准确到0.01mL。

(6) 滴定结束后滴定管的处理 滴定结束后，滴定管内剩余的溶液应弃去，不可倒回原瓶，以防沾污溶液。随即依次用自来水和蒸馏水将滴定管洗净，然后装满蒸馏水，夹在滴定管架上，上口用一器皿罩上，下口套一段洁净的乳胶管或橡胶管，或倒夹在滴定管架上备用。长期不用，应倒尽水，酸式滴定管的活塞和塞套之间应垫上一张小纸片，再用橡胶圈套上，然后收到仪器柜中。

2.4.2　吸管的选择及使用

吸管也是量出式仪器，一般用于准确量取一定体积的液体。有分度吸管和无分度吸管两类。无分度吸管通称移液管，它的中腰膨大，上下两端细长，上端刻有环形标线，膨大部分标有它的容积和标定时的温度；分度吸管又叫吸量管，可以准确量取所需的刻度范围内某一体积的溶液，但其准确度差一些。

2.4.2.1 吸管的选择

根据所移溶液的体积和要求，选择合适规格的吸管使用。在滴定分析中准确移取溶液一般用移液管，移取一般试液时使用吸量管。

2.4.2.2 吸管的使用

在用洗净的吸管移取溶液前，为避免吸管尖端上残留的水滴进入所要移取的溶液中，使溶液的浓度改变，应先用滤纸将吸管尖端内外的水吸尽。然后用待取溶液润洗三次，以保证转移的溶液浓度不变。其方法如下。

吸取溶液时用左手拿洗耳球，将食指或拇指放在洗耳球的上方，其余手指自然握住洗耳球，用右手的拇指和中指拿住吸管标线以上的部分，无名指和小手指辅助拿住吸管，将吸管管尖插入溶液，将洗耳球中的空气排出后，用其尖端紧按在吸管口上，慢慢松开捏紧的洗耳球，溶液借吸力慢慢上升，见图2-7。等溶液吸至吸管的四分之一处（这时切勿使溶液流回原瓶中，以免稀释溶液）时，立即用右手食指按住管口，离开溶液，将吸管横过来。用两手的拇指和食指分别拿住吸管的两端，转动吸管并使溶液布满全管内壁，当溶液流至距上口 2～3cm 时，

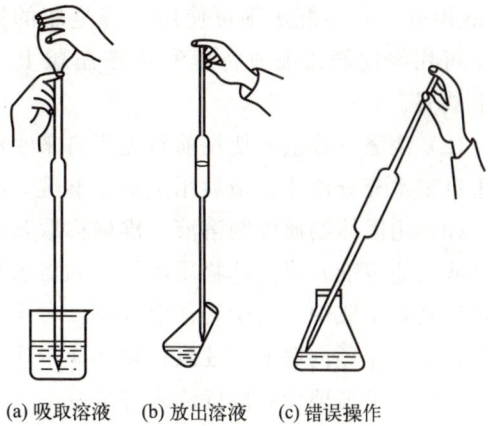

(a) 吸取溶液　　　(b) 放出溶液　　　(c) 错误操作

图 2-7　吸管的操作

将吸管直立，使溶液由流液口（尖嘴）放出，弃去。用同样的方法将吸管润洗 3 次后，即可移取溶液。

将吸管插入待吸溶液液面下 1～2cm 深度。如插得太浅，液面下降后会造成吸空；如插得太深，吸管外壁沾带溶液过多。吸液过程中，应注意液面与管尖的位置，管尖应随液面下降而下降。当液面吸至标线以上 1～2cm 时，迅速移开洗耳球，同时立即用右手食指堵住管口。左手放下洗耳球，拿起滤纸擦干吸管下端黏附的少量溶液，并另取一干燥洁净的小烧杯，将吸管管尖紧靠小烧杯内壁，小烧杯保持倾斜，使吸管垂直，视线与刻度线保持水平，然后微微松动右手食指，使液面缓慢下降，直到溶液弯月面的最低点与标线相切，立即按紧食指。左手放下小烧杯，拿起接收溶液的容器，将其倾斜约 45°，将吸管垂直，管尖紧贴接收容器的内壁，松开食指，使溶液自然顺壁流下。待溶液下降到管尖后，应等 15s 左右，然后移开吸管放在吸管架上。不可乱放，以免沾污。注意吸管放出溶液后，其管尖仍残留一滴溶液，对此，除特别注明"吹"字的吸管外，此残留液切不可吹入接收容器中，因为在吸管生产检定时，并未把这部分体积计算进去。实验完毕后要清洗吸管，放置在吸管架上。

2.4.3　容量瓶的选择及使用

容量瓶是细颈梨形、有精确体积刻度线的具塞玻璃容器，由无色或棕色玻璃制成，容量瓶均为量入式。在滴定分析中用于配制准确浓度的溶液或定量地稀释溶液。

2.4.3.1　容量瓶的选择

根据配制溶液的体积选择合适规格的容量瓶，对见光易分解的物质应选择棕色容量瓶，一般性物质则选择无色容量瓶。

2.4.3.2　容量瓶的使用

（1）试漏　检查容量瓶的瓶塞是否漏水。其方法是：加自来水至标线附近，盖好瓶塞，用左手食指按住瓶塞，其余手指拿住瓶颈标线以上部分，用右手指尖托住瓶底边缘，将瓶倒立 2min，看其是否漏水，可用滤纸片检查；将瓶直立，瓶塞转动 180°，再倒立 2min 检查，若不漏水则可使用。容量瓶的瓶塞不应取下随意乱放，以免沾污、搞错或打碎。可用橡皮筋或细绳将瓶塞系在瓶颈上。如为平顶的塑料塞子，也可将塞子倒置在桌面上放置。

（2）洗涤　容量瓶使用前首先用自来水洗涤，然后用铬酸洗液或其他专用洗液洗涤，接着用自来水充分洗涤，最后用蒸馏水淋洗 3 次。

（3）用固体物质配制溶液　准确称取基准试剂或被测样品，置于小烧杯中，用少量蒸馏水（或其他溶剂）将固体物质溶解。如需加热溶解，则加热后应冷却至室温。然后将溶液定量转移到容量瓶中。定量转移溶液时，右手持玻璃棒，将玻璃棒伸入容量瓶口中，玻璃棒的下端就靠在瓶颈内壁上（**注意：玻璃棒不能和瓶口接触**）。左手拿烧杯，使烧杯嘴紧贴玻璃棒，让溶液沿玻璃棒和内壁流入容量瓶中，如图 2-8 所示。烧杯中溶液倾完后，将烧杯慢慢扶正，同时使杯嘴沿玻璃棒上提 1～2cm，然后再离开玻璃棒，避免杯嘴与玻璃棒之间的一滴溶液流到烧杯外面，并把玻璃棒放回烧杯中，但不要靠杯嘴。然后用洗瓶吹洗玻璃棒和烧杯内壁，再将溶液按上述方法转移到容量瓶中。如此吹洗、转移操作应重复数次，以保证溶液转移完全。然后再加少量蒸馏水至容量瓶 2/3 容量处，将容量瓶沿水平方向轻轻转动几周，使溶液初步混均匀。再继续加水至标线以下约 1cm 处，等待 1～2min，使附在瓶颈内壁的水流下后，再用小滴管滴加蒸馏水至弯月面的最低点与标线相切，视线应在同一水平线上，如图 2-9 所示。无论溶液有无颜色，加水位置都应使弯月面的最低点与标线相切。随即盖紧瓶塞，左手食指按住瓶塞，其余手指拿住瓶颈标线以上部分，右手指尖托住瓶底边缘将容量瓶倒转，使气泡上升到顶部，水平振荡混匀溶液。这样重复操作 15～20 次，使瓶内溶液充分混匀。如图 2-10 所示。

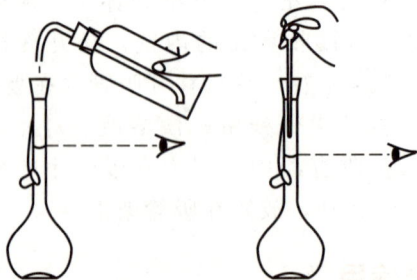

图 2-8　转移溶液　　　　　图 2-9　定容操作　　　　　图 2-10　摇匀溶液

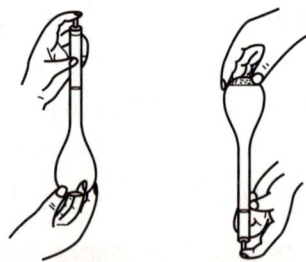

右手托瓶时，应尽量减少与瓶身的接触面积，以避免体温对溶液温度的影响。100mL 以下的容量瓶，可不用右手托瓶，只用一只手抓住瓶颈，同时用手心顶住瓶塞倒转摇动即可。

（4）稀释溶液　如用容量瓶将已知准确浓度的浓溶液稀释成一定浓度的稀溶液，则用移液管移取一定体积的浓溶液于容量瓶中，加蒸馏水至标线，按前述方法混匀溶液。

（5）使用注意事项

① 热溶液必须冷却至室温后，才能稀释到标线，否则会造成体积误差。

② 容量瓶不宜长期保存试剂溶液，不可将容量瓶当作试剂瓶使用。如配好的溶液需长期保存，应将其转移至磨口试剂瓶中，磨口瓶洗涤干净后还必须用容量瓶中的溶液淋洗3次。

③ 容量瓶用毕应立即用自来水冲洗干净。如长期不用，磨口处应洗净擦干，垫上小纸片，放入仪器柜中保存。

④ 容量瓶不能在烘箱中烘烤，也不能用任何方法加热。如需使用干燥的容量瓶时。可将容量瓶洗净后，用乙醇等有机溶剂淌洗后晾干或用电吹风的冷风吹干。

✎ 思考题与习题 ▶▶▶

简答题

（1）玻璃仪器是如何分类的？

（2）实验室的纯水分几个等级？可测定水中哪些物质？

（3）实验室的洗液有哪几种？如何进行铬酸洗液的配制和使用？

（4）请分别说出滴定管、锥形瓶、容量瓶及移液管的洗涤和干燥方法。

（5）分析天平在使用前应进行哪些检查？

（6）如何配制 5% 的 NaOH 溶液？

技能实训1　分析天平的使用

一、实训目的

（1）了解分析天平的基本结构，掌握其使用规则。

（2）掌握分析天平的称量方法——直接法和差减法。

二、方法原理

分析天平是根据杠杆原理设计制造的。当被称量物和砝码分别在天平的两侧达到平衡时，被称物的质量等于砝码质量。

三、仪器和试剂

（1）仪器　全自动光电分析天平或电子分析天平，称量瓶，托盘天平，小烧杯。

（2）试剂　无水 Na_2CO_3（s）（称量前烘干）。

四、操作步骤

1. 分析天平基本构造的认识

常用的分析天平有阻尼天平、半自动光电分析天平、全自动光电分析天平及电子分析天平，根据所使用天平的类型，进行其结构的认识学习。

2. 使用前的检查

先用软毛刷清扫天平盘上和天平箱内的灰尘，然后检查天平各部件是否在正常位置，通过水准仪检查天平的水平状态。

3. 零点调整

接通电源，启动升降枢旋钮，在不载重的情况下，检查光屏上标尺的位置。若零点与光幕上的中线不重合，可拨动旋钮下面的扳手（小棒），左右移动光幕的位置，使其重合；若偏离较大时，须轻轻地旋动天平梁上平衡螺钉使其重合。如果使用电子天平，打开天平开关则自动进行灵敏度及零点调节。

4. 称量

（1）差减法（或减量法）

① 在洁净、干燥的称量瓶中装入约 2g Na_2CO_3，先在托盘天平上粗称其质量，然后再在分析天平上称其准确质量，记录 m_1（g）。

② 取出称量瓶，从其中倾出 $0.3 \sim 0.4g$ 样品于洁净、干燥的小烧杯中，精确称量剩余质量，记录 m_2（g），则（$m_1 - m_2$）为试样的质量。以同样的方法连续称出 3 份试样。

③ 原始记录及数据处理。将数据记录在表 2-13 中。

表 2-13　Na_2CO_3 称量结果记录

记录项目	第 1 次	第 2 次	第 3 次
称量瓶加试样质量 m_1/g			
倾出试样后称量瓶加剩余试样质量 m_2/g			
试样质量（$m_1 - m_2$）/g			

（2）直接法　先在托盘天平上粗称小烧杯的质量，然后在分析天平上精确称出其质量，记录 $m_{空}$（g）；然后按所需试样的质量，在分析天平上加一定量的砝码，再用药匙将试样渐次加入小烧杯中，直到平衡点达到预先确定的称量数值为止，记录 $m_{(样+空)}$（g）；最后，计算出所称样品质量。

称量完毕，记下物品的质量，关闭升降旋钮，取出物品，关好天平门，将圈码指数盘恢复至"000"位置，切断电源，罩好天平罩。

五、注意事项

（1）直接称量法适用于不易吸水、在空气中组成稳定试样的称量；易于吸水、易于氧化或易与 CO_2 反应的试样，必须采用差减法。

（2）取放物体或加减砝码时，必须首先关闭升降枢，把天平梁托起，否则易使刀口损坏。转动升降枢和转动机械加码转盘时，应小心缓慢，轻开轻关。观察天平两边是否平衡时，不要将升降枢的旋钮完全打开，只要能看出指针偏移方向即可。

（3）为了防止砝码和天平被腐蚀，严禁用手拿取砝码。化学药品和试样不得直接放在天平盘上。挥发性、腐蚀性物质必须放在密封加盖的容器中称量。如果在天平内撒落药品，应立即清理，以免腐蚀天平，增加系统误差。

（4）绝不能使天平载重超过最大负荷。为减少称量误差，同一实验应使用同一台天平和相配套的砝码。

（5）在称量过程中，为了不引起称量误差，称量的物品必须与天平箱内的温度一致，不要将过热的和过冷的物品放在天平内称量。天平箱内应放置干燥剂，保持其环境干燥。

技能实训 2　滴定分析基本操作

一、实训目的

(1) 通过 HCl 和 NaOH 溶液的配制和标定，掌握容量分析仪器的使用和操作方法。

(2) 学会滴定终点的判断。

二、仪器和试剂

(1) 仪器　50mL（或 25mL）酸式滴定管；50mL（或 25mL）碱式滴定管；1mL、2mL、25mL 移液管；1mL、5mL、10mL 吸量管；250mL 容量瓶。

(2) 试剂　浓盐酸 HCl（相对密度 1.183，37%，分析纯 A.R.）；无水碳酸钠 Na_2CO_3；固体 NaOH；指示剂，0.1% 酚酞乙醇溶液、0.1% 甲基橙水溶液；无 CO_2 蒸馏水。

三、操作步骤

1. 滴定管、容量瓶、移液管、吸量管的使用步骤

(1) 酸式滴定管　洗涤→涂抹凡士林→试漏→装溶液（以水代替）→赶气泡→调液面→滴定→读数。

(2) 碱式滴定管　洗涤→试漏→装溶液（以水代替）→赶气泡→调液面→滴定→读数。

(3) 容量瓶　洗涤→试漏→装溶液（以水代替）→稀释→调整液面至刻度→摇匀。

(4) 移液管　洗涤→润洗→吸液（以水代替）→调液面→放液。

(5) 吸量管　洗涤→润洗→吸液（以水代替）→调液面→放液（每次放 1mL）。

2. 无水碳酸钠的称量

首先将 Na_2CO_3 在干燥箱中 180℃下烘 2h，在干燥器中冷却至室温。用差减法准确称取约 1g 三份（记录 m_1、m_2、m_3 准确质量，精确到 0.0001g），分别放入 250mL 锥形瓶中，待用。

3. HCl 操作溶液配制与标定——HCl 标准储备溶液的配制

(1) 配制约 1mol/L 的 HCl 溶液　计算配制 50mL 1mol/L HCl 溶液需要浓盐酸的量 V（HCl 浓）（mL），然后用吸量管吸取 V（HCl 浓）（mL）移入 250mL 容量瓶中，用蒸馏水稀释至刻度，摇匀，贴上标签，待标定。

(2) 标定　向上述 3 份盛 Na_2CO_3 的 250mL 锥形瓶中，分别加入 20mL 无 CO_2 蒸馏水溶解后，加 1~2 滴甲基橙指示剂，用 HCl 操作溶液滴定至溶液由橙黄色变为淡橙红色为终点。记录消耗 HCl 溶液的量 V（HCl 浓）（mL），根据 Na_2CO_3 基准物质的质量，计算 HCl 溶液的物质的量浓度（mol/L）。

$$c(HCl) = \frac{m}{53V(HCl)} \times 1000$$

式中　$c(HCl)$——HCl 标准储备溶液的物质的量浓度，mol/L；

$\qquad$ $V(HCl)$——滴定时消耗 HCl 操作溶液的量，mL；

$\qquad$ m——基准物质 Na_2CO_3 的质量（共 3 份 m_1、m_2、m_3），g；

$\qquad$ 53——基准物质 Na_2CO_3 的摩尔质量（$\frac{1}{2}Na_2CO_3$），g/mol。

4. 0.1000mol/L HCl 溶液的配制

根据上述所得 HCl 标准储备溶液的量浓度，计算配制 250mL 0.1000mol/L HCl 溶液所需的量 V（HCl 储备）（mL），用吸量管准确吸取 V（HCl 储备）（mL）放入 250mL 容量瓶中，用无 CO_2 蒸馏水稀释至刻度。

5. NaOH 操作溶液的配制与标定——NaOH 标准溶液的配制

（1）配制约 0.1mol/L 的 NaOH 溶液　在托盘天平上称取配制 250mL 0.1mol/L NaOH 溶液所需固体 NaOH 的质量，放入干净的小烧杯中，加少许蒸馏水，用玻璃棒搅拌，溶解后转移至 250mL 容量瓶，稀释至标线，摇匀，倒入试剂瓶，贴上标签。

（2）标定　将配制的 NaOH 溶液加入滴定管中，调节零点。用移液管吸取 25.00mL 0.1000mol/L HCl 溶液共 3 份，分别放入 3 个锥形瓶中，各加 1～2 滴酚酞指示剂，自滴定管用 NaOH 溶液分别滴定至溶液由无色变为淡粉红色，指示滴定终点。

记录 NaOH 溶液用量（mL）。根据 NaOH 溶液用量计算 NaOH 溶液的物质的量浓度（mol/L）。

标定结果见表 2-14。

表 2-14　HCl 溶液和 NaOH 溶液标定结果记录

HCl 溶液标定			NaOH 溶液标定		
Na_2CO_3 的质量/g			0.1000mol/L HCl/mL		
HCl 溶液滴定终点的读数/mL			NaOH 溶液滴定终点的读数/mL		

技能实训 3　色度的测定（目视比色法）

一、实训目的

通过水中色度的测定，了解目视比色法的原理和基本操作。

二、方法原理

用氯铂酸钾与氯化钴配成标准系列，与水样进行目视比色。规定铂含量 1mg/L 和钴含量 0.5mg/L 水中所具有的颜色为 1 度，作为标准色度单位。

三、仪器和试剂

（1）仪器　50mL 具塞比色管，其刻线高度要一致。

（2）试剂　铂钴标准溶液，称取 1.2456g 氯铂酸钾（K_2PtCl_6，相当于 500mg 铂）和 1.000g 氯化钴（$CoCl \cdot 6H_2O$，相当于 250mg 钴）溶于 100mL 水中，加 100mL 浓盐酸（HCl 浓），用水定容至 1000mL。此溶液色度为 500 度（0.5 度/mL）。密塞保存。

四、操作步骤

（1）标准色列的配制　吸取铂钴标准溶液 0、0.50mL、1.00mL、1.50mL、2.00mL、2.50mL、3.00mL、3.50mL、4.00mL、4.50mL、5.00mL、6.00mL 及 7.00mL，分别放入 50mL 具塞比色管中，用蒸馏水稀释至刻度，混匀。把对应的色度记录在实验报告中。

（2）水样的测定

① 将水样（注明 pH 值）放入同规格比色管中至 50mL 刻度。

② 将水样与标准色列进行目视比较。比色时选择光亮处。各比色管底均应衬托白瓷板或白纸，从管口向下垂直观察。记录与水样色度相同的铂钴标准色列的色度 A。

五、数据记录与结果处理

1. 实训数据记录

将数据记录在表 2-15 中。

表 2-15　色度测定实训记录表

标准溶液/mL	0	0.50	1.00	1.50	2.00	2.50	3.00	3.50	4.00	4.50	5.00	6.00	7.00
色度/度													
水样色度/度													

2. 实训结果计算

$$色度 = \frac{A \times 50}{V}$$

式中　A——水样的色度，度；

　　　V——原水样的体积，mL；

　　　50——水样最终稀释体积，mL。

六、注意事项

（1）如水样色度恰在两标准色列之间，则取两者中间数值，如果水样色度大于 100 度时，则将水样稀释一定倍数后再进行比色。

（2）如果水样较浑浊，经预处理仍得不到透明水样时，则用"表色"报告。

（3）如实验室无氯铂酸钾，可用重铬酸钾代替。称取 0.04375g $K_2Cr_2O_7$ 和 1.000g $CoSO_4 \cdot 7H_2O$，溶于少量水中，加 0.50mL 浓硫酸，用水稀至 500mL。此溶液色度为 500 度。不宜久存。

（4）如水样浑浊，则应放置澄清，亦可用离心法或用孔径为 0.45μm 滤膜过滤以去除悬浮物。但不能用滤纸过滤，因滤纸可吸附部分溶解于水的颜色。

📖 **拓展阅读**

传承工匠精神，守护水质安全

"取样、水样预处理、滴入试剂、调试仪器、上机操作……"，这是周莹每天都在重复开展的工作。在 2023 年湖北省城镇供水排水行业职业技能竞赛上，周莹以第一名的佳绩，成为化学检验员（排水化验员）工种省级技术状元。"水质检测分析不容一丝一毫的马虎，我要对我所做的每一个水样的分析数据负责。"周莹用 10 年时间"兑现"了她朴实的承诺。

多年来一丝不苟、严谨认真的工作作风，加之多次带领团队参加全国能力验证，开展实验室质量控制等工作，让周莹积累了解决复杂水质分析问题的丰富经验和技能，也锻炼了她对分析数据的敏锐度，使其成为团队中的中坚力量。水质监测中心引进每一个新员工要上岗正式操作，都必须过周莹这一关。

"这个数据有问题，需要重新做。"一次，新来的化验员在做总硬度项目后将结果交给周莹审核，她凭借着对数据的敏感，发现检测结果有异常。她本着对结果负责的态度，重新配制分析试剂，清洗分析器皿，和同事一起再次验证，发现了问题所在，确保了分析结果准确。周莹对分析数据把控很严格，所有项目的国家标准都在她的脑子里。

　　"质量管控是'水质安全'的防线。每一项水质指标的分析数据、分析方法、分析仪器都需仔细审查。分析数据不是简单的数字，而是确保老百姓能喝到安全饮用水的基础。"周莹反复将她的工作理念介绍给同事们。对同事工作中提出的问题，她总是耐心地给予解答；对新同事不规范的操作，她总是不厌其烦地予以纠正。

　　10年来，周莹立足本职岗位，默默奉献，凭借娴熟的技术、过硬的专业水平，赢得了领导和同事的赞誉。

　　由于国家标准的不断升级，水质监测中心引进了各类先进的水质分析仪器。面对陌生的仪器和操作系统，周莹直面挑战、毫不退缩。她接过通用操作规程，认真研习，碰到不懂的内容，便向同行监测站取经后再次尝试，反复实验，最终摸熟摸透，并调整好每个项目的分析参数，制定出操作手册，让每位化验员都能自如使用。

　　受到周莹"工匠精神"的影响，整个科室积极开展技术攻关，组织技术培训，完成技术升级。《生活饮用水卫生标准》（GB 5749—2022）正式实施后，在周莹的带领下，化验员们在两个月内完成了50项方法验证，将水质检测项目从45项扩展到58项。

　　作为自来水水质的"把关人"，周莹深刻明白水质分析的责任和担当。她终日为水质"号诊把脉"，就是为了把好每一滴水的质量关，为一方百姓安全用水保驾护航。周莹在最平凡的岗位上努力实践，发挥所长，把奋斗作为最亮丽的底色，书写在为供水事业发展的青春答卷上。

3

酸碱滴定法

📄 **学习目标**

❖ **知识目标**

了解酸碱指示剂的变色原理和变色范围；理解酸碱滴定曲线突跃范围和准确滴定的条件；掌握分步滴定的准确性判断依据和各计量点指示剂的选择。

❖ **能力目标**

能设计实验并判断能否准确滴定，并选择合适指示剂和滴定剂；在测定酸、碱度的实验过程中，观察、思考和解决出现的实际问题。

❖ **素质目标**

结合实际水质分析操作案例，培养勇于正视问题、正确认知、勤于反思和务实求真的科学素养；树立正确的实验室安全意识和实验室废液回收的环保意识。

酸碱滴定法是以酸碱反应为基础的滴定分析方法。应用酸碱滴定法可以测定水中酸、碱以及能与酸或碱起反应的物质的含量。

酸碱滴定法通常采用强酸或强碱作滴定剂，例如用 HCl 作为酸的标准溶液，可以滴定具有碱性的物质，如 NaOH、Na_2CO_3 和 $NaHCO_3$ 等。如用 NaOH 作为标准溶液，可以滴定具有酸性的物质，如 H_2SO_4 等。

3.1 酸碱指示剂

酸碱滴定过程中，溶液本身不发生任何外观的变化，因此常借酸碱指示剂的颜色变化来指示滴定终点。要使滴定获得准确的分析结果，应选择适当的指示剂，从而使滴定终点尽可能地接近化学计量点。

3.1.1 酸碱指示剂的变色原理

酸碱指示剂通常是一种有机弱酸、有机弱碱或既显酸性又能显碱性的两性物质。在滴定过程中，溶液 pH 的不断变化，引起了指示剂结构的变化，从而发生了指示剂颜色的变化。

例如，酚酞指示剂是弱的有机酸，在很稀的中性或弱酸性溶液中，几乎完全以无色的分子或离子状态存在，在水溶液中存在如下的解离平衡：

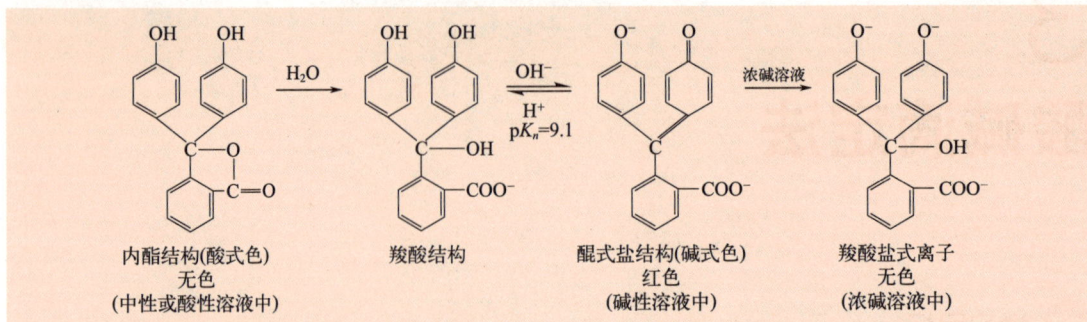

内酯结构(酸式色)　　　　羧酸结构　　　　醌式盐结构(碱式色)　　　羧酸盐式离子
无色　　　　　　　　　　　　　　　　　　　　红色　　　　　　　　　无色
(中性或碱性溶液中)　　　　　　　　　　　(碱性溶液中)　　　　　(浓碱溶液中)

当溶液 pH 值渐渐升高时，酚酞的结构和颜色发生了改变，变成了醌式结构的红色离子。在 pH 值减小时，溶液中发生相反的结构和颜色的改变。酚酞在浓碱溶液中，醌式结构变成无色的羧酸盐式离子，使用中需要注意。

又如甲基橙是一种有机弱碱型的双色指示剂，在水溶液中存在如下的解离平衡：

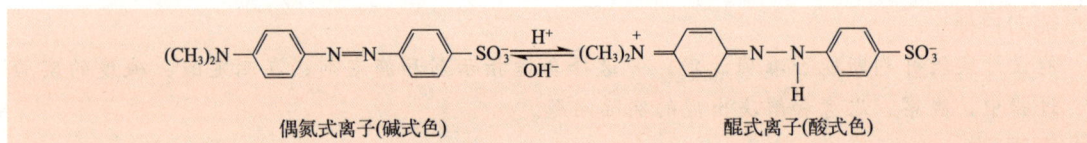

偶氮式离子(碱式色)　　　　　　　　　　醌式离子(酸式色)

当溶液 pH 值渐渐减小时，甲基橙转变为具有醌式结构的红色离子。在 pH 值升高时，甲基橙转变为具有偶氮式结构的黄色离子。

3.1.2　指示剂的变色范围

实际上并不是溶液的 pH 值稍有改变就能观察到指示剂的颜色变化，必须是溶液的 pH 值改变到一定范围，指示剂的颜色变化才能被观察到，这个范围称为**指示剂的变色范围**。例如酚酞在 pH 值小于 8 的溶液中无色，而当溶液的 pH 值大于 10 时，酚酞则呈红色，pH 值从 8 到 10 是酚酞逐渐由无色变为红色的过程，此范围就是指示剂酚酞的变色范围。当溶液 pH 值小于 3.1 时甲基橙呈红色，大于 4.4 时呈黄色，pH 值 3.1～4.4 是甲基橙的变色范围。

指示剂的变色范围，可由指示剂在溶液中的解离平衡过程加以解释。

设弱酸型指示剂的表示式为 HIn，则有：

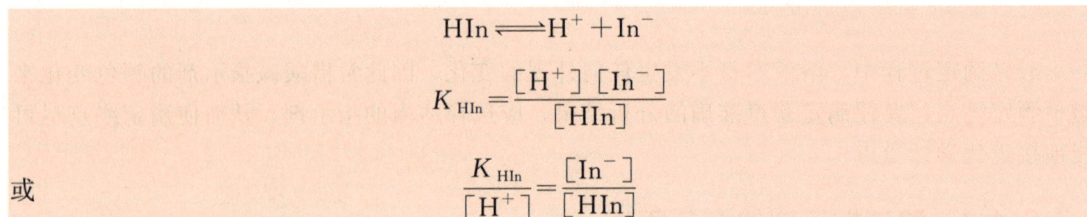

$$HIn \rightleftharpoons H^+ + In^-$$

$$K_{HIn} = \frac{[H^+][In^-]}{[HIn]}$$

或

$$\frac{K_{HIn}}{[H^+]} = \frac{[In^-]}{[HIn]}$$

式中，K_{HIn} 是指示剂解离常数；$[In^-]$ 和 $[HIn]$ 分别为指示剂的碱色和酸色的浓度。由上式可知，溶液的颜色是由 $\frac{[In^-]}{[HIn]}$ 的比值决定的，而此比值又与 $[H^+]$ 和 K_{HIn} 有关。在一定温度下，对于某一指示剂来说，K_{HIn} 是一个常数，因此比值 $\frac{[In^-]}{[HIn]}$ 仅为

$[H^+]$ 的函数，即溶液的颜色仅与 pH 相关。当 $[H^+]$ 发生改变，$\dfrac{[In^-]}{[HIn]}$ 比值随之发生改变，溶液的颜色也就逐渐发生改变。但人眼辨别颜色的能力是有限的，一般来说，当：

$\dfrac{[In^-]}{[HIn]} \leqslant \dfrac{1}{10}$，即 pH $\leqslant$（$pK_{HIn} - 1$）时，只能观察出酸式（HIn）颜色，即酸色；

$\dfrac{[In^-]}{[HIn]} \geqslant 10$，即 pH $\geqslant$（$pK_{HIn} + 1$）时，只能观察出碱式（In^-）颜色，即碱色；

$\dfrac{1}{10} < \dfrac{[In^-]}{[HIn]} < 10$，指示剂呈混合色，即过渡色时，人眼一般难以辨别。

pH＝（$pK_{HIn} \pm 1$），称为指示剂变色的 pH 范围。不同的指示剂，其 pK_{HIn} 不同，所以指示剂各有不同的变色范围。

当指示剂的 $[In^-] = [HIn]$ 时，pH＝pK_{HIn}，此 pH 值为指示剂的理论变色点。理想的情况是：滴定化学计量点与指示剂变色点的 pH 值完全一致，但实际操作时是有困难的。

根据上述理论推算，指示剂的变色范围应是两个 pH 单位，但实际测得的各种指示剂的变色范围并不一样，而是略有上下，这是因为人眼对各种颜色的敏感程度不同，以及指示剂的两种颜色之间有相互掩盖的现象所致。

表 3-1 列出了常用酸碱指示剂的变色范围及其配制方法。

表 3-1　几种常用的酸碱指示剂

指示剂	变色范围	pK_{HIn}	酸色	碱色	配 制 方 法	备　注
百里酚蓝	1.3～2.8	1.7	红	黄	0.1%的20%的乙醇溶液	第一变色范围
甲基橙	3.1～4.4	3.4	红	黄	0.1%水溶液	—
溴酚蓝	3.0～4.6	4.1	黄	紫	0.1%的20%乙醇溶液或其钠盐水溶液	—
溴甲酚绿	4.0～5.6	4.9	黄	蓝	0.1%的20%乙醇溶液或其钠盐水溶液	—
甲基红	4.4～6.2	5.0	红	黄	0.1%的60%乙醇溶液或其钠盐水溶液	—
溴百里酚蓝	6.2～7.6	7.3	黄	蓝	0.1%的20%乙醇溶液或其钠盐水溶液	—
中性红	6.8～8.0	7.4	红	黄橙	0.1%的60%乙醇溶液	—
苯酚红	6.8～8.4	8.0	黄	红	0.1%的60%乙醇溶液或其钠盐水溶液	—
甲酚红	7.2～8.8	8.2	黄	紫	0.1%的20%乙醇溶液或其钠盐水溶液	第二变色范围
酚酞	8.0～10.0	9.1	无	红	0.1%的90%乙醇溶液	—
百里酚蓝	8.0～9.6	8.9	黄	蓝	0.1%的20%乙醇溶液	第二变色范围
百里酚酞	9.4～10.6	10	无	蓝	0.1%的90%乙醇溶液	—

指示剂的变色范围越窄越好，因为 pH 值稍有改变，指示剂会立即由一种颜色变成另一种颜色，指示剂变色敏锐，有利于提高分析结果的准确度。

表 3-1 所列的指示剂都是单一指示剂，它们的变色范围一般都较宽，其中有些指示剂，例如甲基橙，变色过程中还有过渡颜色，不易于辨别颜色的变化。混合指示剂可以弥补其存在的不足。

混合指示剂是由人工配制而成的，利用两种指示剂颜色之间的互补作用，过渡颜色持续时间缩短或消失，使变色范围变窄，易于终点观察。

表 3-2 列出了常用混合指示剂的变色点和配制方法。

表 3-2　常用混合指示剂

指示剂溶液组成	变色点		酸色	碱色
	pH	颜色		
1 份 0.1%甲基橙水溶液 1 份 0.25%靛蓝二磺酸钠水溶液	4.1	—	紫	黄绿
1 份 0.2%溴甲酚绿乙醇溶液 1 份 0.4%甲基红乙醇溶液	4.8	灰紫	紫红	绿
3 份 0.1%溴甲酚绿乙醇溶液 1 份 0.2%甲基红乙醇溶液	5.1	灰	橙红	绿
1 份 0.2%甲基红溶液 1 份 0.1%亚甲基蓝溶液	5.4	暗蓝	红紫	绿
1 份 0.1%甲酚红钠盐水溶液 3 份 0.1%百里酚蓝钠盐水溶液	8.3	玫瑰红	黄	紫
1 份 0.1%酚酞乙醇溶液 2 份 0.1%甲基绿乙醇溶液	8.9	浅蓝	绿	紫

混合指示剂的组成一般有两种。一是用一种不随 H^+ 浓度变化而改变的染料和一种指示剂混合而成，如亚甲基蓝和甲基红组成的混合指示剂。亚甲基蓝是不随 pH 而变化的染料，呈蓝色，甲基红的酸色是红色，碱色是黄色，混合后的酸色为紫色，碱色为绿色。二者形成的混合指示剂在 pH 为 5.4 时，可由紫色变为绿色或相反，非常明显，此指示剂主要用于水中氨氮用酸滴定时的指示剂。二是由两种不同的指示剂，按一定比例混合而成，如溴甲酚绿（$pK_{HIn}=4.9$）和甲基红（$pK_{HIn}=5.0$）两种指示剂所组成的混合指示剂，两种指示剂都随 pH 变化，按一定的比例混合后，在 pH＝5.1 时，由酒红色变为绿色或相反，变色极为敏锐。此指示剂用于水中碱度的测定。

如果将甲基红、溴百里酚蓝、百里酚蓝和酚酞按一定比例混合，溶于乙醇，配成混合指示剂，该混合指示剂随 pH 的不同而逐渐变色如下：

pH 值	≤4	5	6	7	8	9	≥10
颜色	红	橙	黄	绿	青（蓝绿）	蓝	紫

广泛 pH 值试纸是用上述混合指示剂制成的，用来测定 pH 值。

3.2 酸碱滴定曲线和指示剂的选择

采用酸碱滴定法进行分析测定时，必须了解酸碱滴定过程中 pH 值的变化规律，特别是化学计量点附近溶液 pH 值的变化，这样才有可能选择合适的指示剂，准确地确定滴定终点。因此，溶液的 pH 值是酸碱滴定过程中的特征变量，可以通过计算求出，也可用 pH 计测出。

表示滴定过程中 pH 值变化情况的曲线，称为酸碱滴定曲线。不同类型的酸碱在滴定过程中 pH 值的变化规律不同，因此滴定曲线的形状也不同。下面分别讨论各种类型酸碱滴定过程中 pH 值的变化情况及指示剂的选择等。

3.2.1 强碱（酸）滴定强酸（碱）

这一类型滴定包括 HCl、H_2SO_4 和 $NaOH$、KOH 等的相互滴定，因为它们在水溶液中是完全离解的，滴定的基本反应为：

$$H^+ + OH^- \rightleftharpoons H_2O$$

现以 0.1000mol/L NaOH 滴定 20.00mL 0.1000mol/L HCl 为例，研究滴定过程中 H^+ 浓度及 pH 值变化规律和如何选择指示剂。滴定过程的 pH 变化如表 3-3 所示。

表 3-3　0.1000mol/L NaOH 滴定 20.00mL 0.1000mol/L HCl 时的 H^+ 浓度及 pH 变化情况

加入的 NaOH 体积/mL	被滴定的 HCl 的量/%	剩余的 HCl 体积/mL	过量的 NaOH 体积/mL	$[H^+]$ 或 $[OH^-]$ 的计算式	$[H^+]$ 的浓度 /(mol/L)	pH 值
0.00	0.00	20.00	—	$[H^+]=0.1000mol/L$	1.00×10^{-1}	1.00
18.00	90.00	2.00	—		5.26×10^{-3}	2.28
19.80	99.00	0.20	—	$[H^+]=\dfrac{0.1000\times V_{酸剩余}}{V_{总}}$	5.02×10^{-4}	3.30
19.98	99.90	0.02	—		5.00×10^{-5}	4.30
20.00	100.00	0.00	—	$[H^+]=10^{-7}mol/L$	1.00×10^{-7}	7.00
20.02	100.1		0.02		2.00×10^{-10}	9.70
20.20	101.0	—	0.20	$[OH^-]=\dfrac{0.1000\times V_{碱过量}}{V_{总}}$	2.01×10^{-11}	10.70
22.00	110.0	—	2.00		2.10×10^{-12}	11.68
40.00	200.0	—	20.00		3.00×10^{-13}	12.52

为了更加直观地表现滴定过程中 pH 的变化趋势，以溶液的 pH 值对 NaOH 的加入量或被滴定百分数作图，得到如图 3-1 所示的一条 S 形滴定曲线。由图 3-1 中的曲线可以看出，在滴定初期，溶液的 pH 值变化很小，曲线较平坦，随着滴定剂 NaOH 的加入，曲线缓缓上升，在计量点前后曲线急剧上升，以后又比较平坦，形成 S 形曲线。

滴定过程中 pH 变化呈 S 形的原因是：开始时，溶液中酸量大，加入 90% 的 NaOH 溶液才改变了 1.28 个 pH 值单位，这部分恰恰是强酸缓冲容量最大的区域，因此 pH 变化较小。随着 NaOH 的加入，酸量减少，缓冲容量逐渐下降。从 90% 到 99%，仅加入 1.8mL

NaOH 溶液 pH 就改变 1.02，当滴定到只剩 0.1%HCl（即 NaOH 加入 99.9%）时，再加入 1 滴 NaOH（约 0.04mL，此时滴定百分数为 100.1%，过量 0.1%），溶液由酸性突变为碱性。pH 值从 4.30 骤增至 9.70，改变了 5.4 个 pH 值单位，计量点前后 0.1% 之间的这种 pH 值的突然变化，称为滴定突跃。相当于图 3-1 中接近垂直的曲线部分。突跃所在的 pH 范围称为滴定突跃范围。此后继续加入 NaOH 溶液，进入强碱的缓冲区，pH 变化逐渐减小，曲线又趋平坦。

S 形曲线中最具实用价值的部分是化学计量点前后的滴定突跃范围，它为指示剂的选择提供了可能，选择在滴定突跃范围内发生变色的指示剂，其滴定误差不超过 ±0.1%。若在化学计量点前后没有形成滴定突跃，不是陡直，而是缓坡，指示剂发生变色时，将远离化学计量点，引起较大误差，无法准确滴定。因此选择指示剂的一般原则是使指示剂的变色范围部分或全部在滴定曲线的突跃范围之内。在此浓度的强碱滴定强酸的情况下，突跃范围是 4.30~9.70。在此突跃范围内变色的指示剂，如酚酞、甲基橙、酚红和甲基红都可选择，它们的变色范围分别是 8.0~10.0、3.1~4.4、6.8~8.4 和 4.4~6.2，其中酚酞变色最为敏锐。

强酸滴定强碱的滴定曲线与强碱滴定强酸的曲线形状类似，只是位置相反（如图 3-1 中虚线部分），变色范围为 9.70~4.30，可以选择酚酞和甲基红作指示剂。若选择甲基橙作指示剂，只应滴定至橙色，若滴定至红色，将产生 +0.2% 以上的误差。

为了在较大范围内选择指示剂，一般滴定曲线的突跃范围越宽越好。从前面表格的计算中得知强酸强碱型滴定曲线的突跃范围主要决定于碱或酸的浓度，浓度大时突跃范围宽。浓度对滴定曲线的影响如图 3-2 所示。

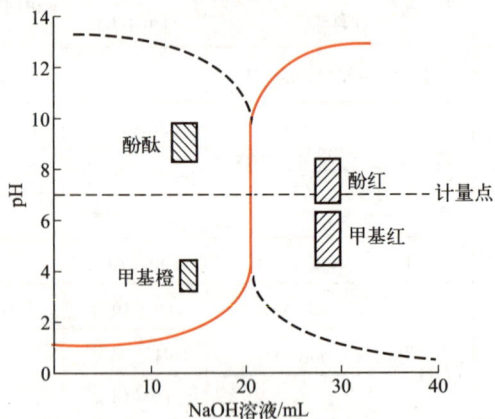

图 3-1　强碱（酸）滴定强酸（碱）的滴定曲线

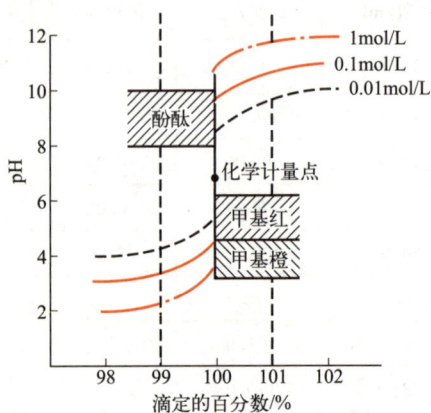

图 3-2　不同浓度强碱滴定相应浓度的强酸的滴定曲线

因此在溶液浓度是 0.1000mol/L 的强酸、强碱反应中使用的指示剂在 0.01000mol/L 的强酸、强碱反应的溶液中不一定适用。

3.2.2　强碱滴定弱酸

这类滴定包括强碱 NaOH、KOH 等与弱酸 HAc 等之间的相互滴定。

现以 0.1000mol/L NaOH 滴定 20.00mL 0.1000mol/L HAc 为例，考察滴定过程中 pH 值变化规律和如何选择指示剂，滴定的 pH 值变化如表 3-4 所示，酸碱反应为：

$$OH^- + HAc \rightleftharpoons H_2O + Ac^-$$

表 3-4　0.1000mol/L NaOH 滴定 20.00mL 0.1000mol/L HAc 时的 pH 值改变情况

加入的 NaOH /mL	被滴定的 HAc /%	剩余的 HAc /mL	过量的 NaOH /mL	$[H^+]$ 或 $[OH^-]$ 的计算式	pH 值
0.00	0.00	20.00	—	$[H^+] = \sqrt{cK_a}$	2.88
1.00	5.00	19.00	—		3.42
5.00	25.00	15.00	—		4.22
10.00	50.00	10.00	—	$[H^+] = \dfrac{K_a c_{HAc}}{c_{Ac^-}}$	4.70
18.00	90.00	2.00	—		5.71
19.80	99.00	0.20	—		6.76
19.98	99.90	0.02	—		7.76
20.00	100.00	0.00		$[OH^-] = \sqrt{c\dfrac{K_W}{K_a}}$	8.73
20.02	100.10		0.02		9.70
20.20	101.00		0.20	$[OH^-] = \dfrac{0.1000 V_{碱过量}}{V_{总}}$	10.70
22.00	110.00		2.00		11.68
40.00	200.00		20.00		12.52

以溶液的 pH 值对 NaOH 的加入量或被滴定百分数作图，得到如图 3-3 所示的一条滴定曲线。由曲线可以看出，NaOH 滴定 HAc 的滴定曲线（实线）与 NaOH 滴定 HCl 的滴定曲线（虚线）有明显的不同。该滴定曲线起点高，开始变化较快，计量点偏向碱性一边。突跃范围较同浓度的强酸的滴定小得多。

滴定过程中 pH 值如此变化的原因如下。HAc 是弱酸，滴定前溶液的 pH 值自然高于同浓度的 HCl，滴定开始后系统产生 Ac^-，抑制了 HAc 的解离，使 pH 值增长较快，当 $[HAc]/[Ac^-]$ 渐趋于 1 时，缓冲容量变大。曲线趋于平缓。之后缓冲能力消失，pH 变化又逐渐加快。计量点时，溶液变为 NaAc 溶液，呈碱性。计量点后，溶液变为 Ac^--NaOH 混合溶液，溶液的 pH 值主要由强碱 OH^- 决定。甲基红和甲基橙已不在突跃范围之内。酚酞、百里酚酞和甲酚红可以指示化学计量点。

3.2.3　强酸滴定弱碱

以 0.1000mol/L 的 HCl 溶液滴定 20.00mL 0.1000mol/L 氨水为例，其滴定过程中溶液的 pH 值变化如表 3-5 所示，滴定曲线如图 3-3（虚线部分）所示，酸碱反应为：

$$H^+ + NH_3 \cdot H_2O \rightleftharpoons H_2O + NH_4^+$$

强酸滴定弱碱与强碱滴定弱酸的曲线相似，只是变化方向相反。化学计量点是 5.3，突跃范围是 6.3～4.3，可选择甲基红（4.4～6.2）、甲基橙（3.1～4.4）以及溴甲酚绿（4.0～5.6）作指示剂。

计算式看出，突跃范围取决于弱酸与弱碱的解离常数（K_a 或 K_b）和浓度，两者的值越大，突跃范围越宽。如图 3-4 所示。

一般 cK_a（K_b）<8 时已无明显突跃，所以 $cK_a \geqslant 8$ 是弱酸被准确滴定的判断依据。

表 3-5　0.1000mol/L HCl 滴定 20.00mL 0.1000mol/L NH₃·H₂O 时的 pH 值改变情况

加入的 HCl 溶液/mL	被滴定的 HCl/%	剩余的 NH₃·H₂O/mL	过量的 HCl/mL	计 算 式	pH 值
0.00	0	20.00	—	$[OH^-] = \sqrt{cK_b}$	11.3
5.00	25.00	15.00	—		9.7
18.00	90.00	2.00	—	$[OH^-] = \dfrac{K_b c_{NH_3 \cdot H_2O}}{c_{NH_4^+}}$	8.3
19.80	99.00	0.20	—		7.3
19.98	99.90	0.02	—		6.3
20.00	100.00	0.00	—	$[H^+] = \sqrt{c \dfrac{K_W}{K_b}}$	5.3
20.02	100.10	—	0.02		4.3
20.20	101.00	—	0.20	$[H^+] = \dfrac{c_{酸} V_{酸过量}}{V_{总}}$	3.3
22.00	110.00	—	2.00		2.3
40.00	200.00	—	20.00		1.3

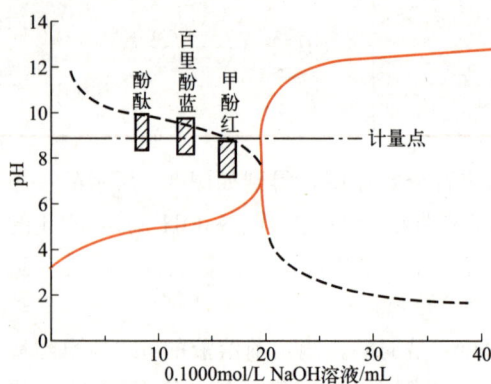

图 3-3　强碱（酸）滴定弱酸（碱）的滴定曲线

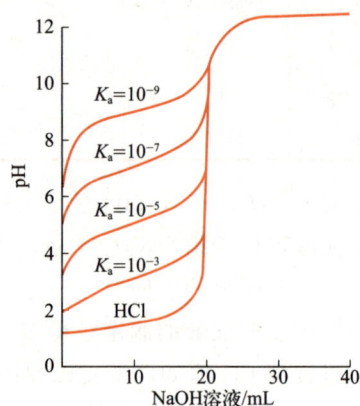

图 3-4　用强碱滴定 0.1000mol/L 不同强度弱酸的滴定曲线

3.3　酸碱滴定法的应用

3.3.1　碱度及其测定

3.3.1.1　碱度组成及测定意义

水的碱度是指水中所含能与 H^+ 定量反应的物质总量。组成水中碱度的物质主要有强碱、弱碱和强碱弱酸盐三类。一般天然水和经过处理后的清水能产生碱度的物质主要有碳酸盐（CO_3^{2-}）、重碳酸盐（HCO_3^-）和氢氧化物（OH^-）。磷酸盐或硅酸盐也会产生一定的碱度，但由于它们在天然水和经过处理后的清水中含量甚微，常忽略不计。因此，按照离子种类的不同，可将水中的碱度分为三类。第一类称为氢氧化物碱度，即 OH^- 的含量；第二类称为碳酸盐碱度，即 CO_3^{2-} 的含量；第三类称为重碳酸盐碱度，即 HCO_3^- 的含量。

碱度的测定对水的混凝、澄清和软化等处理过程有重要意义，是一项重要的水质指标。如果水中的碱度过小，会造成水处理上的困难，因而应事先在水中加入适量的碱，才能进行混凝和软化。某些工业用水，如锅炉用水、冷却水、印染用水的碱度不能过高，否则会对锅炉、管道、织物产生腐蚀作用。对于碱度高的工业废水，如造纸、制革、化学纤维、制碱等企业产生的废水，在排入水体之前应进行中和处理，以避免污染环境。由于工业废水中产生碱度的物质比较复杂，用普通方法难以分辨出各种物质成分，因此，一般只测定总碱度，及水中能与酸作用的物质总量。

碱度对水质特性有多方面的影响，常用于评价水体的缓冲能力及金属在其中的溶解性和毒性，同时也是给水和废水处理过程、设备运行、管道腐蚀控制的判断性指标。

3.3.1.2 碱度测定方法

碱度的测定通常采用酸碱滴定法。在水样中加入酚酞或甲基橙指示剂，用酸标准滴定溶液进行滴定，根据不同指示剂变色时所消耗的酸的体积，可分别测出水样中所含的各类碱度。在滴定中各类碱度的反应如式（3-1）、式（3-2）、式（3-3）所示：

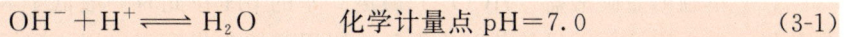

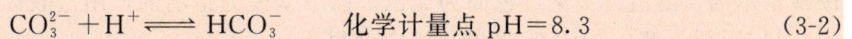

$$OH^- + H^+ \rightleftharpoons H_2O \qquad 化学计量点 pH = 7.0 \qquad (3\text{-}1)$$

$$CO_3^{2-} + H^+ \rightleftharpoons HCO_3^- \qquad 化学计量点 pH = 8.3 \qquad (3\text{-}2)$$

$$HCO_3^- + H^+ \rightleftharpoons H_2CO_3 \qquad 化学计量点 pH = 3.9 \qquad (3\text{-}3)$$

根据酸碱指示剂的变色范围，化学计量点 pH 为 7.0 和 pH 为 8.3 时可以选择酚酞作指示剂，化学计量点 pH 为 3.9 时可以选择甲基橙作指示剂。因此，用酸碱滴定法测定碱度时，一般先用酚酞作指示剂，滴定至溶液由红色刚好变为无色，此刻氢氧化物碱度完全被中和，而碳酸盐碱度只中和了一半。然后用甲基橙作指示剂，继续滴定至溶液颜色由黄色刚好变为橙色，碳酸盐碱度又完成了一半，重碳酸盐碱度也被全部中和。用酚酞作指示剂时溶液变色时的碱度称为酚酞碱度，而只用甲基橙作为指示剂且溶液颜色由黄色变为橙色时的碱度称为甲基橙碱度或总碱度。

在实际工作中，常采用酚酞、甲基橙作指示剂，按连续滴定的操作方式测定水中的碱度，具体方法如下：取一定容积的水样，加入酚酞指示剂，用盐酸标准滴定溶液进行滴定，到溶液由红色刚好变为无色为止，消耗盐酸标准滴定溶液的体积以 V_1 表示，再向水样中加入甲基橙指示剂，继续滴定至溶液由黄色刚好变为橙色为止，消耗盐酸标准滴定溶液的体积以 V_2 表示。根据 V_1 和 V_2 的相对大小，可以判断水中碱度的组成并计算其含量。

（1）单独的氢氧化物（OH^-）的碱度　水的 pH 一般在 10 以上。滴定时加入酚酞后溶液呈红色，用盐酸标准滴定溶液滴至无色，得到 V_1 值。再加入甲基橙，溶液呈橙色，因此不用继续滴定。滴定结果为：

$$V_1 > 0, \ V_2 = 0$$

因此，可以判断水样中只有 OH^- 碱度，而且 OH^- 碱度所消耗的盐酸标准滴定溶液的体积为 V_1。

（2）氢氧化物与碳酸盐（OH^-、CO_3^{2-}）碱度　水的 pH 一般也在 10 以上。首先以酚酞为指示剂，用盐酸标准滴定溶液滴定，得到 V_1 值，其中包括 OH^- 碱度和一半 CO_3^{2-} 碱度，加入甲基橙指示剂继续滴定，得 V_2，测出另一半 CO_3^{2-} 碱度。滴定结果为：

$$V_1 > V_2$$

因此，判断有 OH^- 碱度与 CO_3^{2-} 碱度，且 OH^- 碱度消耗盐酸标准滴定溶液的体积为 $V_1 - V_2$，CO_3^{2-} 消耗盐酸标准滴定溶液的体积为 $2V_2$。

（3）单独的碳酸盐（CO_3^{2-}）碱度　水的 pH 若在 9.5 以上，以酚酞作指示剂，用盐酸标准滴定溶液滴定，测得 V_1 值，其中包括一半 CO_3^{2-} 碱度。再加入甲基橙指示剂，得 V_2 值，测出另一半 CO_3^{2-} 碱度。滴定结果为：

$$V_1 = V_2$$

因此，判断只有 CO_3^{2-} 碱度，且 CO_3^{2-} 消耗盐酸标准滴定溶液的体积为 $2V_1$。

（4）碳酸盐和重碳酸盐（CO_3^{2-}、HCO_3^-）碱度　水的 pH 一般低于 9.5 而高于 8.3。以酚酞为指示剂，用盐酸标准滴定溶液滴定到终点，得 V_1 值，此时含一半 CO_3^{2-} 碱度。再加入甲基橙指示剂，得 V_2 值，测出另一半 CO_3^{2-} 和 HCO_3^- 碱度。滴定结果为：

$$V_1 < V_2$$

因此，判断有 CO_3^{2-} 和 HCO_3^- 碱度，而且 CO_3^{2-} 消耗盐酸标准滴定溶液的体积为 $2V_1$，HCO_3^- 消耗盐酸标准滴定溶液的体积为 $V_2 - V_1$。

（5）单独的重碳酸盐（HCO_3^-）碱度　水的 pH 在此时一般低于 8.3。滴定时首先加入酚酞指示剂，溶液并不呈红色而为无色。以甲基橙为指示剂，用盐酸标准滴定溶液滴定到终点，得 V_2 值，测出 HCO_3^- 碱度。滴定结果为：

$$V_1 = 0，V_2 > 0$$

因此，判断只有 HCO_3^- 碱度，而且 HCO_3^- 消耗盐酸标准滴定溶液的体积为 V_2。因标准滴定溶液浓度为已知，故可计算出水样的碱度。

各类碱度及酸碱滴定结果的关系，如表 3-6 所示。

表 3-6　水中碱度与滴定结果的关系

类型	滴定结果	OH^-	CO_3^{2-}	HCO_3^-	总碱度
1	V_1，$V_2 = 0$	V_1	0	0	V_1
2	$V_1 > V_2$	$V_1 - V_2$	$2V_2$	0	$V_1 + V_2$
3	$V_1 = V_2$	0	$2V_1$	0	$V_1 + V_2$
4	$V_1 < V_2$	0	$2V_1$	$V_2 - V_1$	$V_1 + V_2$
5	V_2，$V_1 = 0$	0	0	V_2	V_2

3.3.1.3　计算实例

📖【例 3-1】取水样 100.0mL，滴加几滴酚酞指示剂，用 0.1000mol/L HCl 标准滴定溶液滴定至溶液恰好无色时，用去 15.00mL；接着加入甲基橙指示剂，继续滴定至恰好出现橙红色，又用去 3.00mL。问水样有何种碱度，其含量各为多少？（以 $CaCO_3$ 计，用 mg/L 表示，$CaCO_3$ 的换算系数为 50.05）。

【解】$V_1 = 15.00mL$，$V_2 = 3.00mL$，$V_1 > V_2$，所以水样中有 OH^- 碱度和 CO_3^{2-} 碱度，且 OH^- 碱度消耗盐酸标准滴定溶液的体积为 $V_1 - V_2$，CO_3^{2-} 消耗盐酸标准滴定溶液的体积为 $2V_2$，则：

$$OH^- \text{碱度（以 } CaCO_3 \text{ 计,mg/L}） = \frac{c(V_1 - V_2) \times 50.05 \times 1000}{100}$$

$$= \frac{0.1000(15.00 - 3.00) \times 50.05 \times 1000}{100}$$

$$= 600.60 \text{mg/L}$$

$$CO_3^{2-} \text{碱度（以 } CaCO_3 \text{ 计,mg/L}） = \frac{0.1000 \times 2.00 \times 50.05 \times 1000}{100}$$

$$= 300.30 \text{mg/L}$$

3.3.2 酸度及其测定

3.3.2.1 酸度组成及测定意义

在水中，由于溶质的解离或水解（无机酸类，硫酸亚铁和硫酸铝）而产生的氢离子，与碱标准溶液作用至一定 pH 值所消耗的量，称为酸度。产生酸度的物质主要是 H^+、CO_2 以及其他各种弱无机酸和有机酸、$Fe(H_2O)_6^{3+}$ 等。大多数天然水、生活污水和污染较轻的各种工业废水只含有弱酸。地表水因溶入 CO_2 或由于机械、选矿、电镀、化工等行业排放的含酸废水污染水体后，致使 pH 值降低。酸的腐蚀性破坏了鱼类及其他水生生物和农作物的正常生存条件，造成鱼类及农作物等死亡。含酸废水可腐蚀管道和水处理构筑物。因此，酸度也是衡量水体污染的一项重要指标。

3.3.2.2 酸度的测定

酸度的测定是用 NaOH 标准滴定溶液滴定，以 $CaCO_3$（mg/L）表示。根据所选择的指示剂不同，可分为两种酸度。酸度数值的大小，随所用指示剂指示终点 pH 值的不同而异。滴定终点的 pH 值有两种规定，即 pH 为 3.7 和 8.3。

以甲基橙为指示剂，用氢氧化钠标准滴定溶液滴定到 pH 值为 3.7 的酸度，称为"甲基橙酸度"，代表一些较强的酸，消耗氢氧化钠标准滴定溶液的体积设为 V_1；以酚酞作指示剂，用氢氧化钠标准滴定溶液滴定到 pH 值为 8.3 的酸度，称为"酚酞酸度"，又称总酸度，包括强酸和弱酸，消耗氢氧化钠标准滴定溶液的体积设为 V_2。则酸度的计算公式如下：

$$\text{甲基橙酸度}(CaCO_3, \text{ mg/L}) = \frac{cV_1}{V} \times 50.05 \times 1000$$

$$\text{酚酞酸度}(CaCO_3, \text{ mg/L}) = \frac{cV_2}{V} \times 50.05 \times 1000$$

式中　c——氢氧化钠标准滴定溶液的质量浓度，mg/L；

　　　V——水样体积，mL；

　50.05——$CaCO_3$ 的摩尔质量，g/mol。

对酸度产生影响的溶解气体，如 CO_2、H_2S、NH_3，在取样、保存或滴定时，都可能增加或损失酸度。因此，在打开试样容器后，要迅速滴定到终点，防止干扰气体溶入试样。为了防止水样中 CO_2 等溶解气体损失，在采样后，要避免剧烈摇动，并要尽快分析，否则要在低温下保存。

含有三价铁和二价铁、锰、铝等可氧化或容易水解的离子的水体，在常温滴定时的反应速率很慢，且生成沉淀，导致终点时指示剂褪色。若遇此情况，应在加热后进行滴定。

水样中的游离氯会使甲基橙指示剂褪色，可在滴定前加入少量 0.1mol/L 硫代硫酸钠溶液去除。

对有色的或浑浊的水样，可用无二氧化碳水稀释后滴定，或选用电位滴定法（指示终点的 pH 值仍为 8.3 和 3.7），其操作步骤按所用仪器说明进行。

氢氧化钠标准滴定溶液（0.1mol/L）的配制及标定：称取 60g 氢氧化钠溶于 50mL 水中，转入 150mL 的聚乙烯瓶中，冷却后，用装有碱石灰管的橡胶管塞紧，静置 24h 以上。吸取上层清液约 7.5mL 置于 1000mL 容量瓶中，用无二氧化碳水稀释至标线，摇匀，移入聚乙烯瓶中保存。按下述方法进行标定。

称取在 $105 \sim 110℃$ 干燥过的基准试剂级邻苯二甲酸氢钾（$KHC_8H_4O_4$，简写为 KHP）约 0.5g（称准至 0.0001g），置于 250mL 锥形瓶中，加无二氧化碳水 100mL 使之溶解，加入 4 滴酚酞指示剂，用待标定的氢氧化钠标准滴定溶液滴定至浅红色为终点。同时用无二氧化碳水做空白滴定，按下式进行计算。

KHP 与 NaOH 的滴定反应为：

$$KHP + NaOH =\!=\!= KNaP + H_2O$$

$$氢氧化钠标准溶液浓度(mol/L) = \frac{m \times 1000}{(V_0' - V_0) \times 204.2}$$

式中　m——称取邻苯二甲酸氢钾的质量，g；

　　　V_0——滴定空白时所消耗氢氧化钠标准滴定溶液的体积，mL；

　　　V_0'——滴定邻苯二甲酸氢钾时所消耗氢氧化钠标准滴定溶液的体积，mL；

　　204.2——邻苯二甲酸氢钾的摩尔质量，g/mol。

3.3.3　氨氮的测定

氨氮（NH_3-N）以游离氨（NH_3）或铵盐（NH_4^+）形式存在于水中，氨氮的测定方法通常有纳氏试剂分光光度法、水杨酸分光光度法、蒸馏-中和滴定法和电位滴定法等。

当水样中氨氮浓度较高或水样浑浊，水样中伴随有影响使用比色法测定的有色物质时，宜采用蒸馏-中和滴定法进行测定。

蒸馏-中和滴定法测定氨氮的原理是将水样的 pH 值调节在 $6.0 \sim 7.4$ 范围，加入氧化镁使之呈微碱性。加热蒸馏，释出的氨被硼酸溶液吸收，以甲基红-亚甲基蓝为指示剂，用酸标准滴定溶液滴定馏出液中的铵。

测定时，分取 250mL 水样（如氨氮含量高，可分取适量加水至 250mL，使氨氮含量不超过2.5mg），移入凯氏烧瓶中，加数滴溴百里酚蓝指示液，用氢氧化钠或盐酸溶液调节至 pH 值为 7 左右。加入 0.25g 轻质氧化镁和数粒玻璃珠，立即连接氮球和冷凝管，导管下端插入硼酸吸收液至液面下。加热蒸馏，至流出液达 200mL 时，停止蒸馏。在流出液中加 2 滴混合指示剂，用0.200mol/L 的硫酸标准滴定溶液滴定至绿色转为紫色为止，记录消耗硫酸标准滴定溶液的体积。

另做一空白试验，以同体积的无氨水代替水样，加入相同的试剂，同样进行蒸馏和滴定。

按下式进行计算：

$$氨氮(N, mg/L) = \frac{c(V_2 - V_1) \times 14 \times 1000}{V}$$

式中 c——硫酸标准滴定溶液的浓度，mol/L；

V_2——水样滴定时消耗的硫酸标准滴定溶液的体积，mL；

V_1——空白滴定时消耗的硫酸标准滴定溶液的体积，mL；

V——水样体积，mL；

14——氨氮（N）的摩尔质量，g/mol。

思考题与习题 >>>

1. 简答题

(1) 酸碱指示剂是怎样指示化学计量点的？

(2) 滴定曲线的主要特点是什么？它为选择指示剂提供了什么？

(3) 说明指示剂选择的基本原则。

(4) 水中碱度有几种类型？怎样判断溶液的碱度组成？

2. 计算题

(1) 标定 NaOH 溶液，用邻苯二甲酸氢钾基准物 0.5418g，以酚酞指示剂滴定至终点，用去 NaOH 溶液 24.32mL，求 NaOH 溶液的物质的量浓度。（0.1091mol/L）

(2) 标定 HCl 溶液时，以甲基橙为指示剂，用 Na_2CO_3 为基准物，称取 Na_2CO_3 0.5286g，用去 HCl 溶液 20.55mL，求盐酸溶液的物质的量浓度。（0.4853mol/L）

(3) 取水样 100mL，用 0.05000mol/L HCl 溶液滴定至酚酞终点时，用去 30.00mL，加入甲基橙，继续用 HCl 溶液滴至橙色出现，又用去 5.00mL，问水样中有何种碱度？其质量浓度分别为多少（mg/L）？（OH^- 212.5mg/L，CO_3^{2-} 150.0mg/L）

(4) 测定某水样碱度，用 0.05000mol/L HCl 溶液滴定至酚酞终点时，用去 15.00mL；用甲基橙作指示剂，终点时用去 0.05000mol/L HCl 溶液 37.00mL，两次滴定水样体积均为 150mL，问水样中有何种碱度？其质量浓度分别为多少？（HCO_3^- 142.1mg/L，CO_3^{2-} 300.0mg/L）

(5) 取水样 100mL，用 0.05000mol/L HCl 溶液滴定至 pH 为 8.3，指示剂由紫红色变为黄色，用去 2.00mL；另取 100mL 水样用同一 HCl 溶液滴定至 pH 为 4.8，指示剂由绿色转变为浅紫色，用去 3.00mL，求该水样的碱度组成（以 CaO 计）。（OH^- 8.5mg/L，CO_3^{2-} 30.0mg/L）

| 技能实训 | 碱度的测定（总碱度、重碳酸盐和碳酸盐） |

一、实训目的

(1) 学会酸碱滴定法测定碱度。

(2) 巩固滴定操作和终点颜色的判断。

二、方法原理

水样用酸标准溶液滴定至规定的 pH 值，其终点可由加入的酸碱指示剂在该 pH 值时颜色的变化来判断。当滴定至酚酞指示剂由红色变为无色时，指示水中氢氧根离子已被中和，碳酸盐均被转为重碳酸盐（HCO_3^-），反应如下：

$$OH^- + H^+ \longrightarrow H_2O$$

$$CO_3^{2-} + H^+ \longrightarrow HCO_3^-$$

当滴定至甲基橙指示剂由黄色变成橙色时，指示水中的重碳酸盐（包括原有的和由碳酸盐转化成的重碳酸盐）已被中和，反应如下：

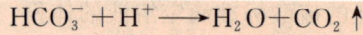

$$HCO_3^- + H^+ \longrightarrow H_2O + CO_2 \uparrow$$

根据上述两个终点到达时所消耗的盐酸标准滴定溶液的量，可以计算出水中碳酸盐、重碳酸盐及总碱度。

上述计算方法不适用于污水及复杂体系中碳酸盐和重碳酸盐的计算。

三、干扰及消除

水样浑浊、有色均干扰测定，遇此情况，可用电位滴定法测定。能使指示剂褪色的氧化还原性物质也干扰测定。例如水样中余氯可破坏指示剂（含余氯时，可加入 1～2 滴 0.1mol/L 硫代硫酸钠溶液消除）。

四、样品保存

样品采集后应在 4℃ 保存，分析前不应打开瓶塞，不能过滤、稀释或浓缩。样品应于采集后的当天进行分析，特别是当样品中含有可水解盐类或含有可氧化态阳离子时，应及时分析。

五、仪器和试剂

（1）仪器　酸式滴定管（25mL）；锥形瓶（250mL）。

（2）试剂

① 无二氧化碳水　用于制备标准溶液及稀释用的蒸馏水或去离子水，临用前煮沸 15min，冷却至室温。pH 值应大于 6.0，电导率小于 $2\mu S/cm$。

② 酚酞指示液　称取 0.5g 酚酞溶于 50mL 95% 乙醇中，用水稀释至 100mL。

③ 甲基橙指示剂　称取 0.05g 甲基橙溶于 100mL 蒸馏水中。

④ 碳酸钠标准溶液　称取 1.3249g（于 250℃ 烘干 4h）的基准试剂无水碳酸钠（Na_2CO_3），溶于少量无二氧化碳水中，移入 1000mL 容量瓶中，用水稀释至标线，摇匀。贮于聚乙烯瓶中，保存时间不要超过一周。

⑤ 盐酸标准滴定溶液（0.0250mol/L）　用分度吸管吸取 2.1mL 浓盐酸（$\rho = 1.19$g/mL），并用蒸馏水稀释至 1000mL，此溶液浓度 ≈ 0.025mol/L。其准确浓度按以下方法标定：

用无分度吸管吸取 25.00mL 碳酸钠标准溶液于 250mL 锥形瓶中，加无二氧化碳水稀释至约 100mL，加入 3 滴甲基橙指示液，用盐酸标准滴定溶液滴定至溶液由黄色刚变成橙色，记录消耗盐酸标准滴定溶液的体积。按下式计算其准确浓度：

$$c = \frac{25.00 \times 0.0250}{V}$$

式中　c——盐酸标准滴定溶液的物质的量浓度，mol/L；

V——滴定时消耗盐酸标准滴定溶液的体积，mL。

六、操作步骤

分别取 100mL 水样于 250mL 锥形瓶中，加入 4 滴酚酞指示剂，摇匀。当溶液呈红色时，用盐酸标准滴定溶液滴定至溶液刚刚褪至无色，记录盐酸标准滴定溶液的体积。若加酚酞指示剂后溶液无色，则不需用盐酸标准滴定溶液滴定，并接着进行下述操作。向上述锥形瓶中加入 3 滴甲基橙指示剂，摇匀。继续用盐酸标准滴定溶液滴定至溶液由橘黄色刚刚变为橘红色为止。记录消耗盐酸标准滴定溶液的体积。

七、结果处理

对于多数天然水样来说，碱性化合物在水中所产生的碱度，有五种情形。设以酚酞作指示剂时，滴定至颜色变化所消耗盐酸标准滴定溶液的体积为 V_1（mL），以甲基橙作指示剂时消耗盐酸标准滴定溶液的体积为 V_2（mL），则盐酸标准滴定溶液消耗的总体积为 $V_总 = V_1 + V_2$。

（1）第一种情形，$V_总 = V_1$ 或 $V_2 = 0$ 时　V_1 代表全部氢氧化物及碳酸盐的一半，由于 $V_2 = 0$，表示不含有碳酸盐，亦不含重碳酸盐。因此，$V_总 = V_1$，则水样中只有氢氧化物。

（2）第二种情形，$V_1 > 1/2V$，即 $V_1 > V_2$ 时　$V_2 > 0$，说明有碳酸盐存在，且碳酸盐消耗盐酸标准滴定溶液的体积为 $2V_2$，而且由于 $V_1 > V_2$，说明尚有氢氧化物存在，氢氧化物消耗盐酸标准滴定溶液的体积为 $V_总 - 2V_2 = V_1 + V_2 - 2V_2 = V_1 - V_2$。

（3）第三种情形，$V_1 = 1/2V$，即 $V_1 = V_2$ 时　V_1 代表碳酸盐的一半，说明水中仅有碳酸盐。碳酸盐消耗盐酸标准滴定溶液的体积为 $2V_1 = 2V_2 = V_总$。

（4）第四种情形，$V_1 < 1/2V$ 时　此时，$V_2 > V_1$，因此 V_2 除代表由碳酸盐生成的重碳酸盐外，尚有水中原有的重碳酸盐。碳酸盐消耗盐酸标准滴定溶液的体积为 $2V_1$，重碳酸盐消耗盐酸标准滴定溶液的体积为 $V_总 - 2V_1 = V_1 + V_2 - 2V_1 = V_2 - V_1$。

（5）第五种情形，$V_1 = 0$ 时　此时，水中只有重碳酸盐存在。重碳酸盐消耗盐酸标准滴定溶液的体积为 $V_总 = V_2$。

设以上几种情况下用于碳酸盐和重碳酸盐反应的盐酸标准滴定溶液的体积分别为 P 和 M，则

$$碳酸盐碱度（以 CaCO_3 计，mg/L） = \frac{cP \times 50.05}{V} \times 1000$$

$$重碳酸盐碱度（以 CaCO_3 计，mg/L） = \frac{cM \times 50.05}{V} \times 1000$$

$$总碱度（以 CaCO_3 计，mg/L） = \frac{c(V_1 + V_2) \times 50.05}{V} \times 1000$$

八、注意事项

（1）若水样中含有游离二氧化碳，则不存在碳酸盐，可直接以甲基橙作指示剂进行滴定。

（2）当水样中总碱度小于 20mg/L 时，可改用 0.01mol/L 盐酸标准滴定溶液滴定，或改用 10mL 容量的微量滴定管，以提高测定精度。

📖 拓展阅读

紫罗兰引出的科学发明——酸碱指示剂

接触过化学的人都知道，在化学实验中，有一种最常用的化学试剂，叫作酸碱指示剂，是测定溶液酸碱性的。像科学上的许多其他发现一样，酸碱指示剂的发现是化学家罗伯特·波义耳善于观察、勤于思考、勇于探索的结果。

那是 17 世纪的一个夏天，波义耳急匆匆地向自己的实验室走去。他刚要跨入大门，阵阵醉人的香气扑鼻而来，原来是花园里的玫瑰花开了。爱花的波义耳本想好好欣赏一

下迷人的花朵，但想到一天的实验安排，便随手摘下几朵紫罗兰插入一个盛水的烧瓶中，然后开始和助手们做实验。

不巧的是，一个助手不慎把一滴盐酸溅到紫罗兰上，波义耳急忙把冒烟的紫罗兰用水冲洗了一下，重新插入花瓶中。谁知当水落到花瓣上后，溅上盐酸的花瓣奇迹般地变红了，波义耳立即敏感地意识到紫罗兰中有一种成分遇盐酸会变红。那么，这种物质到底是什么？别的植物中会不会有同样的物质？别的酸对这种物质会有什么样的反应？这对化学研究有什么样的意义？这一神奇的现象以及一连串的问题，促使波义耳进行了许多实验。由此他发现，大部分花草受酸或碱的作用都会改变颜色，其中以石蕊地衣中提取的紫色浸液最明显，它遇酸变成红色，遇碱变成蓝色。利用这一特性，波义耳制成了实验中常用的酸碱试纸——石蕊试纸，波义耳把这种石蕊试纸和与石蕊试纸起同样作用的这种物质称为"指示剂"。今天，人们使用的石蕊、酚酞、pH试纸，就是根据波义耳发现的原理研制而成的，它极大地便利了科学研究。

波义耳从细微、常见的现象中发现别人观察不到的问题，通过不断发问，不断探索，最终得出结论，发现真理。这种科学的灵感，不是坐等可以等来的。如果说，科学领域的发现有什么偶然的机遇的话，那么这种"偶然的机遇"只能给那些有准备的人，给那些善于独立思考的人，给那些具有锲而不舍精神的人。

4

氧化还原滴定法

氧化还原滴定法是以氧化还原反应为基础的滴定分析方法。氧化还原滴定法广泛地应用于水质分析中，除可以用来直接测定氧化性或还原性物质外，也可以用来间接测定一些能与氧化剂或还原剂发生定量反应的物质。因此，水质分析中常用氧化还原滴定法测定水中的溶解氧（DO）、高锰酸盐指数（PV）、化学需氧量（COD）、生物化学需氧量（BOD）及苯酚等有机物污染指标，以此来评价水体中的有机物污染程度，测定水中游离余氯、二氧化氯和臭氧等。

由于氧化还原反应是基于电子转移的反应，其特点是反应机理比较复杂，反应经常分步进行，除了主反应外还常伴有副反应发生，而且反应速率一般较慢，有时需要创造适当的条件，例如控制温度、pH值等，才能使氧化还原反应符合滴定分析的要求。

可以用于滴定分析的氧化还原反应很多，通常根据所用滴定剂的种类不同，将氧化还原滴定法分为高锰酸钾法、重铬酸盐法、碘量法等。本章主要学习氧化还原滴定法的基本原理，重点介绍以滴定剂命名的各种分析方法及其在水质分析中的应用。最后讨论有机物污染指标问题。

4.1 氧化还原反应的方向

4.1.1 氧化还原反应和条件电极电位

氧化还原反应可由下列平衡式表示：

$$Ox_1 + Red_2 \rightleftharpoons Red_1 + Ox_2$$

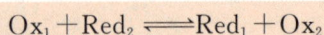

式中，Ox 表示某一氧化还原电对的氧化态；Red 表示其还原态。它们的氧化还原半反应可用下式表示：

$$Ox + ne \rightleftharpoons Red$$

式中，n 表示电子转移数。

氧化剂的氧化能力或还原剂的还原能力的大小可以用有关电对的电极电位来衡量。电对的电极电位值越大，其氧化态是越强的氧化剂；电对的电极电位值越小，其还原态是越强的还原剂。例如，Fe^{3+}/Fe^{2+} 电对的标准电极电位（$\varphi^{\ominus}_{Fe^{3+}/Fe^{2+}} = 0.77V$）比 Sn^{4+}/Sn^{2+} 电对的标准电极电位（$\varphi^{\ominus}_{Sn^{4+}/Sn^{2+}} = 0.15V$）大，对氧化态 Fe^{3+} 和 Sn^{4+} 来说，Fe^{3+} 是更强的氧化剂，对还原态 Fe^{2+} 和 Sn^{2+} 来说，Sn^{2+} 是更强的还原剂，因此能发生下列反应：

$$2Fe^{3+} + Sn^{2+} \rightleftharpoons Sn^{4+} + 2Fe^{2+}$$

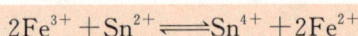

可以根据有关电对的电极电位值，来判断氧化还原反应的方向。

氧化还原电对的电极电位可用能斯特（Nernst）方程表示，如式（4-1）：

$$\varphi = \varphi^{\ominus} + \frac{RT}{nF} \ln \frac{\alpha_{Ox}}{\alpha_{Red}} \qquad (4-1)$$

式中，φ 为电对的电极电位，V；$\varphi^{\ominus}$ 为电对的标准电极电位，V；α_{Ox} 和 α_{Red} 分别为氧化态和还原态的活度，mol/L；R 为气体常数，$8.314J/(mol \cdot K)$；T 为热力学温度，K；F 为法拉第常数，$96487C/mol$；n 为半反应中电子转移数。将有关常数代入式（4-1），并取常用对数，在 25℃时计算如式（4-2）：

$$\varphi = \varphi^{\ominus} + \frac{0.059}{n} \lg \frac{\alpha_{Ox}}{\alpha_{Red}} \qquad (4-2)$$

在实际工作中，溶液中离子强度和其他物质都会影响氧化还原反应过程，例如溶液中大量强电解质的存在，H^+ 或 OH^- 参与半反应，能与电对的氧化态或还原态配合的配合剂以及生成难溶化合物的物质存在等，这些外界因素都将影响电对的氧化还原能力，因此若考虑外界因素的影响，则式（4-2）可变为式（4-3）：

$$\varphi = \varphi^{\ominus\prime} + \frac{0.059}{n} \lg \frac{c_{Ox}}{c_{Red}} \qquad (4-3)$$

式中，$\varphi^{\ominus\prime}$ 称为条件电极电位，V。它是在一定的条件下，当氧化态和还原态的分析浓度 $c_{Ox} = c_{Red} = 1$ 或 $c_{Ox}/c_{Red} = 1$ 时的实际电极电位。在一定条件下，它是一常数。因此，在氧化还原反应中，引入条件电极电位之后，可以在一定条件下，直接通过实验测得条件电极电位。这样，处理实际问题就比较简单，同时也比较符合实际。

4.1.2　氧化还原反应进行的方向

由于氧化剂和还原剂的浓度、溶液的 pH 值、生成沉淀和形成配合物等对氧化还原电对的电极电位都产生影响。因此，条件不同，氧化还原反应进行的方向也不同。

例如，地下水除铁采用曝气法，水中的溶解氧将水中的 Fe^{2+} 氧化成 Fe^{3+}，并水解生成 $Fe(OH)_3$ 沉淀，其反应为：

$$4Fe^{2+} + 10H_2O + O_2 \rightleftharpoons 4Fe(OH)_3 \downarrow + 8H^+$$

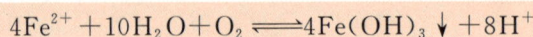

该氧化还原反应中电对的标准电极电位分别为：

$$\varphi^{\ominus}_{Fe^{3+}/Fe^{2+}} = 0.77V$$

$$\varphi^{\ominus}_{O_2/OH^-} = 0.40V$$

由标准电极电位可知，水中的 O_2 不可能将 Fe^{2+} 氧化成为 Fe^{3+}。但是氧化态 Fe^{3+} 的水解生成了 $Fe(OH)_3$ 沉淀，则 Fe^{3+} 的浓度是微溶化合物 $Fe(OH)_3$ 的溶解平衡浓度

$$Fe(OH)_3 \rightleftharpoons Fe^{3+} + 3OH^-$$

$$K_{sp \cdot Fe(OH)_3} = 3 \times 10^{-39}$$

$$[Fe^{3+}] = \frac{K_{sp \cdot Fe(OH)_3}}{[OH^-]^3}$$

则

$$\varphi_{Fe^{3+}/Fe^{2+}} = \varphi^{\ominus}_{Fe^{3+}/Fe^{2+}} + 0.059 \lg \frac{\dfrac{K_{sp \cdot Fe(OH)_3}}{[OH^-]^3}}{[Fe^{2+}]}$$

$$= \varphi^{\ominus}_{Fe^{3+}/Fe^{2+}} + 0.059 \lg K_{sp \cdot Fe(OH)_3} + \lg \frac{1}{[OH^-]^3 [Fe^{2+}]}$$

当 $[OH^-] = [Fe^{2+}] = 1mol$ 时，体系的实际电位就是 $Fe(OH)_3/Fe^{2+}$ 电对的条件电极电位。

$$\varphi^{\ominus}_{Fe(OH)_3/Fe^{2+}} = \varphi^{\ominus}_{Fe(OH)_3/Fe^{2+}} + 0.059 \lg K_{sp \cdot Fe(OH)_3}$$

$$= 0.77 + 0.059 \lg 3 \times 10^{-39}$$

$$= -1.50(V)$$

由此可见，由于 Fe^{3+} 水解生成沉淀，使电极电位由原来的 0.77V 下降至 -1.50V。此时

$$\varphi^{\ominus}_{O_2/OH^-} > \varphi^{\ominus}_{Fe(OH)_3/Fe^{2+}}$$

所以，采用曝气法去除地下水中的 Fe^{2+} 的反应，向生成 $Fe(OH)_3$ 沉淀的方向进行。

滴定分析法要求反应定量完成，一般氧化还原反应可通过反应的平衡常数 K（或条件平衡常数 K'）来判断反应进行的程度。为达到反应必须定量完成这一滴定分析方法的基本要求，根据理论计算，滴定剂与被测组分之间的条件电极电位之差必须不小于 0.4V。在氧化还原滴定分析中，常用强氧化剂（如 $KMnO_4$、$K_2Cr_2O_7$ 等）和较强的还原剂 [如 $(NH_4)_2Fe(SO_4)_2$、$Na_2S_2O_3$ 等] 作滴定剂，要达到这个要求是不困难的。有时还可以控制条件改变电对的电位，以使反应定量完成。

4.2 氧化还原反应速率的影响因素

氧化还原反应的速率与酸碱反应相比，通常要慢得多。一个氧化还原反应有时尽管从电极电位和平衡常数来看，能够进行并能进行得很完全，但由于反应速率很慢，没有实际意义。滴定分析要求反应快速进行。氧化还原滴定中不仅要从电极电位和反应的平衡常数判断反应的可行性，还要从反应速率来考虑反应的现实性。因此，必须创造适当的条件，尽可能加快反应速率，以使一个氧化还原反应能用于滴定分析。

4.2.1 浓度的影响

根据质量作用定律，反应速率与反应物浓度的乘积成正比。由于氧化还原反应涉及电子

转移过程，情况比较复杂，反应常分步进行。因此，不能从总的氧化还原反应方程式来判断反应物浓度对反应速率的影响。但通常来说，增加反应物的浓度能够加快反应速率。例如，用 $K_2Cr_2O_7$ 标定 $Na_2S_2O_3$ 溶液，反应方程式如下：

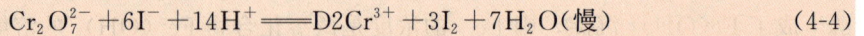

$$Cr_2O_7^{2-} + 6I^- + 14H^+ == 2Cr^{3+} + 3I_2 + 7H_2O（慢） \tag{4-4}$$

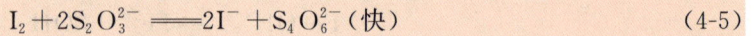

$$I_2 + 2S_2O_3^{2-} == 2I^- + S_4O_6^{2-}（快） \tag{4-5}$$

称取一定量的 $K_2Cr_2O_7$，用少量水溶解后，加入过量 KI，待反应完全后，以淀粉为指示剂，用 $Na_2S_2O_3$ 溶液滴定析出的 I_2，滴定到 I_2 的蓝色恰好消失为止。因终点生成物中有 Cr^{3+}，呈蓝绿色，终点应由深蓝色变为亮绿色。如果 Cr^{3+} 浓度过大，将干扰终点颜色变化的观察，因此最好在稀溶液中滴定。

在滴定过程中，如果先将 $K_2Cr_2O_7$ 溶液稀释，由于反应式（4-4）是慢反应，加入 KI 后，$Cr_2O_7^{2-}$ 和 I^- 的反应不能在用 $Na_2S_2O_3$ 溶液滴定前完成。因此，必须在较浓的 $Cr_2O_7^{2-}$ 溶液中，加入过量的 I^- 和 H^+，使反应式（4-4）较快地进行，再放置一段时间，待反应式（4-4）进行完全后，再将溶液稀释，然后用 $Na_2S_2O_3$ 溶液滴定，从而避免滴定终点时，Cr^{3+} 浓度过大，影响终点颜色变化的观察。如式（4-5）。

此外，在氧化还原滴定过程中，由于反应物的浓度不断降低，特别是接近化学计量点时，反应速率更慢，所以滴定时应注意控制滴定速度与反应速率相适应。

4.2.2　温度的影响

对于大多数反应来说，升高温度可以提高反应速率。一般温度升高 10℃，反应速率约提高 2～3 倍。例如，在酸性溶液中用 MnO_4^- 滴定 $C_2O_4^{2-}$ 的反应：

$$2MnO_4^- + 5C_2O_4^{2-} + 16H^+ == 2Mn^{2+} + 10CO_2\uparrow + 8H_2O$$

在室温下，该反应缓慢，将溶液加热能加快反应，通常保持温度在 70～80℃滴定。但还应考虑升高温度时可能引起的其他一些不利因素的产生。例如，MnO_4^- 滴定 $C_2O_4^{2-}$ 的反应，温度过高会引起部分 $H_2C_2O_4$ 分解：

$$H_2C_2O_4 \xrightarrow{加热} H_2O + CO\uparrow + CO_2\uparrow$$

有些物质（如 I_2）易挥发，溶液加热时会引起挥发损失；有些物质（如 Sn^{2+}、Fe^{2+} 等）加热会促使它们被空气中的氧氧化。所以，必须根据具体情况来确定反应最适宜的温度。

4.2.3　催化剂的影响

催化剂对反应速率有很大的影响。加入催化剂能够改变其他物质的化学反应速率，而催化剂本身的状态和数量最终并不改变，只是在反应过程中，反复地参加反应，并循环地起作用。

催化剂有正催化剂和负催化剂之分，正催化剂加快反应速率，负催化剂减慢反应速率。负催化剂又叫"阻化剂"。

在水质分析中，利用催化剂的氧化还原反应很多，例如化学需氧量（COD）的测定中，以 Ag_2SO_4 作催化剂加快反应速率，用分光光度法测定水中的 Mn^{2+} 时，常以过硫酸铵作氧化剂，以银盐为催化剂氧化水中的 Mn^{2+} 等。

综上所述，氧化还原反应的速率与反应条件紧密相关，因此滴定分析过程中，必须严格遵守操作规程，选择适当的反应条件，提高滴定分析的准确度。

4.3 氧化还原滴定

4.3.1 氧化还原滴定曲线

与酸碱滴定法相似，在氧化还原滴定过程中，随着滴定剂的加入，溶液中氧化剂和还原剂的浓度不断地发生变化，相应电对的电极电位也随之发生改变。在化学计量点处发生"电位突跃"。如反应中两电对都是可逆的，就可以根据能斯特方程，由两电对的条件电极电位计算滴定过程中溶液电位的变化，并描绘滴定曲线。图 4-1 是通过计算得到的以 $0.1mol$ $K_2Cr_2O_7$ 标准溶液滴定等浓度 Fe^{2+} 的滴定曲线。滴定曲线的突跃范围为 $0.94\sim1.31V$，化学计量点为 $1.26V$。

化学计量点附近电位突跃的大小与两个电对条件电位相差的大小有关。电位相差越大，则电位突跃越大，反应也越完全。

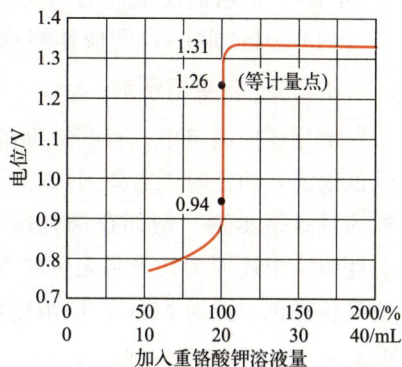

图 4-1 $0.1mol$ $K_2Cr_2O_7$ 滴定 Fe^{2+} 的理论滴定曲线

4.3.2 氧化还原指示剂的分类及应用

在氧化还原滴定过程中，可用指示剂在化学计量点附近颜色的改变来指示滴定终点。根据氧化还原指示剂的性质可分为以下各类。

4.3.2.1 氧化还原指示剂

这类指示剂是具有氧化还原性质的复杂有机化合物，在滴定过程中也发生氧化还原反应，其氧化态和还原态的颜色不同，因而可以用于指示滴定终点的到达。

每种氧化还原指示剂在一定的电位范围内会发生颜色变化，此范围称为指示剂的电极电位变色范围。选择指示剂时应选用电极电位变色范围在滴定突跃范围内的指示剂。常用的氧化还原指示剂及配制方法见表 4-1。

表 4-1 一些氧化还原指示剂及配制方法

指 示 剂	$\varphi^{\ominus'}/V$ $[H^+]=1mol/L$	颜色变化		配 制 方 法
		氧化态	还原态	
亚甲基蓝	0.36	天蓝	无色	0.05%水溶液
二苯胺磺酸钠	0.85	紫蓝	无色	0.2%水溶液
邻氨基苯甲酸	0.89	紫红	无色	0.2%水溶液
2-2′联吡啶亚铁盐	1.02	紫红	红	稀盐酸溶液
邻二氮菲亚铁盐	1.06	淡蓝	红	每100mL溶液含1.624g邻二氮菲和0.695g $FeSO_4$
硝基邻二氮菲亚铁盐	1.26	淡蓝	红	1.7g硝基邻二氮菲和0.025mol/L $FeSO_4$ 100mL配成溶液

氧化还原指示剂是氧化还原滴定的通用指示剂，选择指示剂时应注意以下两点。

① 指示剂变色的电位范围应在滴定突跃范围之内。由于指示剂变色的电位范围很小，应尽量选择指示剂条件电位 $\varphi^{\ominus\prime}_{\text{In}}$ 处于滴定曲线突跃范围之内的指示剂。

② 氧化还原滴定中，滴定剂和被滴定的物质常是有色的，反应前后颜色发生改变，观察到的是离子的颜色和指示剂所显示颜色的混合色，选择指示剂时注意化学计量点前后颜色变化是否明显。

此外，滴定过程中指示剂本身要消耗少量滴定剂，如果滴定剂的浓度较大（约 0.1mol/L），指示剂所消耗的滴定剂的量很小，对分析结果影响不大；如果滴定剂的浓度较小（约 0.01mol/L），则应作指示剂空白校正。

4.3.2.2　自身指示剂

在氧化还原滴定中，有些标准溶液或被滴定物质本身有很深的颜色，而滴定产物为无色或颜色很浅，滴定时不需要另加指示剂，它们本身颜色的变化就起着指示剂的作用。这种物质称为自身指示剂。例如在高锰酸钾法中，用 $KMnO_4$ 作滴定剂，MnO_4^- 本身呈深紫色，在酸性溶液中还原为几乎是无色的 Mn^{2+}，当滴定到化学计量点后，微过量的 MnO_4^-，就使溶液呈粉红色（此时 MnO_4^- 的浓度约为 2×10^{-6} mol/L）指示终点。

4.3.2.3　特效指示剂

特效指示剂是能与滴定剂或被滴定物质反应生成特殊颜色的物质，以指示终点。如可溶性淀粉溶液与 I_2 溶液的反应，生成深蓝色化合物，当 I_2 溶液浓度为 1×10^{-5} mol/L 时，即能看到蓝色。当 I_2 被还原为 I^- 时，深蓝色褪去。因此，可以从蓝色的出现或消失指示滴定终点的到达。

4.4　氧化还原滴定法在水质分析中的应用

氧化还原滴定法，根据使用滴定剂的种类不同又分为不同的方法。在水质分析中，经常采用高锰酸钾法、重铬酸盐法和碘量法。

4.4.1　高锰酸钾法——水中高锰酸盐指数的测定

4.4.1.1　概述

高锰酸钾法是以高锰酸钾（$KMnO_4$）为滴定剂的滴定分析方法。因为高锰酸钾是一种强氧化剂，可以用它直接滴定 $Fe(\text{Ⅱ})$、$As(\text{Ⅲ})$、$Sb(\text{Ⅲ})$、H_2O_2、$C_2O_4^{2-}$、NO_2^- 以及其他具有还原性的物质（包括很多有机化合物），还可以间接测定能与 $C_2O_4^{2-}$ 定量沉淀为草酸盐的金属离子等，因此高锰酸钾法应用广泛。$KMnO_4$ 本身呈紫色，在酸性溶液中，被还原为 Mn^{2+}（几乎无色），滴定时不需另加指示剂。它的主要缺点是试剂含有少量杂质，标准滴定溶液不够稳定，反应历程复杂，并常伴有副反应发生。所以，滴定时要严格控制条件，已标定的 $KMnO_4$ 溶液放置一段时间后，应重新标定。

MnO_4^- 的氧化能力与溶液的酸度有关。在强酸性溶液中，$KMnO_4$ 被还原为 Mn^{2+}，半反应式为：

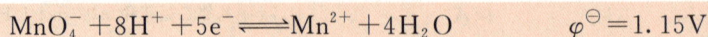

$$MnO_4^- + 8H^+ + 5e^- \Longleftrightarrow Mn^{2+} + 4H_2O \qquad \varphi^{\ominus} = 1.15V$$

在微酸性、中性或弱碱性溶液中，半反应式为：

$$MnO_4^- + 2H_2O + 3e^- \Longrightarrow MnO_2 \downarrow + 4OH^- \qquad \varphi^{\ominus} = 0.588V$$

反应后生成棕色的 MnO_2，妨碍终点的观察。

在强碱性溶液中（NaOH 的浓度大于 2mol/L），很多有机化合物与 MnO_4^- 反应，半反应式为：

$$MnO_4^- + e^- \Longrightarrow MnO_4^{2-} \qquad \varphi^{\ominus} = 0.564V$$

因此，常利用 $KMnO_4$ 的强氧化性将其作滴定剂，并可根据水样中被测定物质的性质采用不同的反应条件。

4.4.1.2　标准滴定溶液的配制与标定

高锰酸钾为暗紫色棱柱状闪光晶体，易溶于水。

$KMnO_4$ 试剂中常含有少量 MnO_2 和其他杂质。由于 $KMnO_4$ 的氧化性强，在生产、储存和配制溶液过程中易与还原性物质作用，如蒸馏水中含有的少量有机物质等。因此，$KMnO_4$ 标准滴定溶液不能直接配制。

为了配制较稳定的 $KMnO_4$ 溶液，可称取稍多于计算用量的 $KMnO_4$，溶于一定体积蒸馏水中，例如配制 $0.1000mol/L\left[c\left(\dfrac{1}{5}KMnO_4\right) = 0.1000mol/L\right]$ 的 $KMnO_4$ 溶液时，首先称取 $KMnO_4$ 试剂 3.3～3.5g，用蒸馏水溶解并稀释至 1L。将配好的溶液加热至沸，并保持微沸 1h，然后在暗处放置 2～3d，使溶液中可能存在的还原性物质充分氧化。用微孔玻璃砂芯漏斗过滤除去析出的沉淀。将溶液贮存于棕色瓶中，标定后使用。如果需要较稀的 $KMnO_4$ 溶液，则用无有机物蒸馏水（在蒸馏水中加少量 $KMnO_4$ 碱性溶液，然后重新蒸馏即得）稀释至所需浓度。

标定 $KMnO_4$ 的基准物质主要有 $Na_2C_2O_4$、$H_2C_2O_4 \cdot 2H_2O$、$(NH_4)_2Fe(SO_4)_2 \cdot 6H_2O$ 等。由于 $Na_2C_2O_4$ 易于提纯、稳定、不含结晶水，因此常用 $Na_2C_2O_4$ 作基准物质。$Na_2C_2O_4$ 在 105～110℃烘干 2h，冷却后即可使用。

在 H_2SO_4 溶液中，MnO_4^- 和 $C_2O_4^{2-}$ 发生下式反应：

$$2MnO_4^- + 5C_2O_4^{2-} + 16H^+ \xrightarrow{} 2Mn^{2+} + 10CO_2 \uparrow + 8H_2O$$

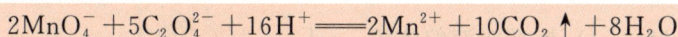

在标定过程中，为使反应定量进行，应注意以下滴定条件。

（1）酸度　由于 $KMnO_4$ 的氧化能力与溶液的酸度有关，如酸度过低，MnO_4^- 部分还原为 MnO_2；酸度过高，会促使 $H_2C_2O_4$ 分解，导致结果偏高。一般在滴定开始时，溶液的酸度约为 1mol/L。

（2）温度　为了加快反应速率，需将溶液加热至 70～80℃滴定。

（3）滴定速度　开始滴定时，由于反应速率较慢，应先加入一滴 MnO_4^- 溶液，褪色后再加入第二滴。如果开始时滴定速度快，MnO_4^- 还来不及与 $C_2O_4^{2-}$ 反应，就会在热的酸性溶液中发生下述反应而分解：

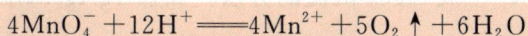

$$4MnO_4^- + 12H^+ \xrightarrow{} 4Mn^{2+} + 5O_2 \uparrow + 6H_2O$$

上述反应会导致标定结果偏低。随着滴定进行，由于生成物 Mn^{2+} 起了催化作用，滴定速度可以适当加快。

4.4.1.3　高锰酸盐指数及其测定

高锰酸盐指数（PV）是指在一定条件下，用高锰酸钾氧化水样中的某些有机物及无机还性物质，由消耗的高锰酸钾量计算相当的氧量，以 mg/L 表示。因此，高锰酸盐指数也称耗氧量。

水中的亚硝酸盐（NO_2^-）、亚铁盐（Fe^{2+}）、硫化物（S^{2-}）等还原性无机物和在此条件下可被氧化的有机物，均可消耗 $KMnO_4$。所以高锰酸盐指数是水体中还原性有机（含无机）物质污染程度的综合指标之一。

天然水体中存在的无机还原性物质为 Fe^{2+}、S^{2-}、NO_2^-、SO_3^{2-} 等，一般含量较少。而有机还原性物质组成比较复杂，有的是动植物腐烂分解后产生的，有的则是由于生活污水或工业废水排放造成的。这些有机物质的存在，促使细菌大量繁殖，直接影响水质安全，因而水中有机物含量的多少，在一定程度上反映了水被污染的状况。含大量有机物的水会变成黄色或褐色，呈酸性，不适合作为生活用水或工业用水。

清洁水和河水的高锰酸盐指数测定，通常采用酸性 $KMnO_4$ 法。

测定时，水样在酸性条件下，加入过量的 $KMnO_4$ 标准溶液，加热至沸，并准确煮沸一定时间，此时发生下列反应：

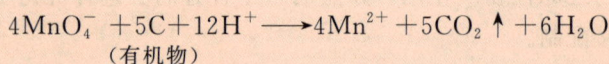

$$4MnO_4^- + 5C + 12H^+ \longrightarrow 4Mn^{2+} + 5CO_2\uparrow + 6H_2O$$
（有机物）

过量的 $KMnO_4$ 由于加入过量的 $Na_2C_2O_4$ 标准溶液而被还原，多余的 $Na_2C_2O_4$ 再被 $KMnO_4$ 标准滴定溶液滴定至粉红色出现：

$$2MnO_4^- + 5C_2O_4^{2-} + 16H^+ \longrightarrow 2Mn^{2+} + 10CO_2\uparrow + 8H_2O$$

计算公式如式（4-6）：

$$高锰酸盐指数（mg/L）= \frac{[c_1(V_1 + V'_1) - c_2V_2] \times 8 \times 1000}{V_水} \tag{4-6}$$

式中 c_1——$\frac{1}{5}KMnO_4$ 标准滴定溶液的物质的量浓度，mol/L；

V_1——第一次加入 $KMnO_4$ 标准溶液的体积，mL；

V'_1——滴定时消耗 $KMnO_4$ 标准滴定溶液的体积，mL；

c_2——$\frac{1}{2}Na_2C_2O_4$ 标准溶液的物质的量浓度，mol/L；

V_2——加入 $Na_2C_2O_4$ 标准溶液的体积，mL；

$V_水$——水样的体积，mL；

8——氧的摩尔质量，g/mol。

测定高锰酸盐指数时，一定要严格遵守操作程序。如试剂用量、加入试剂的次序、加热时间和温度等，以使测定结果具有可比性。

当水样含大量氯化物（300g/L 以上）时，发生下述反应：

$$2MnO_4^- + 10Cl^- + 16H^+ \longrightarrow 2Mn^{2+} + 5Cl_2\uparrow + 8H_2O$$

该反应使高锰酸盐指数的测定结果偏高。此时，水样应先加蒸馏水稀释，使氯化物浓度降低，也可采用加 Ag_2SO_4 生成 AgCl 沉淀的方法，如加 $1gAg_2SO_4$，则可排除 200mg Cl^- 的干扰。

应该指出，用此法测定的水中的高锰酸盐指数值，还不能完全代表水中全部有机物的含量。因为在规定条件下，水中的有机物只能部分被氧化。所以，用此法测定的高锰酸盐指数不是反映水体中总有机物含量的尺度，只是一个相对的条件指标。

高锰酸盐指数的测定方法一般只适用于较清洁的水样。

4.4.2 重铬酸盐法——水的化学需氧量的测定

4.4.2.1 概述

重铬酸盐法是以重铬酸钾为氧化剂的滴定分析方法，是氧化还原滴定法中的重要方法之一，在水质分析中常用于测定水的化学需氧量（COD）。

重铬酸钾的化学式是 $K_2Cr_2O_7$，是橙红色晶体，易溶于水。它的主要优点是：

① $K_2Cr_2O_7$ 固体试剂易提纯（纯度可达 99.99%），在 120℃烘干 2～4h 后，可以直接配制标准溶液，而不需标定。

② $K_2Cr_2O_7$ 标准溶液非常稳定，可保存很长时间。

③ 滴定反应速率较快，通常可在常温下进行。

$K_2Cr_2O_7$ 是一种常用的强氧化剂，在酸性溶液中，能氧化还原性物质，本身被还原为 Cr^{3+}，半反应为：

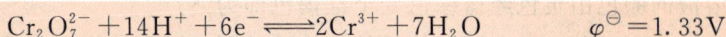

$$Cr_2O_7^{2-}+14H^++6e^- \Longrightarrow 2Cr^{3+}+7H_2O \qquad \varphi^\ominus = 1.33V$$

$K_2Cr_2O_7$ 的氧化能力较 $KMnO_4$ 弱，在水溶液中稳定性大于 $KMnO_4$，室温下不氧化 Cl^-，因此可以在 HCl 介质中用 $K_2Cr_2O_7$ 直接测定 Fe^{2+}。

在滴定过程中，$Cr_2O_7^{2-}$ 和 Fe^{2+} 的反应为：

$$Cr_2O_7^{2-}+6Fe^{2+}+14H^+ \Longrightarrow 2Cr^{3+}+6Fe^{3+}+7H_2O$$

橙色的 $Cr_2O_7^{2-}$ 溶液还原后转变为绿色 Cr^{3+} 溶液，需用指示剂指示滴定终点。常用的指示剂是二苯胺磺酸钠，终点时溶液由无色变为紫红色。

4.4.2.2 化学需氧量及其测定

化学需氧量（COD）是在一定条件下，用强氧化剂处理水样时，所消耗的强氧化剂相对应的氧的质量浓度，以 mg/L 表示。

化学需氧量是对水中还原性物质污染程度的度量，通常将其作为工业废水和生活污水中含有有机物量的一种非专一性指标。我国规定用 $K_2Cr_2O_7$ 作为强氧化剂来测定废水的化学需氧量，其测得的值用 COD_{Cr} 来表示。

$K_2Cr_2O_7$ 能氧化分解有机物的种类多，氧化率高，准确度、精密度较好，因此被广泛应用。

测定时，在强酸性水样中加入催化剂（Ag_2SO_4）和一定过量的 $K_2Cr_2O_7$ 标准溶液，在回流加热和催化剂存在的条件下，水样中还原性有机物（也包括还原性无机物）被氧化。然后过量的 $K_2Cr_2O_7$ 用试亚铁灵作指示剂，以 $(NH_4)_2Fe(SO_4)_2$ 标准滴定溶液返滴定，根据其用量计算出 COD_{Cr} 值。

测定过程可分成水样的氧化、返滴定和空白试验三部分。

（1）水样的氧化　采用密闭的回流装置，使水样中有机物在酸性溶液中被 $K_2Cr_2O_7$ 氧化完全。为保证有机物完全氧化，加热回流后 $K_2Cr_2O_7$ 的剩余量应为原加入量的 1/2～4/5，浓 H_2SO_4 的用量是水样和加入的 $K_2Cr_2O_7$ 溶液的体积之和。

在一般的废水中，无机性还原物质含量甚微，可认为消耗的 $K_2Cr_2O_7$ 量全都用于有机物的氧化。如有机物为直链脂肪烃、芳香烃和一些杂环有机化合物，则不能被 $K_2Cr_2O_7$ 氧化；当加入少量 Ag_2SO_4 作催化剂时，直链脂肪烃有 85%～95% 可被氧化，对芳香烃和一些杂环化合物（如吡啶）仍无效。即便如此，同一水样 COD 的测定值仍大大高于高锰酸盐指数，也高于生物化学需氧量。

通常，加热回流时间为2h，如水样比较清洁，可以适当缩短加热回流时间。水中如含有氯化物，加热回流时可发生下列反应：

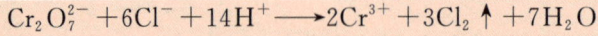

$$Cr_2O_7^{2-} + 6Cl^- + 14H^+ \longrightarrow 2Cr^{3+} + 3Cl_2 \uparrow + 7H_2O$$

所以当水中氯化物高于300mg/L时，应加入$HgSO_4$，它与Cl^-生成稳定的可溶性配合物，从而可以抑制Cl^-的氧化。$HgSO_4$的加入量，以共存的Cl^-的10倍量为宜。

（2）返滴定　加热回流后的溶液应仍为橙色，此时溶液呈强酸性，应用蒸馏水稀释至总体积为350mL，否则酸性太强，指示剂易失去作用。另外，Cr^{3+}的绿色太深，也会影响滴定终点的准确判断。

以试亚铁灵为指示剂，用$(NH_4)_2Fe(SO_4)_2$标准滴定溶液返滴定溶液中剩余的$K_2Cr_2O_7$，此时发生下列反应：

$$Cr_2O_7^{2-} + 6Fe^{2+} + 14H^+ \longrightarrow 2Cr^{3+} + 6Fe^{3+} + 7H_2O$$

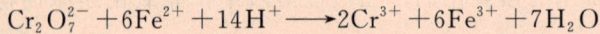

溶液的颜色由黄色经蓝绿色变至红褐色即为终点。

（3）空白试验　空白试验的目的是检验试剂中还原性物质的量。

COD_{Cr}计算公式如式（4-7）：

$$COD_{Cr}(mg/L) = \frac{c(V_0 - V_1) \times 8 \times 1000}{V_水} \tag{4-7}$$

式中　c——硫酸亚铁铵标准滴定溶液的物质的量浓度，mol/L；

V_0——空白试验消耗的硫酸亚铁铵标准滴定溶液的体积，mL；

V_1——水样消耗的硫酸亚铁铵标准滴定溶液的体积，mL；

$V_水$——水样的体积，mL；

8——$\frac{1}{4}O_2$（氧）的摩尔质量，g/mol。

COD_{Cr}的测定结果受加入氧化剂（$K_2Cr_2O_7$）浓度、反应溶液的酸碱强度和反应温度等因素影响。但作为一种标准分析方法，在滴定分析过程中，严格地按规定条件进行操作，其精密度还是相当高的。此法也存在一些缺点：测定时间较长；使用汞盐、银盐和强酸等化学试剂，从而增加实验室废水处理量；对含Cl^-浓度较高或COD_{Cr}较低的试样，测定结果的重复性差；对芳香烃和一些杂环化合物（如吡啶）的氧化率过低等。

长期以来，科学工作者不断地研究开发测定COD的新装置和新方法。目前，我国生产的COD快速测定仪由前处理、采样、加液计量、控制、测试、数据存储和显示等系统组成。重铬酸盐法可通过恒温器消解进行快速催化氧化还原反应。水样中的污染物被氧化，同时$Cr_2O_7^{2-}$被还原为Cr^{3+}，自动检测系统通过分光比色测定Cr^{3+}浓度，计算出COD值，并在显示屏上直接显示出来。

4.4.3　碘量法——水中溶解氧的测定、生化需氧量的测定

4.4.3.1　概述

碘量法是利用I_2的氧化性和I^-的还原性进行滴定的水质分析方法。广泛应用于水中余氯、二氧化氯（ClO_2）、溶解氧（DO）、生物化学需氧量（BOD）以及水中有机物和无机还原性物质［如S^{2-}、SO_3^{2-}、$S_2O_3^{2-}$、As（Ⅲ）、Sn^{2+}］的测定。

碘量法的基本反应是：

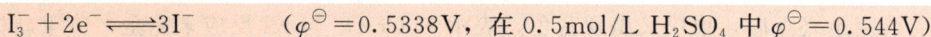
$$I_3^- + 2e^- \Longleftrightarrow 3I^- \qquad (\varphi^\ominus = 0.5338V，在 0.5mol/L\ H_2SO_4\ 中\ \varphi^\ominus = 0.544V)$$

I_2 是较弱的氧化剂，只能直接滴定较强的还原剂；I^- 是中等强度的还原剂，可以间接测定多种氧化剂，生成的碘用 $Na_2S_2O_3$ 标准溶液滴定。

碘量法通常采用淀粉作指示剂，淀粉与 I_3^- 形成深蓝色化合物。直接滴定时，溶液呈蓝色；间接滴定时，溶液的蓝色消失，表示到达终点。

碘量法既可测定氧化剂，又可测定还原剂。I_3^-/I^- 电对的可逆性好，副反应少，它不仅可在酸性介质中滴定，还可在中性或弱碱性介质中滴定。碘量法有灵敏的特定指示剂——淀粉，因此碘量法应用很广泛。

4.4.3.2 标准溶液的配制和标定

（1）$Na_2S_2O_3$ 溶液的配制　$Na_2S_2O_3 \cdot 5H_2O$ 一般都含有少量 S、Na_2SO_3、Na_2SO_4、Na_2CO_3、NaCl 等杂质，并且容易风化、潮解，因此不能直接配制标准滴定溶液，只能配制成近似浓度的溶液，然后标定。

配制 0.1mol/L $Na_2S_2O_3$ 溶液的方法如下：称取 $Na_2S_2O_3 \cdot 5H_2O$ 25g，用新煮沸并冷却的蒸馏水溶解，并稀释至 1L，加入约 0.2g Na_2CO_3，贮存于棕色试剂瓶中，放在暗处 8～14d 后标定其准确浓度。

$Na_2S_2O_3$ 溶液不稳定，容易分解，主要因为以下因素：

① 细菌的作用；

② 溶解在水中 CO_2 的作用，即

$$S_2O_3^{2-} + CO_2 + H_2O \longrightarrow HSO_3^- + HCO_3^- + S\downarrow$$

③ 空气的氧化作用，即

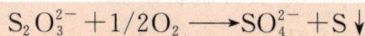
$$S_2O_3^{2-} + 1/2O_2 \longrightarrow SO_4^{2-} + S\downarrow$$

④ 水中微量的 Cu^{2+} 或 Fe^{3+} 也能促使 $Na_2S_2O_3$ 溶液分解。

因此，配制 $Na_2S_2O_3$ 溶液时，需要用新煮沸冷却了的蒸馏水，以除去水中 CO_2 和杀死细菌，并加入少量 Na_2CO_3，使溶液呈弱碱性，从而抑制细菌的生长。这样配制的溶液才比较稳定，但也不宜长时间保存，使用一段时间后要重新进行标定。如发现溶液变浑或有硫析出，应过滤后再标定，或者另配溶液。

（2）$Na_2S_2O_3$ 溶液的标定　标定 $Na_2S_2O_3$ 标准滴定溶液的基准物质有 $K_2Cr_2O_7$、KIO_3、$KBrO_3$ 等，其中最常用的是 $K_2Cr_2O_7$。称取一定量的 $K_2Cr_2O_7$，在弱酸性溶液中，与过量 KI 作用，析出相当量的 I_2，以淀粉为指示剂，用 $Na_2S_2O_3$ 溶液滴定，有关反应式如下：

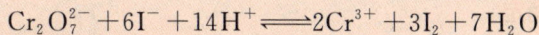
$$Cr_2O_7^{2-} + 6I^- + 14H^+ \Longleftrightarrow 2Cr^{3+} + 3I_2 + 7H_2O$$

$K_2Cr_2O_7$ 与 KI 的反应条件如下。

① 溶液的 $[H^+]$ 一般以 0.2～0.4mol/L 为宜。$[H^+]$ 太小，反应速率减慢，$[H^+]$ 太大，I^- 容易被空气中的 O_2 氧化。

② $K_2Cr_2O_7$ 与 KI 的反应速率较慢，应将盛放溶液的碘量瓶或带玻璃塞的锥形瓶放置在暗处一定时间（5min），待反应完全后，再进行滴定。

③ KI 试剂不应含有 KIO_3 或 I_2，通常 KI 溶液无色，如显黄色，则应事先将 KI 溶液酸化后，加入淀粉指示剂显蓝色，用 $Na_2S_2O_3$ 滴定至刚好无色后再使用。

滴定至终点几分钟后，溶液又出现蓝色，这是由于空气氧化 I^- 所引起的，不影响分析结果。若滴定至终点后，很快又出现蓝色，表示 $K_2Cr_2O_7$ 与 KI 反应未完全，应重新标定。

（3）I_2 液的配制和标定　用升华法制得的纯 I_2，可直接配制标准溶液。但在实际工作中，通常用纯碘试剂配成近似浓度，然后再进行标定。

I_2 微溶于水（溶解度 0.3g/L，25℃），而易溶于 KI 溶液，但在稀的 KI 溶液中溶解很慢，所以配制 I_2 液时不能过早加水稀释。I_2 与 KI 间有如下平衡：

$$I_2 + I^- \rightleftharpoons I_3^-$$

配制时，将称好的 I_2 溶于 KI 溶液中，然后再用水稀释至一定体积（KI 的浓度在最终体积中为 4%），倒入棕色瓶中于暗处保存。

I_2 液应避免与橡胶等有机物接触，同时也要防止见光遇热，否则浓度将发生变化。

标定 I_2 液的准确浓度时，可用已标定好的 $Na_2S_2O_3$ 标准滴定溶液。

4.4.3.3　碘量法产生误差的原因

（1）溶液中 H^+ 的浓度　虽然在碘量法中两个电对的半反应没有 H^+ 参与，但是溶液中 H^+ 浓度的大小对滴定反应的定量关系有着重要影响。反应如下：

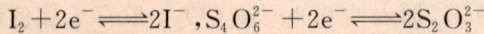

$$I_2 + 2e^- \rightleftharpoons 2I^-，S_4O_6^{2-} + 2e^- \rightleftharpoons 2S_2O_3^{2-}$$

$S_2O_3^{2-}$ 与 I_2 之间的反应很迅速、完全，但必须在中性或弱酸性溶液中进行。若在碱性溶液中，$S_2O_3^{2-}$ 与 I_2 将发生下列副反应：

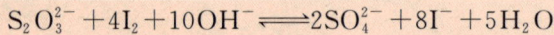

$$S_2O_3^{2-} + 4I_2 + 10OH^- \rightleftharpoons 2SO_4^{2-} + 8I^- + 5H_2O$$

而且 I_2 在碱性溶液中会发生歧化反应：

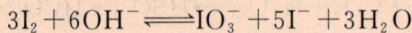

$$3I_2 + 6OH^- \rightleftharpoons IO_3^- + 5I^- + 3H_2O$$

若在较强酸性的溶液中，$Na_2S_2O_3$ 会分解析出硫：

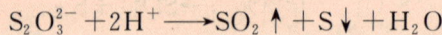

$$S_2O_3^{2-} + 2H^+ \longrightarrow SO_2\uparrow + S\downarrow + H_2O$$

（2）I_2 的挥发和 I^- 的氧化　I_2 具有挥发性，易从溶液中挥发。但是 I_2 在 KI 溶液中与 I^- 形成 I_3^-，可以减少 I_2 的挥发。含碘溶液需要存放时，应该使用碘量瓶或带玻璃塞的试剂瓶，并放置于暗处。

I^- 在酸性溶液中易被空气的氧氧化，其反应式为：

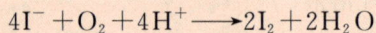

$$4I^- + O_2 + 4H^+ \longrightarrow 2I_2 + 2H_2O$$

在中性溶液中，此反应进行得很慢，反应速率随 H^+ 浓度的增加而加快，若受日光直射速率更快。因此，用 I^- 还原氧化剂时，须避免日光直接照射；为避免空气对 I^- 的氧化产生误差，对析出 I_2 后的溶液要及时滴定，且滴定速度也应适当加快，切勿放置过久。

4.4.3.4　终点的确定

碘量法常用淀粉溶液作指示剂，在少量 I^- 存在下，I_2 与淀粉反应形成深蓝色化合物，根据蓝色的出现或消失来指示终点。在加指示剂时应注意，应先用 $Na_2S_2O_3$ 溶液滴定至溶液呈淡黄色（大部分 I_2 已反应完），然后加入淀粉溶液，再用 $Na_2S_2O_3$ 溶液继续滴定至蓝色恰好消失，即为终点。如指示剂加入太早，则大量的 I_2 将与淀粉结合成蓝色化合物，这一部分 I_2 就不容易与 $Na_2S_2O_3$ 发生反应，因而产生误差。

淀粉溶液应使用新配制的。若放置过久，则与 I_2 形成的配合物不显蓝色而呈紫色或红色，用 $Na_2S_2O_3$ 溶液滴定时褪色较慢，终点不敏锐。

4.4.3.5 碘量法的应用实例

（1）水中余氯及其测定

① 水中的余氯 在水的消毒中，常以液氯（Cl_2）为消毒剂，液氯与水中的细菌等微生物或还原性物质作用之后，剩余在水中的氯量称为余氯，包括游离性余氯（游离性有效氯）和化合性余氯（化合性有效氯）。

游离性有效氯包括次氯酸（HOCl）和次氯酸盐（OCl^-）。在水的消毒过程中，氯溶解于水后，迅速生成 HOCl 和 OCl^-，其反应式为：

$$Cl_2 + H_2O \Longrightarrow HOCl + H^+ + Cl^-$$
$$HOCl \Longrightarrow OCl^- + H^+$$

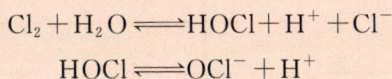

化合性有效氯是一种复杂的无机氯胺（NH_xCl_y）和有机氯胺（$RNCl_z$）的混合物（式中 x、y、z 为 0～3 的数值）。如原水中含有 $NH_3 \cdot H_2O$，则加入氯后便生成氯胺。此时，游离性有效氯和化合性有效氯同时存在于水中，因此测定水中的余氯包括游离性有效氯和化合性有效氯两部分。

我国要求加氯消毒的饮用水，在氯与水接触 30min 后游离性余氯应不低于 0.3mg/L，管网末梢水中其应不低于 0.05mg/L；城市杂用水加氯消毒，要求接触 30min 后其大于等于 1.0mg/L，管网末端其大于等于 0.2mg/L。

② 测定原理 在酸性溶液中，水中的余氯与 KI 作用，释放出等化学计量的 I_2，以淀粉溶液为指示剂，用 $Na_2S_2O_3$ 标准滴定溶液滴定至溶液蓝色消失。由消耗的 $Na_2S_2O_3$ 标准滴定溶液的量计算出水中余氯含量。主要反应如下：

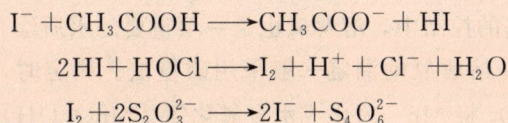

$$I^- + CH_3COOH \longrightarrow CH_3COO^- + HI$$
$$2HI + HOCl \longrightarrow I_2 + H^+ + Cl^- + H_2O$$
$$I_2 + 2S_2O_3^{2-} \longrightarrow 2I^- + S_4O_6^{2-}$$

水样中如含有 NO_2^-、Fe^{3+}、$Mn(Ⅳ)$ 时，干扰测定。但是采用乙酸缓冲溶液使溶液 pH 在 3.5～4.2 之间，可减少干扰。

③ 计算 余氯的质量浓度计算公式如式（4-8）：

$$余氯量（mg/L） = \frac{cV_1 \times 35.45 \times 1000}{V_水} \qquad (4\text{-}8)$$

式中 c——$Na_2S_2O_3$ 标准滴定溶液的物质的量浓度，mol/L；

V_1——滴定时消耗 $Na_2S_2O_3$ 标准滴定溶液的体积，mL；

$V_水$——水样的体积，mL；

35.45——$\frac{1}{2}Cl_2$（氯）的摩尔质量，g/mol。

（2）溶解氧及其测定

① 溶解氧 溶解于水中的分子态氧称为溶解氧，常以 DO 表示，单位为 mgO_2/L。水中溶解氧的饱和含量与大气压力、水的温度等因素都有密切关系。大气压力减小，溶解氧也减少。温度升高，溶解氧含量也显著下降。在 101.3kPa（大气压）下、空气中含氧量为 20.9% 时，不同温度下水中的溶解氧列于表 4-2。

表 4-2　不同温度下水中的溶解氧（101.3kPa 大气压下）

温度/℃	溶解氧/(mg/L)	温度/℃	溶解氧/(mg/L)	温度/℃	溶解氧/(mg/L)	温度/℃	溶解氧/(mg/L)
0	14.62	10	11.33	20	9.17	30	7.63
1	14.23	11	11.08	21	8.99	31	7.5
2	13.84	12	10.83	22	8.83	32	7.4
3	13.48	13	10.60	23	8.68	33	7.3
4	13.13	14	10.37	24	8.53	34	7.2
5	12.80	15	10.15	25	8.38	35	7.1
6	12.48	16	9.95	26	8.22	36	7.0
7	12.17	17	9.74	27	8.07	37	6.9
8	11.87	18	9.54	28	7.92	38	6.8
9	11.59	19	9.35	29	7.77	39	6.7

　　清洁的地表水在正常情况下，所含溶解氧接近饱和状态。水中含藻类植物时，由于光合作用而放出氧，可使水中的溶解氧过饱和。相反，如果水体被有机物质污染，则水中所含溶解氧会不断减少。当氧化作用进行得太快，而水体并不能及时从空气中吸收充足的氧来补充氧的消耗时，水体的溶解氧会逐渐降低，甚至趋近于零。此时，厌氧菌繁殖并活跃起来，有机物质发生腐败作用，使水质发臭。废水中溶解氧的含量取决于废水排出前的工艺过程，一般含量较低，差异很大。溶解氧的测定对水体自净作用的研究有极重要的意义。在水污染控制和废水生物处理工艺的控制中，溶解氧也是一项重要的水质综合指标。

　　② 溶解氧的测定　溶解氧的测定一般采用碘量法。测定时，在水样中加入 $MnSO_4$ 和 NaOH 溶液，水中的 O_2 将 Mn^{2+} 氧化成水合氧化锰 $[MnO(OH)_2]$ 棕色沉淀，它把水中全部溶解氧都固定在其中，溶解氧越多，沉淀颜色越深。反应式如下：

$$Mn^{2+} + 2OH^- \rightleftharpoons Mn(OH)_2 \downarrow （白色）$$

$$Mn(OH)_2 + 1/2 O_2 \rightleftharpoons MnO(OH)_2 \downarrow （棕色）$$

　　$MnO(OH)_2$ 在有 I^- 存在下加酸溶解，可定量释放出与溶解氧相当量的 I_2，以淀粉为指示剂，用 $Na_2S_2O_3$ 标准滴定溶液滴定释放出的 I_2。反应式如下：

$$MnO(OH)_2 + 2I^- + 4H^+ \rightleftharpoons Mn^{2+} + I_2 + 3H_2O$$

$$I_2 + 2S_2O_3^{2-} \rightleftharpoons 2I^- + S_4O_6^{2-}$$

　　此方法仅适用于清洁的地表水或地下水。如水中有 Fe^{2+}、Fe^{3+}、S^{2-}、NO_3^-、SO_3^-、Cl_2 以及各种有机物等氧化还原性物质时将影响测定结果。为此，应选择适当方法消除干扰。如水中 NO_2^- 含量大于 0.05mg/L、Fe^{2+} 含量小于 1mg/L 时，可以加入叠氮化钠（NaN_3）消除 NO_2^- 的干扰。可在用浓 H_2SO_4 溶解沉淀物之前，在水样瓶中加入数滴 5% NaN_3 溶液，也可在配制碱性溶液时，把 1% NaN_3 和碱性 KI 同时加入。其反应式为：

$$2NaN_3 + H_2SO_4 \longrightarrow 2HN_3 + SO_3^{2-} + Na_2SO_4$$

$$HNO_2 + HN_3 \longrightarrow N_2 \uparrow + N_2O + H_2O$$

　　如水中同时含有 Fe^{2+}、S^{2-}、SO_3^{2-}、NO_2^- 等还原性物质时，且 Fe^{2+} 含量大于 1mg/L

时，为了消除 Fe^{2+} 干扰，可将水样预先在酸性条件下用 $KMnO_4$ 处理，剩余的 $KMnO_4$ 再用 $H_2C_2O_4$ 除去。

溶解氧的质量浓度计算公式如式（4-9）：

$$DO(mg/L) = \frac{cV \times 8 \times 1000}{V_水} \tag{4-9}$$

式中　c——$Na_2S_2O_3$ 标准滴定溶液的物质的量浓度，mol/L；

　　　V——滴定时消耗的 $Na_2S_2O_3$ 标准滴定溶液的体积，mL；

　　　$V_水$——水样的体积，mL；

　　　8——$\frac{1}{4}O_2$（氧）的摩尔质量，g/mol。

溶解氧的测定，除碘量法外，还有膜电极法。如水样中干扰物质较多、色度高、碘量法测定有困难时，可用该法。氧敏感薄膜电极检测部件由原电池型 Ag-Pt 电极组成，其电解质为 1mol/L KOH 溶液，膜由聚氯乙烯或聚四氟乙烯制成。将膜电极置于水样中，薄膜只能透过氧和其他气体，而水和可溶解物质不能透过。透过膜的氧在电极上还原，产生微弱的扩散电流，在一定温度下其大小和水样溶解氧含量成正比。可由电表直接读出水中溶解氧的含量。

该方法操作简便快捷，可以进行连续检测，适用于现场测定。

（3）生物化学需氧量及其测定

① 生物化学需氧量（BOD）　生物化学需氧量是指在规定条件下，微生物分解存在于水中的某些可氧化物质，特别是分解有机物所进行的生物化学过程中所消耗的溶解氧。通常情况下是指水样充满完全密闭的溶解氧瓶中，在（20±1）℃的暗处培养 5d±4h，分别测定培养前后水样中溶解氧的质量浓度，由培养前后溶解氧的质量浓度之差，计算每升样品消耗的溶解氧量，以 BOD_5 形式表示。

② BOD_5 的测定方法

a. 稀释测定法　某些生活污水和工业废水以及污染较严重的地表水，因含较多的有机物，需要稀释后再培养测定，以降低其浓度和保证有充足的溶解氧。

测定时，取稀释后的水样两等份，一份测定其当天的溶解氧值，另一份在 20℃ 培养箱内培养 5d，测定期满后的溶解氧值。根据前后两溶解氧值之差，计算出 BOD_5 值。

BOD_5 的质量浓度计算公式如式（4-10）：

$$BOD_5(mg/L) = \frac{(D_1 - D_2) - (B_1 - B_2)f_1}{f_2} \tag{4-10}$$

式中　D_1，D_2——经稀释后的水样在培养前、后的溶解氧质量浓度，mg/L；

　　　B_1，B_2——纯稀释水在培养前、后的溶解氧质量浓度，mg/L；

　　　f_1，f_2——培养瓶中稀释水和水样分别所占比例。

溶解氧含量较高、有机物含量较少的清洁地表水，一般 BOD_5 不大于 6mg/L 时，可不经稀释，直接测定。BOD_5 值较大的水样的稀释倍数通常以经过 5d 培养后所消耗的溶解氧大于 2mg/L，且剩余溶解氧在 1mg/L 以上予以确定。在水样污染程度比较固定（如工厂实验室中做常规分析）的情况下，分析人员能凭经验确定稀释倍数。在对水样污染程度无从了解的情况下，要取三个稀释倍数，对三者最终分析结果作比较之后，取其中一个适宜的稀释倍数进行 BOD_5 值的计算。

为了保证水样稀释后有足够的溶解氧，稀释水通常要通入空气进行曝气，以使稀释水中溶解氧接近饱和。稀释水中还应加入一定量的无机营养盐和缓冲物质（磷酸盐，钙、镁和铁盐等），以保证微生物的生长需要。

不含或少含微生物的工业废水，其中包括酸性废水、碱性废水、高温废水或经过氯化处理的废水，在测定 BOD_5 时应进行接种，以引入能分解废水中有机物的微生物。当废水中存在着难以被一般生活污水中的微生物以正常速率降解的有机物或含有毒物质时，应将驯化后的微生物引入水样中进行接种。

b. 仪器测定法　稀释测定法一直被作为 BOD_5 的标准分析方法。由于测定 BOD_5 最低时间需 5d，所得数据对于了解水污染情况并进一步采取措施以控制污染已经失去意义。对生活污水来说测定结果在一定范围内波动，对工业废水来说波动范围更大，甚至相差几倍，往往同一水样采用不同的稀释倍数，所得结果也不尽相同，这可能是由于水样用曝气的水稀释后，不同稀释比的水样所含有的初始氧浓度不同，致使在耗氧期间氧的消耗速率不同所造成的。如果使用仪器测量，使耗氧过程初始溶解浓度保持不变，可以克服测定结果重现性差、测定时间过长等缺点。

目前使用较多的是气压计库仑式 BOD 测定仪，如图 4-2 所示。

将经过预处理的水样装在培养瓶中，利用电磁搅拌器进行搅拌，在进行生物氧化反应时，水样中的溶解氧被消耗，培养瓶上部空间中的氧气溶解于水样中。由于反应而产生的 CO_2 从水样中逸出，进入培养瓶空间。当 CO_2 被置于培养瓶中的 CO_2 吸收剂苏打石灰吸收时，瓶中氧分压和总气压下降。该气压下降由电极式压力计所

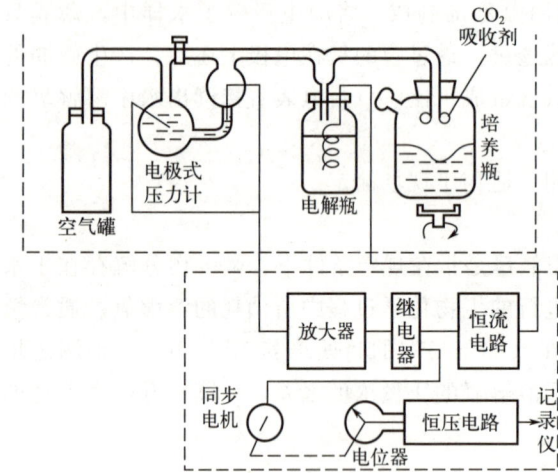

图 4-2　气压计库仑式 BOD 测定仪装置简图

检出，并转换成电信号，经放大器放大、继电器闭合而带动同步电机工作。与此同时，电解装置进行 $CuSO_4$ 溶液的恒电流电解，电解产生的氧气不断供给培养瓶，使培养瓶中的气压逐渐回升，当培养瓶内压力恢复到原来状态时，继电器断开并使电解与同步电机停止工作。通过这样的反复过程使培养瓶上面空间始终保持在恒压状态，以促进微生物的活动和生化反应正常进行。在 BOD 测定时间内由于电解产生的氧量就相当于水样的 BOD 值，根据库仑定律，消耗的氧量与电解时所需的电量成正比关系，可以从式（4-11）求得电解产生的氧量。

$$氧量（mg）= \frac{it \times 8}{96500} \tag{4-11}$$

式中　i——电解电流，mA；

　　　t——电解时间，s；

　　　8——氧的摩尔质量，g/mol；

　96500——法拉第常数。

在仪器运转过程中，有一个同步电机随电解发生而启动，该电机又通过与其连接的电位

计将其工作情况转换成电势，该电势与电解产生的氧量成正比。因此，可以用毫伏计自动记录 BOD 值随时间变化的耗氧曲线。这种气压计库仑式 BOD 测定仪不仅可测定五日生化需氧量 BOD_5，也可测定任何培养天数的 BOD 值。

稀释测定法测 BOD 值需要制备几个不同稀释倍数的水样，而仪器测定法只需一个水样就能进行测定。由于记录仪在测定过程中作出了自动连续的记录，因此得到的耗氧曲线能反映出水样发生生化反应的全过程。若该测定方法所得的结果较稀释测定法偏高，可能是由于连续搅拌与稀释测定法不同所引起。

4.5 水中有机物污染综合指标

由于生活污水和工业废水的排放，水体中的有机物含量逐渐增加，如果不加大水环境污染治理力度，对其进行有效控制，大量有机物排入水体后，在微生物的作用下发生氧化分解反应，消耗水中的溶解氧，同时使藻类和水中微生物迅速增殖，使水中溶解氧进一步下降。如天然水体中 DO 含量小于 $5mgO_2/L$ 时，鱼类开始死亡，DO 含量小于 $1\sim2mgO_2/L$ 时，所有水生生物（包括好氧细菌）都难以生存。此时，厌氧细菌繁殖，继续分解有机物，由于水体严重缺氧，水生生物大量死亡，而使水变黑发臭。含有大量有机物的废水，不但使水质恶化，污染环境，而且也会危害人类健康。因此，评价水质的好坏。控制水质污染是至关重要的。

在有毒有害物质中，有机物约占 2/3。目前，有机物已达几百万种以上，采用仪器分析法和化学分析法在水中已检测出上百种有机污染物，但是对它们一一定量，仍有一定困难。所以，采用有机物污染综合指标评价水质很有实际意义。有机物污染综合指标能反映水中有机物的相对含量和总污染程度。这些综合指标主要有高锰酸盐指数（PV）、COD、BOD_5、总有机碳（TOC）、总需氧量（TOD）等。

4.5.1 高锰酸盐指数（PV）、COD、BOD_5 及其关系

高锰酸盐指数（PV）、化学需氧量（COD）和生物化学需氧量（BOD_5）都是间接表示水中有机物污染的综合指标。PV 和 COD 是在规定条件下，水中有机物被 $KMnO_4$、$K_2Cr_2O_7$ 氧化所需的氧量（mgO_2/L）；BOD_5 是在有溶解氧的条件下，水中可分解有机物被微生物氧化分解所需的氧量（mgO_2/L）。这些指标的测定值都没有直接表示出污染物质的组成和数量，并且测定受试剂浓度、H^+ 浓度、温度、时间等条件影响，测定时间也较长。

比较而言，PV 的测定时间最短，但 $KMnO_4$ 对有机物的氧化率低，所以只能应用于较清洁的水，并且不能反映出微生物所能氧化的有机物的量。

COD 几乎可以表示出有机物全部氧化所需的氧量。对大部分有机物，$K_2Cr_2O_7$ 的氧化率在 90% 以上。它的测定不受废水水质的限制，并且在 $2\sim3h$ 内即能完成，但是它也不能反映被微生物所能氧化分解的有机物的量。

BOD_5 反映了被微生物氧化分解的有机物量，但由于微生物的氧化能力有限，不能将有机物全部氧化，其测定值低于 COD，由于测定时间太长（5d），不能及时指导生产实践，此

外还较难适用于毒性强的废水。

尽管 PV、COD、BOD_5 都是间接地表示水中有机物污染的综合指标，但不能全面地反映水体中被有机物污染的真实程度，只能表示水中有机物质的相对数量，并且应用范围还有一定局限性，但在目前仍是重要的水质分析方法和水污染控制的评价参数。

表 4-3 是 PV、COD 和 BOD_5 三种指标对一些有机物的氧化率。表中理论需氧量（ThOD）是按照化学反应式完全氧化时 1g 有机物所需要的氧的克数。氧化率是三种指标的需氧量分别与理论值对比得到。实际上，此表反映出各项指标对同一种有机物的氧化程度。由表中数据可知，对水中同一种有机物的氧化率大小排序是 COD＞BOD_5＞PV。一般废水中 BOD_5/COD 为 0.4～0.8，COD 与 BOD_5 差值可认为是没有被微生物氧化分解的有机物。

表 4-3　不同分析方法的氧化率比较

名　　称	理论需氧量 (ThOD)/(mg/L)	氧化率/%		
		PV	BOD_5	COD
甲酸	0.348	14	68	99.4
乙酸	1.07	7	71	93.5
甲醇	1.50	27	68	95.3
乙醇	2.09	11	72	94.3
苯	3.08	0	0	16.9
酚	2.38	63	61	98.3
苯胺	2.41	90	3	100
葡萄糖	1.07	59	56	97.6
可溶性淀粉	1.135	61	43	86.5
纤维素	1.185	0	7	92.0
甘氨酸	0.639	3	15	98.1
谷氨酸	0.980	6	58	100

通常来说，未受到严重污染的水体、城市污水和工业废水中，有机物在一般条件下多具有良好的生物降解性。测定 BOD_5 确能反映出有机物污染的程度和处理效果。如无条件或受水质限制而不能做 BOD_5 测定时，可以测 COD。

4.5.2　总有机碳（TOC）

总有机碳（TOC）是以碳的质量浓度表示水体中有机物总量的综合指标，单位为 mg/L。由于 TOC 的测定采用燃烧法，因此能将有机物全部氧化，它比 BOD 或 COD 更能直接表示有机物的总量。因此，常常被用来评价水体中有机物污染的程度。

各种类型的 TOC 分析仪，按工作原理不同，可分为燃烧氧化-非分散红外吸收法、电导法、气相色谱法、湿法氧化-非分散红外吸收法等。其中燃烧氧化-非分散红外吸收法流程简单、重现性好、灵敏度高，只需一次性转化，因此这种 TOC 分析仪被广泛应用。

燃烧氧化-非分散红外吸收法 TOC 测定仪的测定流程见图 4-3。

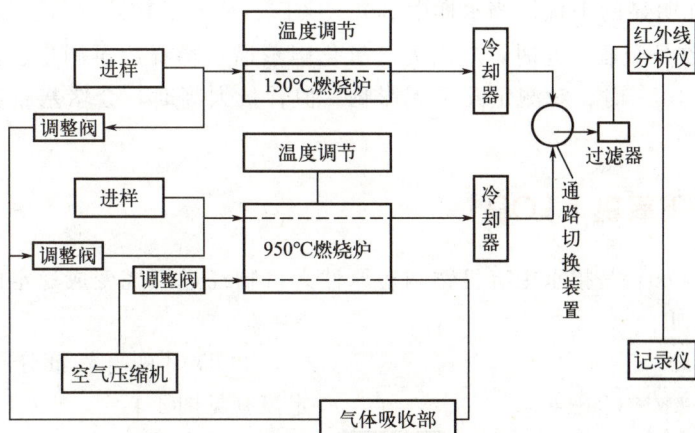

图 4-3　TOC 测定仪的测定流程（手工式）

（1）差减法测定 TOC 值的原理　水样分别被注入高温石英燃烧管（950℃）和低温石英反应管（150℃）中。经过高温燃烧管的水样受高温催化氧化，水中有机化合物和无机碳酸盐均转化成为二氧化碳。经过低温反应管的水样被酸化，而使无机碳酸盐分解成二氧化碳。所生成的二氧化碳依次被导入非分散红外检测器，从而分别测得水中的总碳（TC）和无机碳（IC）。总碳与无机碳之差值，即为总有机碳（TOC）。计算公式如下：

$$TOC(mg/L) = TC - IC$$

（2）直接法测定 TOC 值的方法原理　将水样酸化，使各种碳酸盐分解生成二氧化碳，用氮气将二氧化碳吹脱除去，再注入高温燃烧管中，可直接测定总有机碳。但吹脱过程中会造成水样中挥发性有机物的损失。计算公式如下：

$$TOC(mg/L) = TC$$

表 4-4 列出了部分有机物的理论 TOC 值和实测值。由表 4-4 可以看出，TOC 测定值与理论值非常接近，并且 TOC 的氧化率＞COD 的氧化率。由此可见，总有机碳 TOC 能较好地反映水中有机物的污染程度。

表 4-4　100mg/L 有机物溶液中 TOC 值

溶液名称	理论值/(mg/L)	实测值/(mg/L)	氧化率/%	溶液名称	理论值/(mg/L)	实测值/(mg/L)	氧化率/%
甲酸	26.1	26.0	99.6	苯胺	77.4	81.0	104.7
乙酸	40.0	40.1	100.3	尿素	20.0	21.0	105.0
甲醇	37.5	39.0	104.0	葡萄糖	40.0	40.0	100.0
乙醇	52.0	53.5	102.9	麦芽糖	40.1	37.5	93.5
苯酚	76.5	69.8	91.2	淀粉	45.0	41.6	92.6
苯甲醛	69.5	62.5	89.9	谷氨酸	40.7	38.5	94.7
丁酮	66.6	65.0	97.6	甘氨酸	32.0	29.8	93.2

在实际测定中，测定地表水中总有机碳时，下列常见共存离子如 SO_4^{2-}、Cl^-、NO_3^-、PO_4^{3-}、S^{2-} 等均无明显的干扰。当水样中 SO_4^{2-}、Cl^-、NO_3^-、PO_4^{3-} 等离子浓度大于 1000×10^{-6} 时，可影响红外吸收。此时，应用无二氧化碳蒸馏水稀释后再测定。水样中重金属离子小于等于 100×10^{-6} 时，对测定几乎无影响。但含量太高时，会堵塞石英管注入口等系统，而影响测定。

4.5.3　总需氧量（TOD）

总需氧量（TOD）是指水中有机物和还原性无机物经过燃烧变成稳定的氧化物时的需氧量，单位为 mg/L。

TOD 用总需氧量分析仪测定。其测定流程见图 4-4。

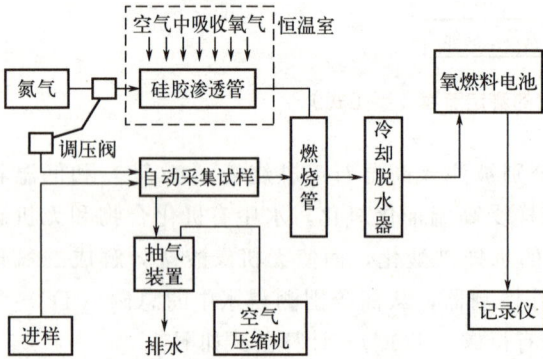

图 4-4　TOD 分析仪测定流程

水样中有机物在燃烧氧化过程中所需的氧气由硅胶渗透管提供（来源于空气），并以氮气作为载气。一定量的水样在含有一定浓度氧气的氮气载带下，自动注入内填铂催化剂的高温石英燃烧管，在 900℃ 条件下，瞬间燃烧氧化分解，有机物中氢变成水，碳变成 CO_2，氮变成氮氧化物，硫变成 SO_2，金属离子变成氧化物。由于氧被消耗，供燃烧用的气体中氧的浓度降低，经氧燃料电池测定气体载体中氧的降低量，测得结果在记录仪上以波峰形式显示。

TOD 测定中的标准溶液用邻苯二甲酸氢钾配制，绘制出工作曲线，根据试样的波峰高度，由工作曲线求出试样的 TOD 值。

水中常见的阴离子如 Cl^-、HCO_3^-、SO_4^{2-} 和 HPO_4^{2-} 等，一般不干扰测定。若 Cl^- 的浓度大于 1000×10^{-6} 时，TOD 值有偏高趋势。NO_3^- 或 NO_2^- 在 900℃ 时分解产生 O_2，使 TOD 值偏低，可以预先测出其含量，进行校正。如水中重金属离子，如 Pb^{2+}、Zn^{2+}、Cd^{2+} 等浓度较大时，会使燃烧管内铂催化剂的效率下降。水中如含有不可滤残渣（悬浮物）直径在 1mm 时，会堵塞取样管。

表 4-5 列出了部分有机化合物的 TOD、COD 和 BOD_5 氧化率。由表 4-5 可见，各种有机物的氧化率大小顺序为：$TOD > COD > BOD_5$，表明用 TOD 分析仪测定的一些有机化合物的 TOD，其氧化率都很高，这是由于 TOD 值包括全部稳定的和不稳定的污染物质的需氧量，其测定值很接近理论值，含氮的化合物、芳香族烃、碳水化合物等也能得到良好的结果。

表 4-5　部分有机化合物的 TOD、 COD 和 BOD_5 的氧化率　　　单位：%

物 质 名 称	化　学　式	TOD	COD	BOD_5
乙醇	C_2H_6O	98.0	94.7	60～80
异丙醇	C_3H_8O	104.2	93.3	54～66

物质名称	化学式	TOD	COD	BOD$_5$
丙三醇	$C_3H_8O_3$	95.9	95.9	51～56
甲醛	CH_2O	103.0	51～76	28～42
乙醛	C_2H_4O	99.5	57.8	32～62
丙酮	C_3H_6O	98.9	85.1	63
乙酸乙酯	$C_4H_8O_2$	100.2	78.0	16～62
乙酸丁酯	$C_6H_{12}O_2$	100.6	86.4	7～24
葡萄糖	$C_6H_{12}O_6$	98.9	98.1	49～72
丙烯腈	C_3H_3N	92.4	44.0	0
苯甲醛	C_7H_6O	87.0	80.0	67

总而言之，水中有机物污染综合指标，包括高锰酸盐指数（PV）、COD、BOD$_5$、TOC和 TOD 都可以作为评价水处理效果和控制水质污染，以及评价水体中有机物污染程度的重要参数。PV、COD、BOD$_5$ 不能全面地反映水体中被有机物污染的真实程度。而 TOC、TOD 能够较准确地测出水体中需氧物质的总量，且氧化较完全、操作简便、效率高、数据可靠；可以自动、连续地测定，能及时控制测定的要求和反映水体污染情况；可以达到对水体中有机物的自动、快速监测和及时控制的目的，具有明显的优越性。

✎ 思考题与习题 >>>

1. 填空题

（1）氧化还原滴定法广泛地应用于水质分析中，除可以用来_____氧化性或还原性物质外，也可以用来_____一些能与氧化剂或还原剂发生定量反应的物质。

（2）氧化还原滴定过程中，随着_____的加入，溶液中氧化剂和还原剂_____不断地发生变化，相应电对的_____也随之发生改变。

2. 简答题

（1）何谓标准电极电位和条件电极电位？两者关系如何？

（2）比较氧化还原指示剂的变色原理与酸碱指示剂有何异同。

（3）碘量法的主要误差来源有哪些？为什么碘量法不适于在低 pH 值或高 pH 值条件下进行？

（4）试述高锰酸盐指数、COD、BOD$_5$、TOC、TOD 的物理意义。它们之间有何异同？

3. 判断题

（1）高锰酸盐指数（PV）、化学需氧量（COD）和生物化学需氧量（BOD$_5$）都是间接地表示水中有机物污染综合指标。（　　）

（2）PV 的测定需时最短，能够反映出微生物所能氧化的有机物的量。（　　）

（3）COD 几乎可以表示出有机物全部氧化所需的氧量。（　　）

4. 计算题

（1）准确称取 0.2500g $K_2Cr_2O_7$，配成 100mL 标准溶液，然后加入过量的 KI，在酸性溶液中用 $Na_2S_2O_3$

标准滴定溶液滴定至终点，消耗 40.04mL。计算 $K_2Cr_2O_7$ 标准溶液的物质的量浓度 $\left(\dfrac{1}{6}K_2Cr_2O_7，mol/L\right)$ 和 $Na_2S_2O_3$ 标准滴定溶液的物质的量浓度（$Na_2S_2O_3$，mol/L）。

（2）用重铬酸盐法测定某废水的 COD，取水样 20.00mL（同时取 20.00mL 无有机物蒸馏水做空白试验）加入回流锥形瓶中，加入 10.00mL 0.2500mol/L $K_2Cr_2O_7$ 标准溶液 $\left[c\left(\dfrac{1}{6}K_2Cr_2O_7\right)=0.02500mol/L\right]$ 和 30mL 硫酸-硫酸银溶液，加热回流 2h，冷却后加蒸馏水稀释至 140mL，加试亚铁灵指示剂，用 0.1000mol/L 硫酸亚铁铵标准滴定溶液 $\{c\left[(NH_4)_2Fe(SO_4)_2 \cdot 6H_2O\right]=0.1000mol/L\}$ 回滴至溶液呈红褐色，水样和空白分别消耗硫酸亚铁铵标准滴定溶液 11.20mL 和 21.20mL。求该水样中的 COD 是多少（mg/L）？

（3）取水样 100mL，用 H_2SO_4 酸化后，加入 10.00mL 0.0100mol/L $KMnO_4$ 标准滴定溶液 $\left[c\left(\dfrac{1}{5}KMnO_4\right)=0.0100mol/L\right]$ 在沸水浴中加热 30min，趁热加入 10.00mL 0.0100mol/L $Na_2C_2O_4$ 标准溶液 $\left[c\left(\dfrac{1}{2}Na_2C_2O_4\right)=0.0100mol/L\right]$，立即用同浓度 $KMnO_4$ 标准滴定溶液滴定至溶液显微红色，消耗 12.15mL，求该水样中高锰酸盐指数（mg/L）。

（4）取氯消毒水样 100mL，放入 300mL 碘量瓶中，加入 0.5g KI 和 5mL 乙酸缓冲溶液（pH=4），用滴定管滴加 0.0100mol/L $Na_2S_2O_3$ 标准滴定溶液 $\left[c(Na_2S_2O_3)=0.0100mol/L\right]$ 至淡黄色，加入 1mL 淀粉溶液，继续滴定至蓝色消失，共消耗 1.21mL 0.0100mol/L $Na_2S_2O_3$ 标准滴定溶液 $\left[c(Na_2S_2O_3)=0.0100mol/L\right]$。求该水样中总余氯量（mg/L）？

（5）自溶解氧瓶中吸取已将溶解氧 DO 固定的某地表水水样 100mL，用 0.0102mol/L $Na_2S_2O_3$ 标准滴定溶液滴定至溶液呈淡黄色，加入 1mL 淀粉溶液，继续滴定至蓝色刚好消失，共消耗 9.82mL。求该水样中溶解氧 DO 的质量浓度（mg/L）。

技能实训 1　水中高锰酸盐指数的测定

一、实训目的
（1）学习高锰酸钾标准溶液的配制和标定。
（2）掌握清洁水中高锰酸盐指数的测定原理和方法。

二、方法原理
水样在酸性条件下，加入已知量的 $KMnO_4$，在沸水浴中加热 30min，高锰酸钾将水样中的某些有机物和无机还原性物质氧化，反应后加入过量的草酸钠（$Na_2C_2O_4$）还原剩余的高锰酸钾，再用高锰酸钾标准滴定溶液回滴过量的草酸钠。通过计算得出水样中的高锰酸盐指数。

三、仪器和试剂
（1）仪器　25mL 酸式滴定管，250mL 锥形瓶，100mL 移液管，10mL 移液管，10mL 量筒，电炉，玻璃珠若干。

（2）试剂

① 高锰酸钾贮备液 $\left[c\left(\dfrac{1}{5}KMnO_4\right)\approx0.1mol/L\right]$　称取 3.2g 高锰酸钾溶于蒸馏水并稀释至 1200mL，煮沸，使体积减至 1000mL 左右，放置过夜。用 G-3 号砂心漏斗过滤后，滤液贮于棕色瓶中，避光保存。

② 高锰酸钾标准滴定溶液 $\left[c\left(\dfrac{1}{2}KMnO_4\right)\approx 0.01mol/L\right]$　吸取100mL 高锰酸钾标准贮备液于 1000mL 容量瓶中，用蒸馏水稀释至标线，混匀，避光保存。使用当天应标定其浓度。

③ 草酸钠贮备液 $\left[c\left(\dfrac{1}{2}Na_2C_2O_4\right)=0.1000mol/L\right]$　准确称取0.6705g 经 120℃烘干 2h 并放冷的草酸钠溶解于蒸馏水中，移入 1000mL 容量瓶中，用蒸馏水稀释至标线，混匀。

④ 草酸钠标准溶液 $\left[c\left(\dfrac{1}{2}Na_2C_2O_4\right)=0.01000mol/L\right]$　吸取上述草酸钠贮备液 10.00mL 于 100mL 容量瓶中，用水稀释至标线，混匀。

⑤ （1∶3）硫酸溶液　在不断搅拌下，将 100mL 密度为 1.84g/mL 的浓硫酸慢慢加入到 300mL 水中。

四、操作步骤

1. 高锰酸钾标准滴定溶液的标定

将 50mL 蒸馏水和 5mL（1∶3）硫酸溶液依次加入 250mL 锥形瓶中，然后用移液管加 10.00mL 0.01000mol/L 草酸钠标准溶液，加热至 70～85℃，用 0.01mol/L 高锰酸钾标准滴定溶液滴定。溶液由无色至刚出现浅红色，为滴定终点。计算高锰酸钾标准滴定溶液的准确浓度。

2. 水样测定

（1）取样　取清洁透明水样100mL；混浊水取 10～25mL，加蒸馏水稀释至100mL。将水样置于 250mL 锥形瓶中。

（2）加入 5mL（1∶3）硫酸溶液，用滴定管准确加入 10.00mL 0.01mol/L 高锰酸钾标准滴定溶液（V_1），摇匀，并投入几粒玻璃珠，加热至沸腾，开始计时，准确煮沸 10min。如红色消失，说明水中有机物含量太多，则另取较少量水样用蒸馏水稀释 2～5 倍（至总体积 100mL）。再按步骤（1）、（2）重做。

（3）煮沸 10min 后趁热用移液管准确加入 10.00mL 0.01000mol/L 草酸钠标准溶液（V_2），摇匀，立即用 0.01mol/L 高锰酸钾标准溶液滴定至微红色。记录消耗高锰酸钾标准滴定溶液的量（V_1'）。

五、数据处理

高锰酸盐指数计算公式如下：

$$PV(mg/L)=\dfrac{[c_1(V_1+V_1')-c_2V_2]\times 8\times 1000}{V_{水}}$$

式中　c_1——KMnO$_4$ 标准滴定溶液的物质的量浓度$\left(\dfrac{1}{5}KMnO_4，mol/L\right)$；

V_1——开始加入 KMnO$_4$ 标准滴定溶液的体积，mL；

V_1'——滴定时消耗 KMnO$_4$ 标准滴定溶液的体积，mL；

c_2——Na$_2$C$_2$O$_4$ 标准溶液的物质的量浓度$\left(\dfrac{1}{2}Na_2C_2O_4，mol/L\right)$；

V_2——加入 Na$_2$C$_2$O$_4$ 标准溶液的体积，mL；

$V_{水}$——水样的体积，mL；

8——$\frac{1}{4}O_2$（氧）的摩尔质量，g/mol。

六、注意事项

（1）本方法适用于饮用水、水源水和地表水的测定。对污染较重的水，可少取水样，经适当稀释后测定。

（2）本方法不适用于测定工业废水中有机污染的负荷量，如需测定，可用重铬酸盐法测定化学需氧量。

技能实训 2　水中化学需氧量 COD_{Cr} 的测定（重铬酸盐法）

一、实训目的

（1）学会硫酸亚铁铵标准溶液的标定方法。

（2）掌握水中 COD 的测定原理和方法。

二、方法原理

在水样中准确加入过量的重铬酸钾溶液，并在强酸性条件下，以银盐作催化剂，经沸腾回流后，以试亚铁灵为指示剂，用硫酸亚铁铵标准溶液滴定水样中未被还原的重铬酸钾，根据消耗的硫酸亚铁铵的量，计算水样化学需氧量（COD），以消耗氧的量（mg/L）表示。

在酸性重铬酸钾条件下，芳烃及吡啶难以被氧化，其氧化率较低。在硫酸银催化作用下，直链脂肪族化合物可有效地被氧化。

三、仪器和试剂

（1）仪器

① 回流装置　250mL 磨口锥形瓶回流冷凝器，电炉，玻璃珠若干（见图 4-5）。

② 50mL 酸式滴定管、移液管、容量瓶等。

（2）试剂

① 重铬酸钾标准溶液

a. 重铬酸钾标准溶液 $\left[c\left(\frac{1}{6}K_2Cr_2O_7\right)=0.250\text{mol/L}\right]$　称取预先在105℃烘箱中干燥至恒重的基准或优级纯重铬酸钾 12.258g 溶于水中，移入 1000mL 容量瓶，稀释至标线，摇匀。

b. 重铬酸钾标准溶液 $\left[c\left(\frac{1}{6}K_2Cr_2O_7\right)=0.0250\text{mol/L}\right]$　将上述重铬酸钾标准溶液 $\left[c\left(\frac{1}{6}K_2Cr_2O_7\right)=0.250\text{mol/L}\right]$ 稀释 10 倍。

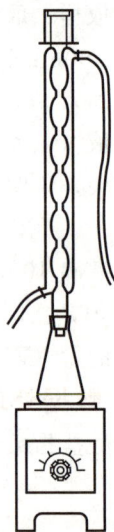

图 4-5　重铬酸盐法测定 COD 的回流装置

② 试亚铁灵指示剂　溶解 0.7g 硫酸亚铁（$FeSO_4 \cdot 7H_2O$）于 50mL 水中，加入 1.5g 邻菲罗啉（$C_{12}H_8N_2O$），搅拌至溶解，稀释至100mL，贮于棕色瓶内。

③ 硫酸亚铁铵标准滴定溶液

a. 硫酸亚铁铵标准滴定溶液（$c \approx 0.05\text{mol/L}$）　称取 19.5g 硫酸亚铁铵溶解于水中，边搅拌边缓慢加入 10mL 浓硫酸，待溶液冷却后移入 1000mL 容量瓶中，加水稀释至标线，摇匀。

b. 硫酸亚铁铵标准滴定溶液（$c \approx 0.005mol/L$）　将上述硫酸亚铁铵标准滴定溶液（$c \approx 0.05mol/L$）稀释 10 倍。

临用前，用重铬酸钾标准溶液准确标定。

④ 硫酸-硫酸银溶液　于 500mL 浓硫酸中加入 5g 硫酸银。放置 1～2d，不时摇动使其溶解。

⑤ 硫酸汞溶液（$\rho = 100g/L$）　称取 10g 硫酸汞溶于（1+1）（V/V）硫酸溶液中，混匀。

四、操作步骤

1. 硫酸亚铁铵标准滴定溶液的标定

（1）硫酸亚铁铵标准滴定溶液（$c \approx 0.05mol/L$）　取 5.00mL 重铬酸钾标准溶液（$c = 0.250mol/L$）置于 250mL 锥形瓶中，用水稀释至约 50mL，缓慢加入 15mL 浓硫酸，混匀，冷却后加入 3 滴试亚铁灵指示剂（约 0.15mL），用硫酸亚铁铵标准滴定溶液（$c \approx 0.05mol/L$）滴定，溶液的颜色由黄色经蓝绿色至红褐色即为终点。

计算：

$$c = \frac{0.2500 \times 5.00}{V}$$

式中　c——硫酸亚铁铵标准滴定溶液的物质的量浓度，mol/L；

　　　V——滴定时消耗硫酸亚铁铵标准滴定溶液的体积，mL。

（2）硫酸亚铁铵标准滴定溶液（$c \approx 0.005mol/L$）　取硫酸亚铁铵标准滴定溶液（$c \approx 0.005mol/L$），用重铬酸钾标准溶液（$c = 0.0250mol/L$）标定，其步骤和浓度计算同上述（1）中硫酸亚铁铵标准滴定溶液的标定。

2. 样品测定

（1）COD_{Cr} 浓度小于等于 50mg/L 的样品的测定

① 取 10.00mL 混合均匀的水样置于 250mL 磨口的回流锥形瓶中，依次加入硫酸汞溶液、0.0250mol/L 重铬酸钾标准溶液 5.00mL 和数粒玻璃珠，摇匀。硫酸汞溶液按质量比 $m[HgSO_4] : m[Cl^-] \geqslant 20:1$ 的比例加入，最大加入量为 2mL。

② 将锥形瓶连接到回流装置冷凝管下端，从冷凝管上口缓慢地加入 15mL 硫酸-硫酸银溶液，轻轻摇动锥形瓶使溶液混匀后加热。自溶液开始沸腾起保持微沸回流 2h。

③ 回流冷却后，用 45mL 水冲洗冷凝管壁，使溶液体积在 70mL 左右，取下锥形瓶。

④ 溶液冷却至室温后，加入 3 滴试亚铁灵指示剂溶液，用硫酸亚铁铵标准滴定溶液 [四、1.（2）] 滴定，溶液的颜色由黄色经蓝绿色至红褐色即为终点，记录硫酸亚铁铵标准滴定溶液的消耗体积 V_1。

⑤ 测定水样的同时，取 10.00mL 蒸馏水，按同样操作步骤做空白试验。记录空白滴定时硫酸亚铁铵标准滴定溶液的消耗体积 V_0。

> 注：样品浓度低时，取样体积可适当增加。

（2）COD_{Cr} 浓度大于 50mg/L 的样品的测定

① 取 10.00mL 混合均匀的水样置于 250mL 磨口的回流锥形瓶中，依次加入硫酸汞溶液、0.250mol/L 重铬酸钾标准溶液 5.00mL 和数粒玻璃珠，摇匀。其他操作与上述 COD_{Cr}

浓度小于等于 50mg/L 的样品的测定相同。

② 待溶液冷却至室温后，加入 3 滴试亚铁灵指示剂溶液，用硫酸亚铁铵标准滴定溶液 [四、1.（1）] 滴定，溶液的颜色由黄色经蓝绿色至红褐色即为终点，记录硫酸亚铁铵标准滴定溶液的消耗体积 V_1。

③ 测定水样的同时，按同样操作步骤，以蒸馏水代替水样，进行空白试验。

> 注：对于浓度较高的水样，可选取所需体积 1/10 的水样放入硬质玻璃试管中，加入试剂，摇匀后加热至沸腾数分钟，观察溶液是否变成蓝绿色。如溶液呈蓝绿色，应再适当少取水样，直至溶液不变蓝绿色为止，从而可以确定待测水样的稀释倍数。

五、数据处理

计算公式如下：

$$\mathrm{COD_{Cr}(mg/L)} = \frac{c(V_0 - V_1) \times 8 \times 1000}{V} f$$

式中　c——硫酸亚铁铵标准滴定溶液的物质的量浓度，mol/L；

　　　V_0——空白试验所消耗的硫酸亚铁铵标准滴定溶液的体积，mL；

　　　V_1——水样测定所消耗的硫酸亚铁铵标准滴定溶液的体积，mL；

　　　V——水样的体积，mL；

　　　f——样品稀释倍数；

　　　8——$\frac{1}{4}O_2$（氧）的摩尔质量，g/mol。

六、注意事项

（1）消解时应使溶液缓慢沸腾，不宜爆沸。如出现爆沸，说明溶液中出现局部过热，会导致测定结果有误。爆沸的原因可能是加热过于激烈，或是防爆沸玻璃珠的效果不好。

（2）滴试亚铁灵指示剂的加入量虽然不影响临界点，但应该尽量一致。当溶液的颜色先变为蓝绿色再变为红褐色即达到终点，几分钟后可能还会重现蓝绿色。

技能实训 3　水中溶解氧 DO 的测定（碘量法）

一、实训目的

（1）学会水中溶解氧的固定方法。

（2）掌握碘量法测定水中溶解氧的原理和方法。

二、方法原理

水样中加入硫酸锰和碱性碘化钾，水中溶解氧将低价锰氧化为高价锰，生成四价锰的氢氧化物棕色沉淀。加酸后，氢氧化物沉淀溶解并与碘离子反应而释放出游离碘。以淀粉作指示剂，用硫代硫酸钠滴定释出碘，可计算出溶解氧的含量。

三、仪器和试剂

（1）仪器　250～300mL 溶解氧瓶，250mL 锥形瓶。

（2）试剂

① 硫酸锰溶液　称取 480g 硫酸锰（$MnSO_4 \cdot 4H_2O$）或 364g$MnSO_4 \cdot H_2O$ 溶于蒸馏

水，过滤后稀释至 1000mL。

② 碱性碘化钾溶液　称取 500g 氢氧化钠溶解于 300～400mL 蒸馏水中，另称取 150g 碘化钾溶于 200mL 蒸馏水中，待氢氧化钠溶液冷却后，将两溶液合并，混匀，用水稀释至 1000mL。如有沉淀则放置过夜，倾出上清液，贮于棕色瓶中。用橡胶塞塞紧，避光保存。此溶液酸化后，遇淀粉应不呈蓝色。

③ 1∶5 硫酸溶液。

④ 淀粉溶液（10g/mL）　称取 1g 可溶性淀粉，用少量水调成糊状，再用刚煮沸的水稀释至 100mL。冷却后，加入 0.1g 水杨酸或 0.4g 氯化锌防腐。

⑤ 重铬酸钾标准溶液 $\left[c\left(\dfrac{1}{6}K_2Cr_2O_7\right)=0.02500\text{mol/L}\right]$　称取于 105～110℃ 烘干 2h 并冷却的重铬酸钾 1.2258g，溶于水，移入 1000mL 容量瓶中，并用水稀释至标线，摇匀。

⑥ 硫代硫酸钠标准滴定溶液　称取 6.2g 硫代硫酸钠（$Na_2S_2O_3 \cdot 5H_2O$）溶于煮沸放冷的水中，加入 0.2g 碳酸钠，用水稀释至 1000mL。贮于棕色瓶中，使用前用 0.02500mol/L 重铬酸钾标准溶液标定。

⑦ 硫酸　密度为 1.84g/mL。

四、操作步骤

1. 硫代硫酸钠标准滴定溶液的标定

于 250mL 碘量瓶中，加入 100mL 水和 1g 碘化钾，加入 10.00mL 0.02500mol/L 重铬酸钾标准溶液，5mL（1∶5）硫酸溶液密塞，摇匀。于暗处静置 5min 后，用待标定的硫代硫酸钠标准滴定溶液滴定至溶液呈淡黄色，加入 1mL 淀粉溶液，继续滴定至蓝色刚好褪去为止，记录消耗硫代硫酸钠标准滴定溶液的体积。

$$c=\frac{10.00\times0.0250}{V}$$

式中　c——硫代硫酸钠标准滴定溶液的物质的量浓度，mol/L；

V——滴定时消耗硫代硫酸钠标准滴定溶液的体积，mL。

2. 溶解氧的固定

（1）水样采集　用水样冲洗溶解氧瓶后，沿瓶壁直接注入水样或用虹吸法将细橡胶管插入溶解氧瓶底部，注入水样溢流出瓶容积 1/3～1/2 左右，迅速盖上瓶塞。取样时绝对不能使水样与空气接触，并且瓶口不能留有气泡。否则另行取样。

（2）溶解氧的固定　取样后用吸管插入溶解氧瓶的液面下，加入 1mL 硫酸锰溶液、2mL 碱性碘化钾溶液，小心盖好瓶塞（**注意：瓶中绝对不可留有气泡**），颠倒混合数次，静置。待棕色沉淀物降至瓶内一半时，再颠倒混合一次，直至沉淀物下降到瓶底（一般在取样现场固定）。

3. 碘的析出

轻轻打开瓶塞，立即用吸管插入液面下，加 2.0mL（1∶5）硫酸溶液。盖好瓶塞，颠倒混合摇匀，至沉淀物全部溶解为止，放置暗处 5min。

4. 滴定

吸取 100.00mL 上述溶液于 250mL 锥形瓶中，用硫代硫酸钠标准滴定溶液滴定至溶液呈淡黄色，加入 1mL 淀粉溶液，继续滴定至蓝色刚好变为无色，即为终点。记录滴定时消耗硫代硫酸钠标准滴定溶液的体积。

五、数据处理

溶解氧计算公式如下：

$$DO(mg/L) = \frac{cV \times 8 \times 1000}{100}$$

式中　c——硫代硫酸钠标准滴定溶液的浓度，mol/L；

　　　V——滴定时消耗硫代硫酸钠标准滴定溶液的体积，mL；

　　　8——$\frac{1}{4}O_2$（氧）的摩尔质量，g/mol。

六、注意事项

（1）如果水样中含有氧化性物质（如游离氯大于 0.1mg/L 时），应预先于水样中加入硫代硫酸钠去除。即用两个溶解氧瓶各取一瓶水样，在其中一瓶中加入 5mL（1:5）硫酸溶液和 1g 碘化钾，摇匀，此时游离出碘。以淀粉作指示剂，用硫代硫酸钠溶液滴定至蓝色刚褪，记下用量（相当于去除游离氯的量）。在另一瓶水样中，加入同样量的硫代硫酸钠溶液，摇匀后，按操作步骤测定。

（2）如果水样呈强酸性或强碱性，可用氢氧化钠或硫酸调至中性后测定。

▼ 技能拓展

叠氮化钠修正法

水样中含有亚硝酸盐会干扰碘量法测定溶解氧，可加入叠氮化钠，使水中亚硝酸盐分解而消除干扰。在不含其他氧化、还原物质，水样中 Fe^{3+} 含量达 $100\sim200mg/L$ 时，可加入 1mL 400g/L 氟化钾溶液消除 Fe^{3+} 的干扰，也可用磷酸代替硫酸酸化后滴定。

大部分受污染的地表水和工业废水多采用此法测定。

一、仪器和试剂

（1）仪器　同碘量法。

（2）试剂

① 碱性碘化钾-叠氮化钠溶液　溶解 500g 氢氧化钠于 $300\sim400mL$ 蒸馏水中；溶解 150g 碘化钾（或 135g 碘化钠）于 200mL 蒸馏水中，溶解 10g 叠氮化钠于 40mL 蒸馏水中。混合三种溶液加蒸馏水稀释至 1000mL，贮于棕色瓶中。用橡胶塞塞紧，避光保存。

② 400g/L 氟化钾溶液　称取 40g 氟化钾（$KF \cdot 2H_2O$）溶于水中，用水稀释至 100mL，贮存于聚乙烯瓶中。

③ 其他试剂　同碘量法。

二、操作步骤

同碘量法。仅将试剂中碱性碘化钾溶液改为碱性碘化钾-叠氮化钠溶液。如水样中含有 Fe^{3+} 会干扰测定，则在水样采集后，用移液管插入液面下加入 1mL 400g/L 氟化钾溶液、1mL 硫酸锰溶液和 2mL 碱性碘化钾-叠氮化钠溶液，盖好瓶盖，混匀。以下步骤同碘量法。

三、计算

同碘量法。

四、注意事项

叠氮化钠是一种剧毒、易爆试剂，不能将碱性碘化钾-叠氮化钠溶液直接酸化，否则可能产生有毒的叠氮酸雾。

<hr>

技能实训 4 水中生化需氧量 BOD₅ 的测定

一、实训目的

(1) 了解稀释水的配制方法。

(2) 掌握水中 BOD_5 的测定原理和方法。

二、方法原理

五日生化需氧量的测定一般采用稀释法，即取原样品或经适当稀释的样品进行测定，选择适当的倍数稀释，使培养瓶中有足够的溶解氧以满足五日生化的需氧要求。将上述样品分成两份，一份测定当天的溶解氧质量浓度，另一份放入 20℃ 培养箱内，培养 5d 以后再测其溶解氧质量浓度，两者之差即为五日生化需氧量。如经稀释培养则应乘以稀释倍数。

某些地表水及大多数工业废水、生活污水，因含较多的有机物，需要稀释后再培养测定，以降低其浓度，保证生物降解过程在有足够溶解氧的条件下进行。其具体水样稀释倍数可借助于高锰酸钾指数或化学需氧量（COD_{Cr}）推算。

对于不含或少含微生物的工业废水，在测定 BOD_5 时应进行接种，以引入能分解废水中有机物的微生物。当废水中存在难以被一般生活污水中的微生物以正常速率降解的有机物或含有剧毒物质时，应接种经过驯化的微生物。

三、仪器和试剂

(1) 仪器 恒温生物培养箱，20L 细口玻璃瓶，1000mL 量筒，玻璃搅拌棒（棒长应比所用量筒高度高 20cm，在棒的底端固定一个直径比量筒直径略小，并带有几个小孔的硬橡胶板），200～300mL 溶解氧瓶，虹吸管（供分取水样和添加稀释水用）。

(2) 试剂

① 磷酸盐缓冲溶液 将 8.5g 磷酸二氢钾（KH_2PO_4）、21.75g 磷酸氢二钾（K_2HPO_4）、33.4g 磷酸氢二钠（$Na_2HPO_4 \cdot 7H_2O$）和 1.7g 氯化铵（NH_4Cl）溶于水中，稀释至 1000mL。此溶液的 pH 为 7.2。

② 硫酸镁溶液 将 22.5g 硫酸镁（$MgSO_4 \cdot 7H_2O$）溶于水中，稀释至 1000mL。

③ 氯化钙溶液 将 27.5g 无水氯化钙溶于水，稀释至 1000mL。

④ 氯化铁溶液 将 0.25g 氯化铁（$FeCl_3 \cdot 6H_2O$）溶于水，稀释至 1000mL。

⑤ 稀释水 在 20L 玻璃瓶内装入一定量的蒸馏水，每升蒸馏水中加入氯化钙溶液、氯化铁溶液、硫酸镁溶液、磷酸盐缓冲溶液各 1mL，然后用无油空气压缩机或薄膜泵曝气，使水中溶解氧含量达 8～9mg/L 时，停止曝气，盖严，使溶解氧稳定。

如果工业废水中含有有毒物质，缺乏微生物时，稀释水中应加适量的经沉淀后的生活污水，作为微生物的接种，通常每升稀释水接种 2mL 沉淀污水；或将驯化后的特种微生物引入水样中进行接种。

⑥ 测定溶解氧的全部试剂。

四、操作步骤

1. 稀释水的检验

用虹吸法吸取稀释水（或接种稀释水），注满两个溶解氧瓶，加塞，用水封口。其中一

<hr>

瓶立即测定其溶解氧，另一瓶置于恒温生物培养箱内，在（20±1）℃培养 5d 后测定。要求溶解氧的减少量小于 0.2～0.5mg/L。

2. 稀释倍数的确定

地表水可由测得的高锰酸盐指数乘以适当的系数求出稀释倍数（见表 4-6）。

表 4-6　用高锰酸盐指数求取稀释倍数的系数

高锰酸盐指数/(mg/L)	系　　数	高锰酸盐指数/(mg/L)	系　　数
<5	—	10～20	0.4，0.6
5～10	0.2，0.3	>20	0.5，0.7，1.0

工业废水可由重铬酸盐法测得的 COD 值确定。通常需作三个稀释比，即使用稀释水时，由 COD 值分别乘以系数 0.075、0.15、0.225，即获得三个稀释倍数，使用接种稀释水时，则分别乘以 0.075、0.15 和 0.25，获得三个稀释倍数。

如无现成的高锰酸盐指数或 COD 值资料，一般污染较严重的废水（如工业废水）可稀释成 0.1%～1%，对于普通和沉淀过的污水可稀释成 1%～5%，生物处理后的出水可稀释成 5%～25%，污染的河水可稀释成 25%～100%。

3. 稀释水样的配制和 BOD_5 测定

（1）不需经稀释水样的测定　溶解氧含量较高、有机物含量较少的地表水，可不经稀释，而直接以虹吸法将混匀水样转移至两个溶解氧瓶内，转移过程中应注意不使其产生气泡。以同样的操作使两个溶解氧瓶充满水样后溢出少许，加塞水封。

立即测定其中一瓶的溶解氧。将另一瓶放入培养箱中，在（20±1）℃培养 5d 后。测其溶解氧。

（2）需经稀释水样的测定

① 一般稀释法　按照选定的稀释比例，用虹吸法沿筒壁先引入部分稀释水（或接种稀释水）于 1000mL 量筒中，加入需要量的均匀水样，再引入稀释水（或接种稀释水）至 1000mL，用带胶板的玻璃棒小心上下搅匀。搅拌时勿使搅拌棒的胶板露出水面，防止产生气泡。

按不经稀释水样的测定步骤，进行装瓶，测定当天溶解氧和培养 5d 后的溶解氧含量。

含水样 1% 以下的稀释水样通常采用一般稀释法。

② 直接稀释法　直接稀释法是指在溶解氧瓶内直接稀释。在已知两个容积相同（其差小于 1mL）的溶解氧瓶内，用虹吸法加入部分稀释水（或接种稀释水），再加入根据瓶容积和稀释比例计算出的水样量，然后引入稀释水（或接种稀释水）至刚好充满，加塞，勿使气泡留于瓶内。其余操作与上述稀释法相同。

在 BOD_5 测定中，一般采用叠氮化钠修正法测定溶解氧。如遇干扰物质，应根据具体情况采用其他测定法。

五、数据处理

1. 不经稀释直接培养的水样

$$BOD_5(mg/L) = c_1 - c_2$$

式中　c_1——水样在培养前的溶解氧质量浓度，mg/L；
　　　c_2——水样经 5d 培养后的溶解氧质量浓度，mg/L。

2. 经稀释后培养的水样

$$BOD_5(mg/L) = \frac{(c_1 - c_2) - (B_1 - B_2)f_1}{f_2}$$

式中　c_1——稀释后的水样在培养前的溶解氧质量浓度，mg/L；

c_2——稀释后的水样在培养5d后的溶解氧质量浓度，mg/L；

B_1——稀释水（或接种稀释水）在培养前的溶解氧质量浓度，mg/L；

B_2——稀释水（或接种稀释水）在培养后的溶解氧质量浓度，mg/L；

f_1——稀释水（或接种稀释水）在培养液中所占比例；

f_2——水样在培养液中所占比例。

六、注意事项

（1）生化处理后的水中常含有硝化细菌，干扰 BOD_5 的测定，可加入硝化抑制剂，如丙烯基硫脲（$C_4H_8N_2S$）或用酸处理消除干扰。

（2）在两个或三个稀释比的样品中，消耗溶解氧大于2mg/L和剩余溶解氧大于1mg/L都有效，计算结果时，应取平均值。

（3）培养过程中应经常检查培养瓶封口的水，及时补充，避免干涸。

拓展阅读

最美基层环保人陈艳平：守护绿水青山，筑牢祖国北方生态安全屏障

阳光，均匀地洒落在甘河上。陈艳平在冰面上小心地挪着步，冰雪反射出的光，晃得她几乎流出了眼泪。陈艳平和她的同事连打了3个冰眼都未见水，每个都1米多深。待到第4个冰眼打好，终于涌出了水。陈艳平随即摘下手套，操作水质分析仪、浊度计，现场监测水质情况。数据显示：pH为7.2，溶解氧为8.23mg/L，电导率为89.6μs/cm，浊度为0.7NTU。水质符合Ⅰ至Ⅲ类标准，完全满足功能区使用要求。

2008年，大学毕业的陈艳平便选择了到祖国最艰苦的地方去，在生态环境监测一线一干就是16年。在大兴安岭密林深处，冬天爬冰卧雪，夏天跋山涉水，一年365天，6000多个有效监测数据诞生于陈艳平的手中。"做好祖国最北方生态环境监测先行者、导航员、吹哨人，守护绿水青山，筑牢祖国北方生态安全屏障。"她深知自己责任重大，使命光荣。

甘河是大兴安岭地区一级水源保护地，其水质好坏直接影响着人民群众饮用水安全。陈艳平需要经常来这里取样，日常要监测溶解氧、化学需氧量等25项指标。这些年来，她和同事的脚步遍布大兴安岭地区的山山水水，对黑龙江、呼玛河、塔河、甘河等12条河流的23个监测断面开展监测，一旦发现指数异常，要赶紧向生态环境部门通报，相关工作人员排查和分析成因后，能够迅速采取相应行动。

大兴安岭的冬天，常常在零下30℃。零下40℃至零下50℃都不稀奇，寒冷给户外工作造成了诸多困难。每一次在野外取样作业都把人冻得透透的，如果发现皮肤变白或者感觉瞬间刺痛，这就是冻伤信号，需要马上用雪搓冻伤部位。在大兴安岭，冻掉耳朵或冻掉手指不是故事，是事故，是真事儿！在大兴安岭生态环境监测一线16年，陈艳平不仅学会了一身野外生存"真功夫"，还在艰难困苦中练就了一套"真""准""全""快""新"的监测"硬本领"。

大兴安岭的夏天凉爽宜人，但对于监测人来说，夏天并不好过。在野外，除了蚊虫叮咬，一个"草爬子"（蜱虫）也能要人命。2019年5月，陈艳平进山采样被"草爬子"叮咬后，由于处置不当，低热3天不退，经过专业医院治疗，最终转危为安。医生告诫她，被"草爬子"叮咬致残致亡率非常高，处置不及时或者方法不当会引发森林脑炎，危及生命。从那以后，每次进山采样，为了防"草爬子"，陈艳平都穿上厚厚的隔离服，大热天捂出一身汗也不敢脱下。

　　2019年8月的一次采样，点位定在湿地深处，必须要踩着塔头墩子（湿地里的特殊植物）走，一步一跳，就像武林人士踩梅花桩。陈艳平的一条腿陷入沼泽，靠另一条腿支撑但没能拔出陷入的腿，最后她坐到塔头墩子上用力，经一番折腾，浑身上下湿透了才拔出腿来。

　　监测的路，跋山涉水，藤蔓缠绕，举步维艰。2008年9月，在呼玛县取样时，由于"迷山"，GPS定位困难。陈艳平和同事背负着30多公斤重的土壤样品和采样工具，从早上一直走到晚上才走出大山。在密林深处，受冻、挨饿、蚊虫叮咬、野兽威胁、手机没信号是常态，这一切困难都没有挫败陈艳平一颗勇敢的、执着的心。

　　2023年，大兴安岭地区空气质量综合指数全省排名第一，空气质量优良天数占比99.2%；9个国控考核断面水质达到或好于Ⅲ类水体比例为100%；土壤安全利用率100%；声环境质量、辐射环境质量均达到或好于全省平均水平。陈艳平和她的同事们坚持"真""准""全""快""新"的监测理念，以每年6000多个有效监测数据，为大兴安岭地区筑牢祖国北方生态安全屏障和生态文明建设提供了科学依据。

5

重量分析法和沉淀滴定法

❖ **知识目标**

了解残渣（悬浮物）的测定过程和结果的计算方法；熟悉沉淀滴定法原理、指示剂、测定对象与条件；掌握莫尔法、佛尔哈德法的滴定条件和干扰因素的去除。

❖ **能力目标**

通过控制滴定条件、消除干扰和终点判定，进一步提高实验操作能力；对比不同测定对象的滴定条件和干扰因素，提高归纳整理分析资料的能力。

❖ **素质目标**

在测定和对比的过程中，感悟量变到质变的科学内涵和魅力，体会事物之间的发展联系和变化规律。

5.1 重量分析法

5.1.1 概述

重量分析法通常是用适当的方法将被测组分从试样中分离出来，然后转化为一定的称量形式，最后用称量的方法测定该组分的含量。

重量分析法大多用在无机物的分析中，根据被测组分与其他组分分离方法的不同，重量分析法又可分为沉淀法和气化法。在水质分析中，一般采用沉淀法。

在水质分析中，重量分析法常用于残渣的测定以及与水处理相关的滤层中含泥量测定等。

5.1.2 重量分析法的应用

5.1.2.1 残渣的测定

残渣可分为总残渣、总可滤残渣和总不可滤残渣三种。它们是表征水中溶解性物质、不溶性物质含量的指标。三者的关系可用下式表示：

总残渣＝总可滤残渣＋总不可滤残渣

由于所用滤器的特征及孔径的大小，均能影响总不可滤残渣和总可滤残渣的测定结果。

因此，所谓可滤和不可滤具有相对意义。通常测定结果均应注明过滤方法和采用滤器的孔径。残渣含有游离水、吸着水、结晶水、有机物和加热条件下易发生变化的物质。因此，烘干温度和时间对残渣测定结果影响较大。实验中常用 103～105℃，有时也采用（180±2）℃烘干测定。103～105℃烘干的残渣仍保留着结晶水和部分吸着水，重碳酸盐转为碳酸盐，有机物挥发较少，烘干速度较慢。180℃烘干的残渣，可能保留某些结晶水，有机物挥发量较大，部分盐类可能分解。

（1）总残渣　总残渣又称总固体，是指水或废水在一定温度下蒸发、烘干后残留在器皿中的物质。

将蒸发皿在 103～105℃烘箱中烘 30min，冷却后称量，直至恒重。取适量振荡均匀的水样于称至恒重的蒸发皿中，在蒸汽浴或水浴上蒸干，移入 103～105℃烘箱内烘至恒重，增加量即为总残渣。

$$总残渣(mg/L) = \frac{(m_2 - m_1) \times 10^6}{V_{水}}$$

式中　m_1——蒸发皿质量，g；

　　　m_2——总残渣和蒸发皿质量，g；

　　　$V_{水}$——水样体积，mL。

（2）总可滤残渣　总可滤残渣也称为溶解性总固体，是指通过过滤器的水样经蒸干后在一定温度下烘干至恒重的固体。一般测定 103～105℃下烘干的总可滤残渣。但有时要求测定（180±2）℃烘干的总可滤残渣。在此温度下烘干，可将吸着水全部去除，所得结果与化学分析所得的总矿物质含量较接近。

将蒸发皿在 103～105℃或（180±2）℃烘箱中烘 30min，冷却称量，直至恒重。用孔径 0.45μm 滤膜，或中速定量滤纸过滤水样之后，取适量于称至恒重的蒸发皿中，在蒸汽浴或水浴上蒸干，移入 103～105℃或（180±2）℃烘箱内烘至恒重，增加量即为总可滤残渣。

$$总可滤残渣(mg/L) = \frac{(m_2 - m_1) \times 10^6}{V_{水}}$$

式中　m_1——蒸发皿质量，g；

　　　m_2——总可滤残渣和蒸发皿质量，g；

　　　$V_{水}$——水样体积，mL。

（3）总不可滤残渣　总不可滤残渣又称悬浮物（SS），是指过滤后剩留在过滤器上，并于 103～105℃下烘干至恒重的固体物质。悬浮物包括不溶于水的泥砂、各种污染物、微生物及难溶无机物等。

测定方法有石棉坩埚法、滤纸或滤膜法等，都是基于过滤恒重的原理，主要区别是滤材的不同。石棉坩埚法要把石棉纤维均匀地铺在古氏坩埚上用作滤材，由于石棉危害较大，近年已较少采用；滤纸和滤膜法较简便，对操作要求较高，操作不严谨易造成误差。

测定方法：选择适当已恒重的滤材，过滤一定量的水样，将载有悬浮物的滤材移入烘箱中，在 103～105℃烘干至恒重，增加的质量即为悬浮物。

$$悬浮物(mg/L) = \frac{(m_2 - m_1) \times 10^6}{V_{水}}$$

式中　m_1——滤材质量，g；

m_2——悬浮物与滤材的总质量，g；

$V_水$——水样体积，mL。

悬浮物对水体的影响很大。地表水中存在悬浮物，会使水体变浑浊，透明度降低；工业废水和生活污水含有大量悬浮物，污染环境。悬浮物是衡量水质好坏的重要指标，它是决定工业废水和生活污水能否排入公共水体或必须经过处理的重要条件之一。

5.1.2.2 滤层中泥的质量分数的测定

滤池冲洗完毕后，降低水位至露出床面，然后在砂层面下 10cm 处采样。每个滤池采样点应至少有两点，如果滤池面积超过 40m²，每增加 30m² 面积，可增加一个采样点，各采样点应均匀分布，将各采样点所得的样品混匀，再进行分析。

将污砂置于 103～105℃烘箱内烘干至恒重，冷却后用表面皿称量 5～10g 样品，然后置于瓷蒸发皿内，加 10%工业盐酸约 50mL 浸泡，待污砂松散后，再用自来水漂洗至肉眼不易觉察污渍为止，最后用蒸馏水冲洗一次，烘干后恒重。

$$w = \frac{m_1 - m_2}{m_2}$$

式中　w——泥的质量分数，%；

m_1——污砂质量，g；

m_2——清洗后的污砂质量，g。

滤料层泥的质量分数评价：

泥的质量分数/%	滤料状态评价
0～0.5	极佳
0.5～1.0	好
1.0～3.0	满意
3.0～10	不好
>10	极差

5.2 沉淀滴定法

5.2.1 概述

沉淀滴定法是以沉淀反应为基础的一种滴定分析方法。虽然沉淀反应很多，但并不是所有的沉淀反应都适合于滴定分析。用于滴定分析的沉淀反应必须符合下列条件：

(1) 生成的沉淀应具有恒定的组成，且溶解度要小；

(2) 反应必须按一定的化学反应式迅速定量地进行；

(3) 有适当的指示剂或其他方法确定反应的终点；

(4) 沉淀的共沉淀现象不影响滴定的结果。

由于上述条件的限制，能用于沉淀滴定分析的反应就不多了。目前比较有实际意义的是生成难溶银盐的沉淀反应，例如：

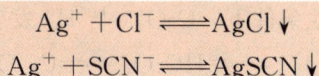

$$Ag^+ + Cl^- \rightleftharpoons AgCl \downarrow$$

$$Ag^+ + SCN^- \rightleftharpoons AgSCN \downarrow$$

以生成难溶银盐沉淀的反应来进行滴定分析的方法称为银量法。用银量法可以测定 Cl^-、Br^-、I^-、Ag^+、CN^- 及 SCN^- 等，还可以测定经处理能定量地产生这些离子的有机化合物。它对地表水、饮用水、废水以及电解液的分析，含氯有机物的测定都有重要意义。除银量法外，还有利用其他沉淀反应来进行滴定分析的方法。例如：用 $K_4[Fe(CN)_6]$ 测定 Zn^{2+} 生成 $K_2Zn_3\text{-}[Fe(CN)_6]_2$；用 $BaCl_2$ 测定 SO_4^{2-} 生成 $BaSO_4$；用 $[NaB(C_6H_5)]$ 测定 K^+ 生成 $KB(C_6H_5)_4$ 等。

根据滴定的方式不同，银量法又分为直接滴定法和返滴定法两种；根据确定终点采用的指示剂不同又分为莫尔法、佛尔哈德法等。本节重点介绍莫尔法和佛尔哈德法及其在水质分析中的应用。

5.2.2 莫尔法

莫尔法是以铬酸钾（K_2CrO_4）作指示剂，用硝酸银（$AgNO_3$）作标准滴定溶液，在中性或弱碱性条件下对氯化物（Cl^-）和溴化物（Br^-）进行分析测定的方法。

5.2.2.1 滴定原理

以测定 Cl^- 为例，在含有 Cl^- 的中性水样中加入 K_2CrO_4 指示剂，用 $AgNO_3$ 标准滴定溶液进行滴定，其反应式如下：

$$Ag+Cl^- \Longleftrightarrow AgCl\downarrow（白色） \qquad K_{sp}=1.8\times10^{-10}$$
$$2Ag^+ +CrO_4^{2-} \Longleftrightarrow Ag_2CrO_4\downarrow（砖红色） \qquad K_{sp}=2.0\times10^{-12}$$

根据分步沉淀的原理，由于 AgCl 的溶解度比 Ag_2CrO_4 小，滴定过程中首先析出 AgCl 沉淀。当 AgCl 定量沉淀后，过量一滴 $AgNO_3$ 溶液即与 K_2CrO_4 反应，生成砖红色 Ag_2CrO_4 沉淀，指示滴定终点的到达。

5.2.2.2 滴定条件

（1）指示剂的用量　根据溶度积规则，化学计量点时溶液中 Ag^+ 和 Cl^- 的浓度为：

$$[Ag^+]=[Cl^-]=\sqrt{K_{sp,AgCl}}=\sqrt{1.8\times10^{-10}}=1.34\times10^{-5}（mol/L）$$

在化学计量点时，要求刚好析出 Ag_2CrO_4 砖红色沉淀以指示终点，从理论上可以计算出此时所需的 CrO_4^{2-} 的浓度。

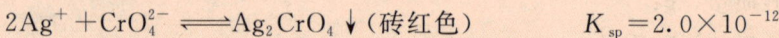

$$CrO_4^{2-}=\frac{K_{sp,Ag_2CrO_4}}{[Ag^+]^2}=\frac{2.00\times10^{-12}}{(1.34\times10^{-5})^2}=1.11\times10^{-2}$$

在实际工作中，由于 K_2CrO_4 指示剂本身显黄色，当其浓度较高时颜色较深，不易判断砖红色沉淀的出现，因此，实际上加入 K_2CrO_4 的浓度不宜过大，实验证明，一般约为 5×10^{-3} mol/L 左右即可。

显然，K_2CrO_4 浓度降低后，要使 Ag_2CrO_4 沉淀析出，必须多加一些 $AgNO_3$ 标准滴定溶液，这样滴定剂就过量了，终点将在化学计量点后出现。例如用 0.1000mol/L $AgNO_3$ 标准滴定溶液滴定 0.1000mol/L KCl 溶液，指示剂浓度为 5×10^{-3} mol/L 时，终点误差仅为 $+0.06\%$，基本上不影响分析结果的准确度。但如果水样中 Cl^- 含量较小，例如用 0.0100mol/L $AgNO_3$ 标准滴定溶液滴定 0.0100mol/L KCl 溶液，则终点误差可达到 $+0.6\%$，就会影响分析结果的准确度，在这种情况下，通常需要以指示剂的空白值对测定结果进行校正。

（2）溶液酸度的控制　在酸性条件下，CrO_4^{2-} 与 H^+ 发生如下反应：

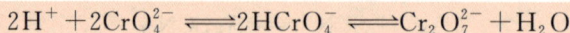

$$2H^+ +2CrO_4^{2-} \Longleftrightarrow 2HCrO_4^- \Longleftrightarrow Cr_2O_7^{2-}+H_2O$$

酸度增加，H^+ 浓度增大，平衡向正反应方向移动，CrO_4^{2-} 的浓度降低，影响 Ag_2CrO_4 沉淀的生成。因此滴定不能在酸性条件下进行。

如果在强碱条件下，则会析出 Ag_2O 沉淀。

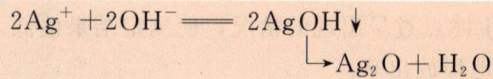

$$2Ag^+ + 2OH^- \Longrightarrow 2AgOH\downarrow$$
$$\hookrightarrow Ag_2O + H_2O$$

因此，莫尔法只能在中性或弱碱性（pH 值为 6.5～10.5）条件下进行。如果水样为酸性或强碱性，可用酚酞作指示剂，以稀 NaOH 溶液或稀 H_2SO_4 溶液调节至酚酞的红色刚好褪去。

当水样中有铵盐存在时，应控制水样 pH 值为 6.5～7.2，否则在 pH 值较高时，有游离的 NH_3 存在，与 Ag^+ 形成 $Ag(NH_3)^+$ 和 $Ag(NH_3)_2^+$，使 AgCl 和 Ag_2CrO_4 沉淀的溶解度增大，影响滴定的准确度。因此，当水样中铵盐浓度很大时，测定前应加入适量的碱，使大部分的氨挥发除去，然后再调节水样的 pH 值至适宜范围进行滴定。

（3）滴定时必须剧烈摇动　在用 $AgNO_3$ 标准溶液滴定 Cl^- 时，在化学计量点前，生成的 AgCl 沉淀容易吸附水样中被测 Cl^-，使 Cl^- 浓度降低，导致终点提前而引入误差。所以滴定时必须剧烈摇动滴定瓶，防止 Cl^- 被 AgCl 吸附。AgBr 吸附 Br^- 比 AgCl 吸附 Cl^- 更严重，滴定时更应剧烈摇动。

5.2.2.3　干扰去除

大量 Cu^{2+}、Co^{2+}、Ni^{2+} 等有色离子，影响终点观察；废水中有机物含量高、色度大或水样浑浊，难以辨别滴定终点时，可采用加入氢氧化铝悬浮液沉降过滤的方法去除干扰。水中含有可与 Ag^+ 生成沉淀的阴离子，如 PO_4^{3-}、AsO_3^{3-}、SO_3^{2-}、S^{2-}、CO_3^{2-}、$C_2O_4^{2-}$ 等，都会干扰测定，对于含硫的还原剂，可用过氧化氢予以消除；Al^{3+}、Fe^{3+}、Bi^{3+}、Sn^{4+} 等高价金属离子在中性或弱碱性溶液中发生水解；Ba^{2+}、Pb^{2+} 能与 CrO_4^{2-} 生成 $BaCrO_4$ 和 $PbCrO_4$ 沉淀，也干扰测定。但 Ba^{2+} 的干扰可通过加入过量的 Na_2SO_4 消除。铁含量超过 10mg/L 时使终点模糊，可用对苯二酚将其还原成亚铁消除干扰；少量有机物可用高锰酸钾处理消除。饮用水中 Br^-、I^-、SCN^- 等离子很少，可忽略不计。

AgI 和 AgSCN 沉淀吸附 I^- 和 SCN^- 更强烈，所以莫尔法不适用于测定 I^- 和 SCN^-。此法也不适用于以 NaCl 标准滴定溶液滴定 Ag^+，这是因为在 Ag^+ 试液中加入 K_2CrO_4，指示剂将立即生成大量 Ag_2CrO_4 沉淀，在用 NaCl 标准滴定溶液滴定时，Ag_2CrO_4 沉淀转变为 AgCl 沉淀很慢，使测定无法进行。由于上述原因，莫尔法的应用受到一定限制。

5.2.3　佛尔哈德法

佛尔哈德法是以铁铵矾 $[NH_4Fe(SO_4)_2 \cdot 12H_2O]$ 作指示剂，用 NH_4SCN（或 KSCN）标准滴定溶液，在酸性条件下对 Ag^+、Cl^-、Br^-、I^- 和 SCN^- 进行测定的方法。

5.2.3.1　滴定原理

本方法可分为直接滴定法和返滴定法。

（1）直接滴定法测定 Ag^+　在含有 Ag^+ 的酸性水样中，以铁铵矾作指示剂，用 NH_4SCN（或 KSCN）标准滴定溶液滴定，首先析出 AgSCN 白色沉淀，当 Ag^+ 定量沉淀后，过量的 NH_4SCN 溶液与 Fe^{3+} 生成红色配合物，即为终点。滴定反应和指示剂反应如下：

$$\text{Ag}^+ + \text{SCN}^- \Longrightarrow \text{AgSCN} \downarrow \text{（白色）} \qquad K_{sp} = 1.07 \times 10^{-12}$$

$$\text{Fe}^{3+} + \text{SCN}^- \Longrightarrow \text{FeSCN}^{2+} \text{（红色）}$$

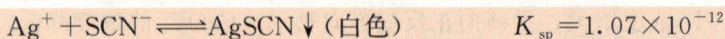

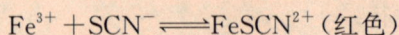

测定过程中应注意：首先析出的 AgSCN 沉淀具有强烈的吸附作用，所以有部分 Ag^+ 被吸附于其表面，因此会产生终点过早出现的情况，使测定结果偏低。测定时必须充分摇动溶液，使被吸附的 Ag^+ 及时地释放出来。

（2）返滴定法测定 Cl^-、Br^-、I^- 及 SCN^- 例如，在测定水样中的 Cl^- 时，首先向试样中加入已知过量的 AgNO_3 标准溶液，再以铁铵矾作指示剂，用 NH_4SCN 标准滴定溶液返滴定剩余的 Ag^+：

$$\text{Ag}^+ + \text{Cl}^- \Longrightarrow \text{AgCl} \downarrow \qquad K_{sp} = 1.8 \times 10^{-10}$$

$$\text{Ag}^+ + \text{SCN}^- \Longrightarrow \text{AgSCN} \downarrow \qquad K_{sp} = 1.07 \times 10^{-12}$$

由于 AgSCN 的溶解度小于 AgCl 的溶解度，所以用 NH_4SCN 标准滴定溶液返滴定剩余的 Ag^+ 达到化学计量点后，稍过量的 SCN 可与 AgCl 作用，使 AgCl 转化为溶解度更小的 AgSCN：

$$\text{AgCl} + \text{SCN}^- \Longrightarrow \text{AgSCN} \downarrow + \text{Cl}^-$$

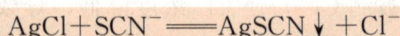

上述沉淀的转化反应是缓慢进行的，当试液中出现红色 FeSCN^{2+} 以后，随着不断摇动，反应会向右进行，直至达到平衡。显然达到终点时，会多消耗一部分 NH_4SCN 标准滴定溶液。因此，为了避免上述误差，通常在形成 AgCl 沉淀之后，加入少量有机溶剂，如硝基苯或 1,2-二氯乙烷 1～2mL，使 AgCl 沉淀表面覆盖一层硝基苯而与外部溶液隔开。这样就防止了 SCN^- 与 AgCl 发生转化反应，提高了滴定的准确度。也可以在加入过量 AgNO_3 标准溶液之后，将水样煮沸，使 AgCl 凝聚，以减少 AgCl 沉淀对 Ag^+ 的吸附。滤去沉淀，并用稀 HNO_3 洗涤沉淀，然后用 NH_4SCN 标准滴定溶液滴定滤液中剩余的 Ag^+。

5.2.3.2　滴定条件

（1）强酸性条件下滴定 一般溶液的 $[\text{H}^+]$ 控制在 0.1～1mol/L 之间，指示剂铁铵矾中的 Fe^{3+} 主要以 $\text{Fe}(\text{H}_2\text{O})_6^{3+}$ 形式存在，颜色较浅。如果 $[\text{H}^+]$ 较低，Fe^{3+} 将水解成棕黄色的羟基配合物 $\text{Fe}(\text{H}_2\text{O})_5(\text{OH})^{2+}$ 或 $\text{Fe}_2(\text{H}_2\text{O})_4(\text{OH})_2^{4+}$ 等，终点颜色不明显；如果 $[\text{H}^+]$ 更低，则可能产生 $\text{Fe}(\text{OH})_3$ 沉淀，无法指示终点。因此，佛尔哈德法应在酸性溶液中进行。

（2）控制指示剂的用量 在用 NH_4SCN 为标准滴定溶液滴定 Ag^+ 的酸性溶液中，化学计量点时，

$$[\text{Ag}^+] = [\text{SCN}^-] = \sqrt{K_{sp,\text{AgSCN}}} = 1.0 \times 10^{-6} \text{mol/L}$$

要在此时刚好能观察到 FeSCN^{2+} 的明显红色，一般要求 FeSCN^{2+} 的最低浓度应为 6×10^{-6} mol/L。由于 Fe^{3+} 的浓度较高，会使溶液呈较深的橙黄色，影响终点观察，所以通常保持 Fe^{3+} 的浓度为 0.015mol/L，终点较明显且引起的误差较小。

（3）滴定时剧烈摇动 由于 SCN^- 与 Ag^+ 生成 AgSCN 沉淀，如莫尔法所指出的那样，它对溶液中过量的 Ag^+ 有强烈的吸附作用，使 Ag^+ 浓度降低，终点出现偏早。尤其在测定 I^- 时，AgI 吸附更明显。因此，滴定时也必须剧烈摇动，使被吸附的离子释放出来。

5.2.3.3　应用范围及干扰去除

佛尔哈德法以返滴定方式广泛用于水中卤素离子的测定，在测定水中 Br^- 或 I^- 时，由

于 $K_{\text{sp,AgBr}}$（或 $K_{\text{sp,AgI}}$）$<K_{\text{sp,AgSCN}}$，不会发生沉淀的转化，因此不必加入硝基苯，但是在测定 I^- 时，必须先加入过量 $AgNO_3$ 后加入指示剂 Fe^{3+}，否则水中 I^- 被 Fe^{3+} 氧化成 I_2，而使测定结果偏低。反应为：

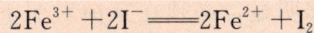

$$2Fe^{3+}+2I^-\!=\!=\!=\!2Fe^{2+}+I_2$$

在酸性条件下，许多弱酸根离子如 PO_4^{3-}、AsO_4^{3-}、CrO_4^{2-}、SO_3^{2-}、CO_3^{2-}、$C_2O_4^{2-}$ 等不干扰滴定，所以此方法的选择性高。但水样中若有强氧化剂、氮的低价氧化物及铜盐、汞盐等均能与 SCN^- 作用，会产生干扰，必须预先除去。

若水样有色或浑浊，对终点观察有干扰，可采用电位滴定法指示终点。如对有色或浑浊的水样进行氯化物测定时，水样可不经预处理，直接用电位滴定法测定。测定原理为：用 $AgNO_3$ 标准滴定溶液滴定含 Cl^- 的水样时，由于滴定过程中 Ag^+ 浓度逐渐增加，在化学计量点附近的 Ag^+ 浓度迅速增加，出现滴定突跃。因此用饱和甘汞电极作参比电极，用银电极作指示电极，观察记录因 Ag^+ 浓度变化而引起电位变化的规律，通过绘制滴定曲线，即可确定终点。也可选用 Ag_2S 薄膜的离子选择性电极作指示电极，测量 Ag^+ 浓度的变化情况，从而确定滴定的终点。有关电位滴定法的内容，将在本书第 8 章中讨论。

5.2.4 沉淀滴定法的应用

5.2.4.1 标准滴定溶液的配制与标定

（1）$AgNO_3$ 标准滴定溶液　$AgNO_3$ 的纯度很高，因此能直接配制成标准滴定溶液。但实际工作中，仍用标定法配制，以 $NaCl$ 作基准物质，用与测定相同的方法标定，这样可消除由方法引起的误差。$AgNO_3$ 溶液应保存在棕色瓶中，以防见光分解。

（2）$NaCl$ 标准溶液　将 $NaCl$ 基准试剂放于洁净、干燥的坩埚中，加热至 $500\sim600\,^{\circ}\mathrm{C}$，至不再有盐的爆裂声为止。在干燥器中冷却后，直接称量配制标准溶液。

5.2.4.2 水中氯化物的测定

氯化物以钠、钙和镁盐的形式存在于天然水中。天然水中的 Cl^- 来源主要是地层或土壤中盐类的溶解，故 Cl^- 含量一般不会太高，但水源水流经含有氯化物的地层或受到生活污水、工业废水及海水、海风的污染时，其 Cl^- 含量都会增高。水源水中的氯化物浓度一般都在一定浓度范围内波动。因此，氯化物浓度突然升高则表示水体受到污染。

饮用水中氯化物的味觉阈主要取决于所结合阳离子的种类，一般情况下氯化物的味觉阈在 $200\sim300\text{mg/L}$ 之间。其中氯化钠、氯化钾和氯化钙的味觉阈分别为 210mg/L、310mg/L 和 222mg/L。如果用氯化钠含量为 400mg/L 或氯化钙含量为 530mg/L 的水来冲咖啡，就会觉得口感不佳。

尽管每天人们从饮用水中摄入的氯化物只占总摄入量的一小部分，完全不会对健康构成影响，但是由于自来水制备过程中无法去除氯化物，所以从感官性状上考虑，《生活饮用水卫生标准》（GB 5749—2022）中将氯化物的限值定为 250mg/L。

水中的 Cl^- 含量过高时，对设备、金属管道和构筑物都有腐蚀作用，对农作物也有损害。水中的 Cl^- 与 Ca^{2+}、Mg^{2+} 结合后形成永久硬度。因此，测定各种水中 Cl^- 的含量，是评价水质的标准之一。

水中 Cl^- 的测定主要采用莫尔法，有时也采用佛尔哈德法或其他定量分析方法。若水样有色或浑浊，对终点观察有干扰，此时可采用电位滴定法。

用莫尔法测定 Cl^-，应在 pH 值为 6.5～10.5 的溶液中进行，干扰物质有 Br^-、I^-、CN^-、SCN^-、S^{2-}、AsO_4^{2-}、PO_4^{3-}、Ba^{2+}、Pb^{2+}、Bi^{3+} 和 NH_3。莫尔法适用于较清洁水样中 Cl^- 的测定。其缺点为终点不够明显，必须在空白对照下滴定，当水中 Cl^- 含量较高时，终点更难识别。

用佛尔哈德法测定 Cl^-，必须在较强的酸性溶液中进行。因此，凡能生成不溶于酸的银盐离子，如 Br^-、I^-、CN^-、SCN^-、S^{2-}、$[Fe(CN)_6]^{3-}$、$[Fe(CN)_6]^{4-}$ 等都会干扰测定。Hg^{2+}、Cu^{2+}、Ni^{2+} 和 Co^{2+} 能与 SCN^- 生成配合物，也会干扰测定。

📖【例 5-1】量取含 Cl^- 水样 200mL，加入 50mL 0.1000mol/L $AgNO_3$ 标准滴定溶液，又用 0.1500mol/L NH_4SCN 溶液滴定剩余 Ag^+，用去 7.25mL，求水样中 Cl^- 的质量浓度。

【解】
$$\frac{(0.1000 \times 50 - 0.1500 \times 7.25) \times 35.5 \times 1000}{200} = 694.5(\text{mg/L})$$

✏ 思考题与习题 >>>

1. 填空题
(1) 常用的银量法主要有_____、_____。
(2) 莫尔法是用_____作指示剂，_____作标准滴定溶液；佛尔哈德法的指示剂是_____、标准滴定溶液是_____。

2. 选择题
(1) 沉淀滴定法中的莫尔法不适用于测定 I^-，是因为（　　）。
A. 生成的沉淀强烈吸附被测物　　　B. 没有适当的指示剂指示终点
C. 生成的沉淀溶解度太小　　　　　D. 滴定酸度无法控制
(2) 在莫尔法中用标准滴定溶液 Cl^- 测定 Ag^+ 时不适合用直接滴定法，是由于（　　）。
A. $AgCl$ 强烈吸附 Ag^+　　　　　　B. Ag_2CrO_4 转化为 $AgCl$ 的速度太慢
C. $AgCl$ 的溶解度太大　　　　　　D. Ag^+ 容易水解 S
(3) 用沉淀滴定中的佛尔哈德法测定 Ag^+，使用的滴定剂是（　　）。
A. $NaCl$　　　B. $NaBr$　　　C. NH_4SCN　　　D. Na_2S
(4) 下列试样中的氯在不另加试剂的情况下，可用莫尔法直接测定的是（　　）。
A. $FeCl_3$　　　B. $BaCl_2$　　　C. $NaCl + Na_2S$　　　D. $NaCl + Na_2SO_4$

3. 简答题
(1) 沉淀滴定法所用的沉淀反应，必须具备哪些条件？
(2) 用莫尔法测定 Cl^- 时，为什么要做空白试验？
(3) 莫尔法有哪些缺点？实际应用中应注意哪些影响滴定结果准确度的因素？
(4) 用佛尔哈德法测定 Cl^- 时，为什么只能用稀 HNO_3 酸化溶液？
(5) 用佛尔哈德法测定 Br^-、I^- 时，加入过量 $AgNO_3$ 标准溶液后，是否也需要过滤沉淀或加入有机溶剂？为什么？

4. 计算题
(1) 某溶液中同时含有 Cl^- 和 CrO_4^{2-}，它们的浓度分别为 $[Cl^-] = 0.0100mol/L$，$[CrO_4^{2-}] =$

0.1000mol/L。当滴加硝酸银溶液时。先生成哪一种沉淀？当第二种沉淀开始生成时，第一种离子未沉淀的物质的量浓度为多少？

（2）称取基准试剂 NaCl 0.2000g，溶于水，加入 $AgNO_3$ 标准溶液 50mL，以铁铵矾作指示剂，用 NH_4SCN 标准滴定溶液滴定，用去 25mL，已知 1.00mL 标准滴定溶液相当于 1.20mL $AgNO_3$ 标准溶液。计算 NH_4SCN 和 $AgNO_3$ 溶液的物质的量浓度。（0.2051mol/L；0.1709mol/L）

（3）取水样 100mL，加入 10.00mL 0.2150mol/L $AgNO_3$ 标准溶液，然后用 0.1260mol/L NH_4SCN 标准滴定溶液滴定过量的 $AgNO_3$ 溶液，用去 8.5mL，求此水样中氯离子的质量浓度？（383.045mg/L）

（4）配制 $AgNO_3$ 标准滴定溶液 500mL，用于测定氯化物，若要使 1mL $AgNO_3$ 溶液相当于 0.001000g Cl^-，应如何配制此 $AgNO_3$ 标准滴定溶液？（2.3952g）

（5）用莫尔法测定自来水中 Cl^- 浓度。取 100mL 水样，用 0.1000mol/L 的 $AgNO_3$ 标准滴定溶液滴定，消耗 $AgNO_3$ 溶液 6.15mL；另取 100mL 蒸馏水做空白试验，消耗 $AgNO_3$ 溶液 0.25mL，求自来水中 Cl^- 的质量浓度。（209.45mg/L）

技能实训1　悬浮性固体的测定

一、实训目的

（1）掌握水中悬浮性固体（不可过滤残渣）测定原理，了解总量测定结果与滤器孔径的关系。

（2）掌握水中悬浮性固体测定的操作。

（3）巩固练习分析天平的操作。

二、方法原理

悬浮物是指残留在滤材上并在 103～105℃ 烘至恒重的固体。测定方法是将水样通过滤材后，烘干残留物及滤材，将所称总量减去滤材量，即为悬浮物总量。

地表水中存在悬浮物使水体浑浊，影响水生生物呼吸和代谢，悬浮物多时，还可能造成河道堵塞。造纸、制革、冲渣、选矿等工业生产中产生大量含无机、有机的悬浮物废水。因此，在水和废水处理中，测定悬浮物具有特定意义。

三、仪器和试剂

（1）仪器　分析天平，电热恒温烘箱，干燥器，全玻璃微孔滤膜过滤器及孔径 $0.45\mu m$ 滤膜（直径 60mm）或中性定量滤纸，多孔过滤瓷坩埚（30mL）及配套垫或过滤漏斗，吸滤瓶（500mL）。

（2）试剂　石棉悬浮液的配制：取 3g 分析纯石棉浸泡于 1L 水中，做成石棉悬浮液；或取 3g 普通石棉，剪成 5mm 小段，用自来水反复漂洗，去除粉末，沥去水后，放在 250mL 烧杯中，并加入 60～70mL 化学纯盐酸，浸泡 48h。用自来水洗涤多次，再用热蒸馏水冲洗多次，直至不含氯离子为止（检验的方法：取约 10mL 洗液于试管中，加入几滴 $AgNO_3$ 溶液，观察是否有白色沉淀生成）；最后把洗好的石棉浸泡于 1L 水中，制成石棉悬浮液备用。

四、操作步骤

1. 滤膜（或滤纸）过滤

① 用扁嘴无齿镊子夹取微孔滤膜放于事先恒重的称量瓶里，移入烘箱中，于 103～105℃ 烘干半小时后取出置于干燥器内冷却至室温，称其质量。反复烘干、冷却、称量，直

至两次称量的质量差小于等于0.2mg。将恒重的微孔滤膜（或将中性定量滤纸用蒸馏水洗去可溶性物质，再烘干至恒重）正确放在滤膜过滤器的滤膜托盘上，加盖配套的漏斗，并用夹子固定好。以蒸馏水湿润滤膜，并不断吸滤。

② 量取充分混合均匀的水样100mL抽吸过滤。使水样全部通过滤膜。再以每次10mL蒸馏水连续洗涤三次，继续吸滤以除去痕量水分。停止吸滤后，仔细取出载有悬浮物的滤膜放在原恒重的称量瓶里，移入烘箱中，于103～105℃下烘干1h后移入干燥器中，使之冷却到室温，称其质量。反复烘干、冷却、称量，直到两次称量的质量差小于等于0.4mg为止。

2. 石棉坩埚过滤

① 将振荡均匀的石棉悬浮液倒入多孔过滤瓷坩埚内，慢慢抽滤，使底部形成1.5mm厚的石棉层。放入多孔瓷板，再加入振荡均匀的石棉悬浮液，抽滤，使瓷板上再形成1.5mm厚的石棉层。用蒸馏水冲洗，直到滤液中无微小的石棉纤维为止。将铺好的石棉坩埚于103～105℃下烘干1h，取出放入干燥器中冷却30min后称量，直至恒重。

② 同滤膜过滤，在慢慢抽滤的前提下，加入适量体积的水样，抽滤完毕，用蒸馏水连续洗涤多次。若水样中含油，用10mL石油醚分两次淋洗残渣。

③ 将坩埚置于103～105℃烘箱内，每次烘干1h，取出放入干燥器中冷却30min后称量。直至恒重。

五、数据记录与结果处理

1. 实训数据记录

将数据记录于表5-1中。

表5-1　悬浮性固体含量测定数据记录表

测定方法	滤膜（滤纸）法		石棉坩埚法	
	[滤膜（滤纸）＋称量瓶] 质量/g		石棉坩埚质量/g	
称量次数	过滤前质量 m_1/g	过滤后质量 m_2/g	过滤前质量 m_1/g	过滤后质量 m_2/g
第1次				
第2次				
恒重值				
悬浮固体/(mg/L)				

2. 实训结果计算

$$悬浮性固体（不可过滤残渣，mg/L）＝\frac{(m_2-m_1)\times10^6}{V_水}$$

式中　m_1——滤膜＋称量瓶（或石棉坩埚）质量，g；

m_2——悬浮物＋滤膜＋称量瓶（或悬浮物＋石棉坩埚）质量，g；

$V_水$——水样体积，mL。

六、注意事项

（1）树叶、木棒、水草等杂质应预先从水中去除。

（2）废水黏度高时，可加2～4倍蒸馏水稀释，振荡均匀，待沉淀物下降后再过滤。

（3）测定含酸或碱浓度较高水样中悬浮物应采用石棉坩埚过滤。

（4）称量时，必须准确控制时间和温度，并且每次按同样次序烘干、称量，这样容易得到恒重。

（5）报告结果时应注明测定方法、过滤材料以及烘干温度等。

技能实训 2　水中氯化物的测定（沉淀滴定法）

一、实训目的

（1）掌握 $AgNO_3$ 溶液的配制和标定。

（2）掌握用莫尔法测定水中氯化物的原理和方法。

二、方法原理

此法是在中性和弱碱性（pH 值为 6.5～10.5）溶液中，以铬酸钾作指示剂，以硝酸银标准溶液滴定水样中氯化物。由于银离子与氯离子作用生成白色的氯化银沉淀，当水样中的氯离子全部与银离子作用后，微过量的硝酸银即与铬酸钾作用生成砖红色的铬酸银沉淀，此即表示已达反应终点。反应如下：

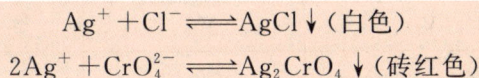

$$Ag^+ + Cl^- \Longrightarrow AgCl \downarrow （白色）$$
$$2Ag^+ + CrO_4^{2-} \Longrightarrow Ag_2CrO_4 \downarrow （砖红色）$$

由于到达终点时，硝酸银的用量要比理论需要量略高，因此需要同时取蒸馏水做空白试验减去误差。

三、仪器和试剂

（1）仪器　250mL 锥形瓶 2 个，50mL 移液管 1 支，25mL 酸式滴定管 1 支。

（2）试剂

① 0.1000mol/L NaCl 标准溶液　取 3g 分析纯 NaCl，置于带盖的瓷坩埚中，加热并不断搅拌，待爆炸声停止后，将坩埚放入干燥器中冷却。准确称取 1.4621g NaCl 置于烧杯中，用蒸馏水溶解后转入 250mL 容量瓶中，稀释至刻度。

② 0.1000mol/L $AgNO_3$ 溶液　溶解 16.987g $AgNO_3$ 于 1000mL 蒸馏水中，将溶液转入棕色试剂瓶中，置暗处保存，以防见光分解。

③ 0.1000mol/L $AgNO_3$ 溶液的标定　用移液管取 0.1000mol/L NaCl 标准溶液 25.00mL 注入锥形瓶中，加 25mL 蒸馏水，加 1mL K_2CrO_4 指示剂。在不断摇动下，用 $AgNO_3$ 溶液滴定至溶液呈淡橘红色，即为终点。同时做空白试验。根据 NaCl 标准溶液的浓度和滴定中所消耗 $AgNO_3$ 溶液的体积，计算 $AgNO_3$ 溶液的准确浓度。

④ 5% K_2CrO_4 溶液。

⑤ pH 试纸。

四、操作步骤

（1）硝酸银溶液的标定　取 3 份 25mL 0.1000mol/L NaCl 标准溶液，同时取 25mL 蒸馏水做空白试验，分别放入 250mL 锥形瓶中，各加 25mL 蒸馏水和 1mL K_2CrO_4 指示剂。在不断摇动下用 $AgNO_3$ 溶液滴定至溶液呈淡橘红色，即为终点。记录 $AgNO_3$ 溶液用量（V_{0-1}、V_{0-2}、V_{0-3}、V_1）。根据 $AgNO_3$ 溶液的用量，计算 $AgNO_3$ 溶液的准确浓度。

（2）空白试验　用移液管取 50mL 蒸馏水于锥形瓶中，加适量 $CaCO_3$ 作背景，加入

1mL K_2CrO_4 溶液，然后在用力摇动下，用 $AgNO_3$ 标准滴定溶液滴定，直到溶液出现淡橘红色为止。记下 $AgNO_3$ 标准滴定溶液的用量 V_1。

（3）水样测定　用移液管取 50.00mL 水样于锥形瓶中（水样先用 pH 试纸检查，须为中性或弱碱性），加入 1mL K_2CrO_4 溶液，然后在用力摇动下，用 $AgNO_3$ 标准滴定溶液滴定，直到出现淡橘红色，并与空白试验相比较，二者颜色相似，即为终点。记录 $AgNO_3$ 标准滴定溶液用量 V_2。平行测定 3 次（V_{2-1}、V_{2-2}、V_{2-3}），计算水样中氯离子的质量浓度。

五、结果记录

将结果记录于表 5-2 中。

表 5-2　水中氯化物的测定数据记录表

实验编号	1	2	3	4
$AgNO_3$ 溶液的标定	V_{0-1}	V_{0-2}	V_{0-3}	V_1
滴定终点读数				
滴定开始读数				
V_{AgNO_3}/mL				
水样测定	V_{2-1}	V_{2-2}	V_{2-3}	V_1
滴定终点读数				
滴定开始读数				
V_{AgNO_3}/mL				

六、数据处理

$$\rho(Cl^-)=\frac{c(V_2-V_1)\times 35.5\times 1000}{V_水}$$

式中　$\rho（Cl^-）$——水中氯离子的质量浓度，mg/L；

$\quad c$——$AgNO_3$ 标准滴定溶液的浓度，mol/L；

$\quad V_水$——水样的体积，mL；

$\quad V_1$——蒸馏水消耗 $AgNO_3$ 标准滴定溶液的体积，mL；

$\quad V_2$——滴定时水样消耗 $AgNO_3$ 标准滴定溶液的体积，mL；

$\quad 35.5$——氯离子的摩尔质量，g/mol。

七、注意事项

（1）如果水样的 pH 值为 6.5～10.5，可直接测定。当 pH 值＜6.5 时，必须用碱中和水样；当水样 pH＞10.5 时，也必须用不含氯化物的硝酸或硫酸中和。

（2）空白试验中加少量 $CaCO_3$，是由于水样测定时有白色 AgCl 沉淀生成。而空白试验是以蒸馏水代替水样，蒸馏水中不含 Cl^-，所以滴定过程中不生成白色沉淀。为了获得与水样测定有相似的浑浊程度，以便比较颜色，所以加少量的 $CaCO_3$ 作背景。

（3）Ag_2CrO_4 沉淀为砖红色，但滴定时一般以出现淡橘红色即停止滴定。因 Ag_2CrO_4 沉淀过多，溶液颜色太深，比较颜色确定滴定终点比较困难。

八、思考题

（1）滴定中试液的酸度宜控制在什么范围？为什么？怎样调节？

（2）为什么要做空白试验？滴定过程中为何要用力摇动？

（3）以 K_2CrO_4 作指示剂时，指示剂的浓度过大或过小对测定有何影响？

拓展阅读

走近环保党代表胡冠九：三十年守护绿水青山

"新污染物不在已经发布的环境控制标准或者质量限值标准系列里，但可能对人体或者环境有危害。监测要先行，先筛出环境里面有哪些新污染物，再去评估风险。"作为党的十九大代表，胡冠九一直活跃在生态环境污染防治一线，最近，新污染物监测成为她工作的新重点。

1993 年大学毕业后，胡冠九被分配到江苏省环境监测中心工作，30 年来，她从一名普通的分析人员成长为监测分析的顶尖专家。她用过硬的监测技术，为生态环境决策提供真实、准确的数据，曾获"全国先进工作者""江苏省优秀共产党员"等称号。

近几年，在我国每一次重大环境事件应急工作中，几乎都有胡冠九的身影。2005 年，松花江发生水污染事件，她率领团队奔赴千里冰封的松花江畔，多批次采集质控有效、数据准确的污染河流监测数据；2008 年汶川地震，她率领团队挺进抗震救灾一线，在第一时间出具了可靠的水质监测数据，让灾区人民喝上安全放心的水；2012 年，当长江干流镇江段被苯酚污染物侵袭，镇江居民饮用水出现危机时，她率领应急小组，迅速锁定"肇事元凶"。2014 年，新通扬运河河水出现异味，百万人饮用水告急。执法部门怀疑有工厂排放苯胺类物质，经检测，胡冠九认定污染"元凶"是二乙基二硫醚。公安机关以此为线索介入调查，果然在运河上一艘可疑船只隐匿的船舱夹层内，发现了一种气味刺鼻的无色液体，经检测正是二乙基二硫醚。

环境监测，大部分时间是和仪器打交道。接到任务，制订方案，选择合适方法、仪器和试剂，提取目标物质，定性、定量分析，核验结果，出具报告……这样的流程在很多人看来比较枯燥，胡冠九却能耐得住寂寞。她主持或参与制定了《水质 挥发酚的测定 流动注射-4-氨基安替比林分光光度法》（HJ 825—2017）等十余项行业标准，《地表水环境质量 80 个特定项目监测分析方法》学术专著成为该领域的全国蓝本。

绿水青山就是金山银山，生态环境只能变好不能变坏。"从环境监测来讲，早期我们测的是 COD、氨氮，主要和黑臭河流等现象有关。现在人们对环境的要求越来越高，那些看不见、摸不着，但可能有危害的物质，是接下来要关注的重点。"胡冠九说，要做一些前瞻性的技术储备，守护好绿水青山，守护好生态环境质量安全。

2019 年，"胡冠九劳模先进创新工作室"成立，旨在培养更多环境监测人才。从事环境监测分析工作越久，胡冠九越感责任重大。"以前都是以常规手工监测为主，现在仪器自动化程度高，更要用好这些新手段，做好环境监测，保证数据快速、准确。"她说，"环保工作除了关心人赖以生存的环境，也要保护人，新污染物监测完后，还要从人体健康角度来评估风险，研究生态环境健康，促进人与环境和谐共生。"

6

配位滴定法

🛩 **学习目标**

❖ **知识目标**

了解 EDTA 及其与金属离子配位的特性、滴定反应的影响因素；熟悉常用金属指示剂和配位滴定的 3 种方式；理解酸效应曲线、配合物条件稳定常数的意义；掌握直接准确滴定金属离子的条件、配位滴定中酸度的选择和配位滴定法的实际应用。

❖ **能力目标**

设计实验，并独立配制和标定 EDTA 标准滴定溶液；准确控制酸度、判定滴定终点，准确滴定，准确计算；对比其他滴定分析法，将所学知识融会贯通，提升科学思维和创新能力。

❖ **素质目标**

结合滴定分析法的学习和解决应用中遇到的实际问题，互相帮助，互相配合，养成豁达的性格，以平和的态度对待各种挫折和困难。

6.1 配位滴定法基本原理

配位滴定法是利用配位反应来进行滴定分析的方法。在水质分析中，配位滴定法主要用于水的硬度以及氰化物的测定等。

配位反应是由中心离子或原子与配位体以配位键形成配离子的反应。含有配离子的化合物称配合物。如铁氰化钾（$K_3[Fe(CN)_6]$）配合物，$[Fe(CN)_6]^{3-}$ 称为配离子，也称内界。配离子中的金属离子（Fe^{3+}）称为中心离子，与中心离子配合的阴离子 CN^- 叫配位体。配位体中直接与中心离子配合的原子叫配位原子（CN^- 中的氮原子），与中心离子配合的配位原子数目叫配位数。钾离子称配合物的外界，与内界间以离子键结合。

根据配体中所含配位原子数目的不同，配体可分为单基配位体和多基配位体，它们与金属离子分别形成简单配合物和螯合物。

6.1.1 简单配合物

单基配位体是只含一个配位原子的配体。如 X^-、H_2O、NH_3 等，一般是无机配位体，这种配位体也称配位剂。它与中心原子直接配位形成的化合物是简单配合物。如 $[Ag(NH_3)_2]Cl$、$K_2[PtCl_6]$ 等。大量的水合物实际上是以水为配体的简单配合物，如 $FeCl_3 \cdot 6H_2O$ 实际上是 $[Fe(H_2O)_6]Cl_3$，而 $CuSO_4 \cdot 5H_2O$ 实际上是 $[Cu(H_2O)_4]SO_4 \cdot H_2O$。前者配位数为 6，后者配位数为 4。

配合物的稳定性是很重要的。环境中不稳定的配合物能转化为稳定的配合物，还可以转化为沉淀，但有些难溶物质也可以转化为稳定的配合物等。稳定的配合物优先形成。在配位滴定中主要是利用生成的稳定配合物来进行定量分析的。

Ag^+ 与 CN^- 可以生成稳定的 $[Ag(CN)_2]^-$ 配离子，当用 $AgNO_3$ 滴定 CN^- 到化学计量点时，稍微过量就与试银灵（对二甲氨基亚苄基罗单宁）指示剂反应，溶液由黄色变为橙红色，指示终点到达。因此利用这个配位反应可以测定氰化物的含量或以 KCN 为滴定剂滴定 Ag^+、Ni^{2+} 或 Co^{2+}。

但是，像上述那样的能用于实际分析的配位反应极为有限，大多数无机配合剂与金属离子的配位反应，往往存在着分步配位现象，而且配合物的稳定性比较差，如 Zn^{2+} 与 NH_3 能分步形成 $[Zn(NH_3)]^{2+}$、$[Zn(NH_3)_2]^{2+}$、$[Zn(NH_3)_3]^{2+}$、$[Zn(NH_3)_4]^{2+}$ 等配离子，略去配合物所带电荷，其形成过程为：

$$Zn^{2+} + NH_3 \rightleftharpoons Zn(NH_3)^{2+} \qquad K_1 = \frac{[Zn(NH_3)]}{[Zn][NH_3]} = 10^{2.27}$$

$$Zn(NH_3) + NH_3 \rightleftharpoons Zn(NH_3)_2^{2+} \qquad K_2 = \frac{[Zn(NH_3)_2]}{[Zn(NH_3)][NH_3]} = 10^{2.34}$$

$$Zn(NH_3)_2 + NH_3 \rightleftharpoons Zn(NH_3)_3^{2+} \qquad K_3 = \frac{[Zn(NH_3)_3]}{[Zn(NH_3)_2][NH_3]} = 10^{2.40}$$

$$Zn(NH_3)_3 + NH_3 \rightleftharpoons Zn(NH_3)_4^{2+} \qquad K_4 = \frac{[Zn(NH_3)_4]}{[Zn(NH_3)_3][NH_3]} = 10^{2.05}$$

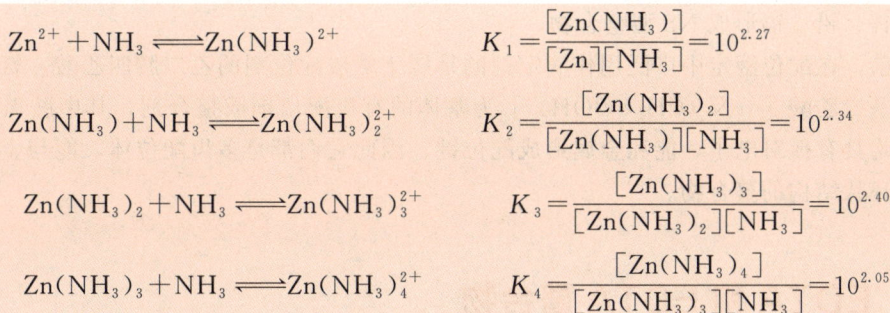

K_1、K_2、K_3、K_4 等分别为各级配离子的形成常数。

在此配位平衡中，配离子将以五种型体存在，总浓度为：

$$[Zn] + [Zn(NH_3)] + [Zn(NH_3)_2] + [Zn(NH_3)_3] + [Zn(NH_3)_4]$$

在 $[NH_3]$ 低于 10^{-3} mol/L 时，Zn^{2+} 占大多数；当 $[NH_3]$ 高于 10^{-2} mol/L 时，$[Zn(NH_3)_4]^{2+}$ 占大多数；而 $[NH_3]$ 在 $10^{-3} \sim 10^{-2}$ mol/L 之间时，五种型体的浓度相差不大。出现这种情况正是在于相邻逐级稳定常数比较接近。因此，如果采用 NH_3 作标准滴定剂直接滴定 Zn^{2+} 时，各物种浓度将随滴定剂的加入而不断改变。两者之间始终没有确定的化学计量关系，而且配离子各物种的稳定性都不够高。要使 Zn^{2+} 最后完全转变为 $[Zn(NH_3)_4]^{2+}$，则必须加入大量的氨，这将大大地超过计量点。因此，大多数无机配体都不适宜作滴定剂。

6.1.2　螯合物

多基配位体含有两个或两个以上的配位原子。这样的配位体一般是有机化合物。由中心原子和多齿配位体形成的具有环状结构，以双螯钳住中心离子的稳定的配合物称为**螯合物**。这种配位体也称为螯合剂。

例如：2 个乙二胺和 Cu^{2+} 可形成两个五元环的二乙二胺合铜（Ⅱ）离子，结构如下：

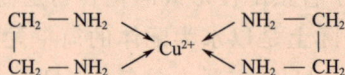

又如 1,10-二氮菲，结构如下：

1，10-二氮菲

其可与 Fe^{2+} 生成橙红色螯合物，具有特殊的颜色，用以鉴定 Fe^{2+} 的存在。其螯合过程为每一个 1,10-二氮菲提供两个氮原子，与 Fe^{2+} 成键，三个 1,10-二氮菲提供六个氮原子与 Fe^{2+} 形成六个配位键，因此生成的化合物有三个—C—N—Fe—N—C—所构成的环，形成稳定结构。

以上两种螯合剂的配位原子只有氮原子，可与金属离子形成 NN 型螯合物。酒石酸（COOH—CHOH—CHOH—COOH）、柠檬酸钠这样的螯合剂的配位原子只有氧原子，前者与铁、钙、镁等，后者与铝形成 OO 型螯合物。吡咯烷二硫代氨基甲酸铵在 pH 为 3.0 时与铜、锌、铅、镉形成 NS 型螯合物。

目前，在配位滴定中广泛用作滴定剂的是属于氨羧配位剂的乙二胺四乙酸。氨羧配位剂是以氨基二乙酸 [—N $(CH_2COOH)_2$] 为基体的有机配位剂或螯合剂，其中胺氮和羧氧配位原子均具有孤对电子，能和金属形成配位键，因此它们都是多齿配位体，能与金属离子形成具有环状结构的螯合物。

6.2 EDTA 和 EDTA 螯合物

6.2.1 EDTA 和 EDTA 二钠

EDTA 是乙二胺四乙酸的简称，通常用 H_4Y 表示，它在水中的溶解度很小，因此常使用 EDTA 二钠二水合物 $Na_2H_2Y \cdot 2H_2O$，亦简称为 EDTA。在水溶液中，EDTA 的 2 个羧基上的 H^+ 会迁移至氨基 N 上，并以双极离子形式存在。H_4Y 的分子结构如下：

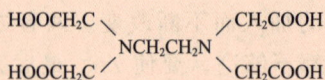

当 H_4Y 溶解于酸度很高的水溶液中时，它的两个羧酸根可再接受 H^+，于是 EDTA 相当于一个六元酸，即 H_6Y^{2+}。EDTA 分子结构中含有两个胺基和四个羧基，共有六个配位原子，可以和很多种金属离子形成稳定的螯合物。

6.2.2 EDTA 螯合物的稳定性

一个 EDTA 分子中的六个配位原子（即 2 个胺氮和 4 个羧氧），和金属离子能形成六个配位键，与金属离子以 1:1 的比例生成配位数为 6 的五个五元环螯合物。例如，EDTA 与

Ca^{2+} 的配位，形成配合物的结构如图 6-1 所示。其中四个环由 $\underset{Ca}{O-C-C-N}$ 构成，一个环由 $\underset{Ca}{N-C-C-N}$ 构成。螯合物的稳定性与螯合环的大小和数目有关，一般五元环和六元环的螯合物很稳定，而且形成的环数愈多愈稳定。因此，EDTA 与许多金属形成的螯合物都具有较大的稳定性。

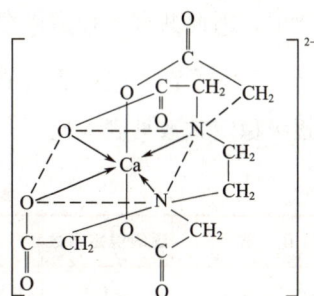

图 6-1 EDTA 与 Ca^{2+} 螯合物的立体结构

EDTA 二钠盐以有效的部分 Y 和金属离子 M 的配位反应可简写为：

$$M+Y \rightleftharpoons MY$$

其稳定常数表示为：

$$K_{MY}=\frac{[MY]}{[M][Y]}$$

K_{MY} 或 $\lg K_{MY}$ 越大，平衡体系中金属离子和 EDTA 的浓度越小，螯合物越稳定，反应越完全。因此从稳定常数的大小可以区分不同螯合物的稳定性。实验测得的不同金属离子与 EDTA 的螯合物的稳定常数对数值见表 6-1。

表 6-1 EDTA 螯合物的 $\lg K_{MY}$

M	$\lg K_{MY}$	M	$\lg K_{MY}$	M	$\lg K_{MY}$	M	$\lg K_{MY}$
Ag^+	7.3	Fe^{2+}	14.33	Y^{3+}	18.09	Cr^{3+}	23
Ba^{2+}	7.76	Ce^{3+}	15.98	Ni^{2+}	18.67	Th^{4+}	23.2
Sr^{2+}	8.63	Al^{3+}	16.1	Cu^{2+}	18.8	Fe^{3+}	25.1
Mg^{2+}	8.69	Co^{2+}	16.31	Re^{3+}	15.5~19.9	V^{3+}	25.9
Be^{2+}	9.8	Cd^{2+}	16.46	Ti^{3+}	21.5	Bi^{3+}	27.94
Ca^{2+}	10.69	Zn^{2+}	16.5	Hg^{2+}	21.8	Zr^{4+}	29.5
Mn^{2+}	13.87	Pb^{2+}	18.04	Sn^{2+}	22.1	Co^{3+}	36

注：Re^{3+} 为稀土元素离子。

由表 6-1 可知，三价和四价阳离子及 Hg^{2+} 的稳定常数的对数 $\lg K_{MY}$ 大于 20；二价过渡元素、稀土元素及 Al^{3+} 的 $\lg K_{MY}$ 约 15~19；碱土金属的 $\lg K_{MY}$ 约 8~11。数值大小表示了不同金属离子-EDTA 螯合物在不考虑外界因素影响情况下的稳定性。

EDTA 与金属离子以 1∶1 的比值形成螯合物，多数可溶而且无色，即使如 Cu-EDTA、Fe-EDTA 这样的螯合物有色，但是在较低浓度下，对终点颜色的干扰可以采取适当的办法消除。EDTA 一般只形成一种型体即一种配位数的螯合物，螯合物稳定性高，反应能够定量、快速地进行，非常适用于配位滴定。

6.2.3 EDTA 在溶液中的分布

EDTA 溶解于酸度很高的水溶液中形成 H_6Y^{2+}，可以认为在水溶液中分六级形成，或分六级离解，因此共有七种型体存在，总浓度为：

$$[Y]+[HY]+[H_2Y]+[H_3Y]+[H_4Y]+[H_5Y]+[H_6Y]$$

其逐级稳定常数见表 6-2。

表 6-2　EDTA 的逐级稳定常数

平　衡　式	逐级稳定常数	平　衡　式	逐级稳定常数	平　衡　式	逐级稳定常数
$Y^{4-}+H^+\rightleftharpoons HY^{3-}$	$K_1=10^{10.34}$	$H_2Y^{2-}+H^+\rightleftharpoons H_3Y^-$	$K_3=10^{2.75}$	$H_4Y+H^+\rightleftharpoons H_5Y^+$	$K_5=10^{1.6}$
$HY^{3-}+H^+\rightleftharpoons H_2Y^{2-}$	$K_2=10^{6.24}$	$H_3Y^-+H^+\rightleftharpoons H_4Y$	$K_4=10^{2.07}$	$H_5Y^++H^+\rightleftharpoons H_6Y^{2+}$	$K_6=10^{0.9}$

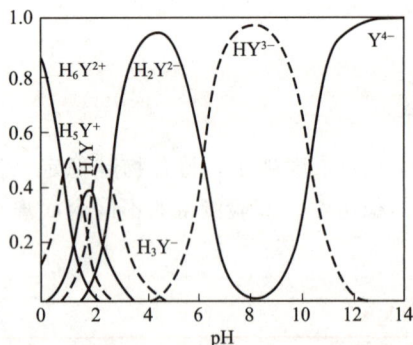

图 6-2　EDTA 各种存在型体的分布图

根据逐级稳定常数和总浓度表达式，可以计算出不同 pH 值溶液中各种型体的浓度，得到 EDTA 七种型体在不同 pH 值溶液中的分布曲线，见图 6-2。

从图 6-2 可以看出，在不同 pH 值时，EDTA 的主要存在型体如表 6-3。

从表 6-3 可知，在 pH>12 时 EDTA 完全以 Y^{4-} 有效型体存在，其他 pH 条件下可以转化为 EDTA 的不同型体。

表 6-3　不同 pH 值时 EDTA 的主要存在型体

pH 值	主 要 型 体	pH 值	主 要 型 体
<1	H_6Y^{2+}	6.24～10.34	HY^{3-}（少量 H_2Y^{2-} 和 Y^{4-}）
1.6～2.0	H_4Y	>10.34	Y^{4-}（少量 HY^{3-}）
2.0～2.67	H_3Y^-	>12	Y^{4-}
2.67～6.24	H_2Y^{2-}（少量 H_3Y^- 和 HY^{3-}）	—	—

6.2.4　EDTA 的酸效应

当被测金属离子 M 与 EDTA 中的 Y 进行配位反应时，如果有氢离子存在，就会与 Y 结合，形成 HY，H_2Y，…，H_6Y，Y 的平衡浓度降低，因而使主反应受到影响。这种由于氢离子存在使配体参加主反应能力降低的现象，称为酸效应。

酸效应的大小可用酸效应系数 $\alpha_{Y(H)}$ 来衡量。设 EDTA 的总浓度 $c_Y=[Y']$，则酸效应系数表达式为：

$$\alpha_Y(H)=\frac{[Y']}{[Y]}=\frac{[Y]+[HY]+[H_2Y]+[H_3Y]+[H_4Y]+[H_5Y]+[H_6Y]}{[Y]}$$

由表 6-2 的逐级稳定常数和酸效应系数表示式，可以得出：

$$\alpha_Y(H)=1+K_1[H]+K_1K_2[H]^2+\cdots+K_1K_2K_3K_4K_5K_6[H]^6$$

由上式可以看出：酸效应系数仅是 [H] 的函数，而与配位剂的浓度无关；酸度越大，酸效应系数越大，Y与H的副反应越强，Y与金属离子M的主反应就越弱。因此，酸效应系数是判断EDTA能否滴定金属离子的重要参数。

由于酸效应系数值的变化范围很大，因此用其对数值表示比较方便，表6-4列出了不同pH值条件下EDTA的$\lg\alpha_{Y(H)}$值。

由表6-4可知，当溶液的pH值>12时，EDTA基本上完全离解为Y，酸效应系数近似于1，$[Y'] = [Y]$，EDTA的配位能力增强，生成的配合物最稳定。随着酸度增加，$\alpha_{Y(H)}$的值增大，$[Y]$减小，配合物的稳定性降低。

表6-4 不同pH值下EDTA的$\lg\alpha_Y$（H）

pH值	$\lg\alpha_Y$（H）	pH值	$\lg\alpha_Y$（H）	pH值	$\lg\alpha_Y$（H）	pH值	$\lg\alpha_Y$（H）	pH值	$\lg\alpha_Y$（H）
0.0	23.64	2.5	11.90	5.0	6.40	7.5	2.78	10.0	0.45
0.1	23.06	2.6	11.62	5.1	6.26	7.6	2.68	10.1	0.39
0.2	22.47	2.7	11.35	5.2	6.07	7.7	2.57	10.2	0.33
0.3	21.89	2.8	11.09	5.3	5.88	7.8	2.47	10.3	0.28
0.4	21.32	2.9	10.84	5.4	5.69	7.9	2.37	10.4	0.24
0.5	20.75	3.0	10.60	5.5	5.51	8.0	2.30	10.5	0.20
0.6	20.18	3.1	10.37	5.7	5.33	8.1	2.17	10.6	0.16
0.7	19.62	3.2	10.14	5.7	5.15	8.2	2.07	10.7	0.13
0.8	19.08	3.3	9.92	5.8	4.98	8.3	1.97	10.8	0.11
0.9	18.54	3.4	9.70	5.9	4.81	8.4	1.87	10.9	0.09
1.0	18.01	3.5	9.48	6.0	4.80	8.5	1.77	11.0	0.07
1.1	17.49	3.6	9.27	6.1	4.49	8.6	1.67	11.1	0.06
1.2	16.98	3.7	9.06	6.2	4.34	8.7	1.57	11.2	0.05
1.3	16.49	3.8	8.85	6.3	4.20	8.8	1.48	11.3	0.04
1.4	16.02	3.9	8.65	6.4	4.06	8.9	1.38	11.4	0.03
1.5	15.55	4.0	8.44	6.5	3.92	9.0	1.40	11.5	0.02
1.6	15.11	4.1	8.24	6.6	3.79	9.1	1.19	11.6	0.02
1.7	14.68	4.2	8.04	6.7	3.67	9.2	1.10	11.7	0.02
1.8	14.27	4.3	7.84	6.8	3.55	9.3	1.01	11.8	0.01
1.9	13.88	4.4	7.64	6.9	3.43	9.4	0.92	11.9	0.01
2.0	13.51	4.5	7.44	7.0	3.40	9.5	0.83	12.0	0.01
2.1	13.16	4.6	7.24	7.1	3.21	9.6	0.75	12.1	0.01
2.2	12.82	4.7	7.04	7.2	3.10	9.7	0.67	12.2	0.005
2.3	12.50	4.8	6.84	7.3	2.99	9.8	0.59	13.0	0.0008
2.4	12.20	4.9	6.64	7.4	2.88	9.9	0.52	14.0	0.00

6.2.5 配位效应及条件稳定常数

6.2.5.1 配位效应

在 EDTA 的配位滴定中，被测金属离子 M 与 EDTA 配位，生成配合物 MY，称为主反应；反应物 M 和 Y 及其产物 MY 都可能与溶液中的 OH^-、其他配位剂 L、H^+ 或其他金属离子 N 等发生副反应，使配合物 MY 的稳定性受到影响。这种现象称为金属离子的**配位效应**。

金属离子 M 和 Y 的各种副反应不利于主反应的进行。这些副反应对主反应的影响程度，可由其配位效应系数的大小进行判断。金属离子的配位效应系数可表示为：

$$\alpha_{M(L)} = \frac{[M']}{[M]}$$

式中，$\alpha_{M(L)}$ 为配位效应系数；$[M']$ 为没有参加主反应的金属离子的各种存在形式的总浓度；$[M]$ 为游离金属离子的平衡浓度；L 为 EDTA 之外的其他配位剂。$\alpha_{M(L)}$ 越大，表示副反应越严重。

6.2.5.2 条件稳定常数

前面讨论的配合物 MY 的稳定常数为：

$$K_{MY} = \frac{[MY]}{[M][Y]}$$

它不受酸效应和配位效应等因素的影响，但在实际中应考虑这两个因素的影响。由酸效应系数和配位效应系数可知：

$$[Y] = \frac{[Y']}{\alpha_{Y(H)}}, \quad [M] = \frac{[M']}{\alpha_{M(L)}}$$

分别代入上式得：

$$\frac{K_{MY}}{\alpha_{Y(H)}\alpha_{M(L)}} = K'_{MY}$$

K'_{MY} 是考虑了酸效应和配位效应等影响因素的金属离子配合物的稳定常数，称为条件稳定常数。用对数可表示为：

$$\lg K'_{MY} = \lg K_{MY} - \lg\alpha_{Y(H)} - \lg\alpha_{M(L)}$$

若不存在其他配位剂或碱性物质等的影响，只有酸效应，则上式可以简化为：

$$\lg K'_{MY} = \lg K_{MY} - \lg\alpha_{Y(H)}$$

在一定酸度条件下，可用上式计算得到 K'_{MY} 的值。当溶液的酸度降低时，K'_{MY} 增大，配合物的稳定性增加。

6.2.6 配位滴定所允许的最小 pH 值和酸效应曲线

用 EDTA 标准滴定溶液滴定金属离子时，溶液的 pH 值越大，形成的金属离子配合物的条件稳定常数就越大，配位反应越完全；但 pH 太大时，金属离子会水解，甚至产生沉淀；pH 值太小时，配位反应不完全。所以配位滴定时应先确定滴定金属离子所允许的最小 pH 值。

为简化起见，假设被测离子浓度为 c_M，允许滴定误差为 $\pm 0.1\%$，滴定终点时，$[(MY)'] = 0.999c_M$，$[M'] = [Y'] = 0.001c_M$，则：

$$K'_{MY} = \frac{0.999c_M}{(0.001c_M)^2} = \frac{10^6}{c_M}$$

即

$$\lg c_M + \lg K'_{MY} \geqslant 6$$

因此，当 $\lg c_M + \lg K'_{MY} \geqslant 6$ 时，滴定误差等于或小于 0.1%，金属离子能准确测定。在配位滴定中，一般金属离子浓度为 0.01mol/L 左右，则 $K'_{MY} \geqslant 10^8$，即 $\lg K'_{MY} \geqslant 8$ 时，金属离子能被准确测定。则：

$$\lg K'_{MY} = \lg K_{MY} - \lg \alpha_{Y(H)} \geqslant 8$$
$$\lg \alpha_{Y(H)} \leqslant \lg K_{MY} - 8$$

这就是准确滴定金属离子 M 时，所允许的最大 $\lg \alpha_{Y(H)}$ 的计算公式。$\lg \alpha_{Y(H)}$ 主要取决于溶液的 pH 值，可见 pH 值小于某一限度时，就不能准确滴定。这一限度就是配位滴定时所允许的最小 pH 值。

【例 6-1】 求用 EDTA 标准滴定溶液滴定 0.01mol/L Zn^{2+} 时允许的最小 pH 值。

【解】 用 EDTA 测定 0.01mol/L 的 Zn^{2+}，要求误差在 0.1% 以下。

查表 6-1 得：$\lg K_{ZnY} = 16.5$，则

$$\lg \alpha_{Y(H)} \leqslant \lg K_{MY} - 8 = 16.5 - 8 = 8.5$$

查表 6-4 得：$\lg \alpha_{Y(H)} = 8.5$ 时，$pH \approx 4.0$。

用同样的方法可以计算出 EDTA 滴定各种金属离子时所需的最小 pH 值。以 $\lg K_{MY}$ 或 $\lg \alpha_{Y(H)}$ 为横坐标，最小 pH 值为纵坐标，绘得酸效应曲线，如图 6-3 所示。图中金属离子所对应的 pH 值，就是滴定这种金属离子时允许的最小 pH 值，金属离子浓度为 0.01mol/L。

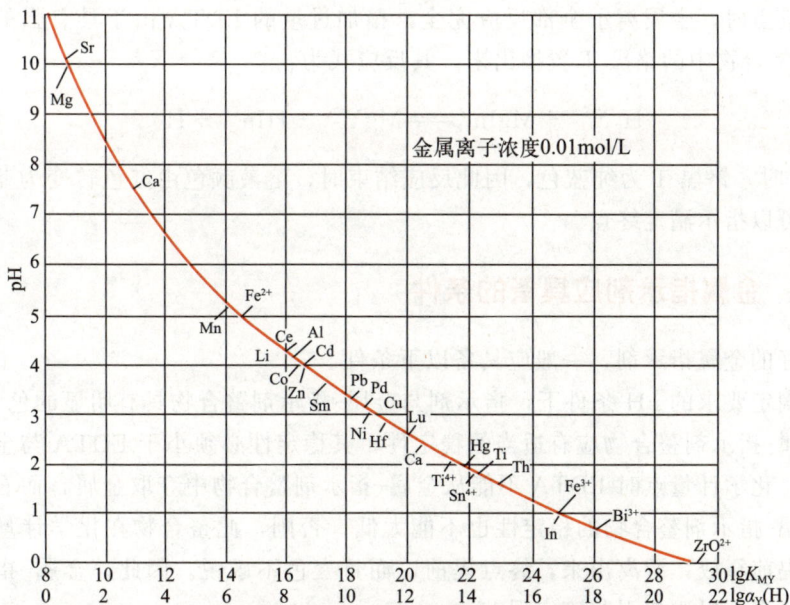

图 6-3　EDTA 的酸效应曲线

从图 6-3 中可查出，Fe^{2+} 和 Fe^{3+} 的最小 pH 值分别为 5 和 1.2 左右。该曲线表明，稳定常数越大的金属离子配合物，准确滴定时所允许的 pH 值越小，可容纳较强的酸度；稳定常数小的，只能在较弱的酸性介质中反应完全。这为控制在较强酸度下优先测定稳定性较强的金属离子配合物提供了可能。

6.3 金属指示剂

在配位滴定中，指示剂是指示滴定过程中金属离子浓度变化的，故称为金属指示剂。金属指示剂对金属离子浓度的改变十分灵敏，在一定的 pH 范围内，当金属离子浓度发生改变时，指示剂的颜色也发生变化，用它可以确定滴定的终点。

6.3.1 金属指示剂的作用原理

金属指示剂是一种有配位性的有机染料，能和金属离子生成有色配合物或螯合物。如 pH=10 时，用铬黑 T 作指示剂指示 EDTA 滴定 Mg^{2+} 的滴定终点。滴定前，溶液中只有 Mg^{2+}，加入铬黑 T(HIn^{2-}) 后，发生配位反应，生成的 $MgIn^-$ 呈红色，反应式如下：

$$Mg^{2+} + HIn^{2-} \rightleftharpoons MgIn^- + H^+$$

滴定开始至化学计量点前，由于 EDTA 和 Mg^{2+} 反应的生成产物 MgY^{2-} 无色，所以溶液一直是 $MgIn^-$ 的红色。

滴定反应的化学式为：

$$Mg^{2+} + H_2Y^{2-} \rightleftharpoons MgY^{2-} + 2H^+$$

化学计量点时，金属离子全部反应完，稍加过量的 EDTA 由于具有强的螯合性，把铬黑 T-金属螯合物中的铬黑 T 置换出来，其反应式为：

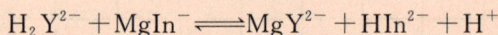

$$H_2Y^{2-} + MgIn^- \rightleftharpoons MgY^{2-} + HIn^{2-} + H^+$$

pH=10 时，铬黑 T 为纯蓝色，因此反应结束时，溶液颜色由红色转变为蓝色，利用此颜色的转变可以指示滴定终点。

6.3.2 金属指示剂应具备的条件

一个良好的金属指示剂，一般应具备以下条件。

（1）在滴定要求的 pH 条件下，指示剂与金属-指示剂螯合物具有明显的色变。

（2）金属-指示剂螯合物应有适当的稳定性，其稳定性必须小于 EDTA 与金属离子的稳定性。否则，化学计量点时 EDTA 不能从金属-指示剂螯合物中夺取金属，而看不到颜色的变化。但金属-指示剂螯合物的稳定性也不能太低，否则，此螯合物在化学计量点前发生解离，指示剂提前释放，游离出来，终点提前，而且变色不敏锐。因此，金属-指示剂螯合物的稳定性要适当，以避免引起滴定误差。

（3）指示剂与金属离子的反应要迅速，In 与 MIn 应易溶于水。

（4）指示剂应具有较好的选择性，在测定的条件下只与被测离子显色。若选择性不理想，应设法消除干扰。

（5）指示剂本身在空气中应稳定，便于保存。大多数金属指示剂由于自身结构特点，在空气中或在水溶液中易被氧化，所以最好现用现配。保存时应避光，密封保存在棕色容器中。有时直接使用盐稀释的固体。

6.3.3　指示剂的封闭、僵化及消除

指示剂与某些离子生成极稳定的配合物，滴入过量 EDTA 也不能夺取 MIn 配合物中的金属离子，指示剂在化学计量点附近没有颜色变化，这种现象称为指示剂的封闭现象。如 Al^{3+} 对指示剂二甲酚橙有封闭作用，能和指示剂生成稳定螯合物，可采取返滴定的方式避免直接接触。如果干扰离子封闭指示剂，则加入另外一种比指示剂螯合能力强的配位剂与之反应，消除封闭现象。

MIn 稳定性与 MY 相当或 In、MIn 不易溶于水，导致即使过了化学计量点溶液也不变色，终点拖长，消耗过量的 EDTA，这种现象称为僵化现象。可以加入有机溶剂增加其溶解性或加热来促进溶解，加快反应速率。但最好选择易溶于水的指示剂。

指示剂若保存不当，会发生氧化变质现象。

综上所述，选择金属指示剂时，需要考察给定 pH 下金属-指示剂螯合物的稳定性、螯合物与 EDTA-金属螯合物的稳定性差异、颜色变化的敏锐性、干扰离子的去除等，最后还需要通过实验验证指示结果的准确性。

6.3.4　常用的金属指示剂

一些常用的金属指示剂、配制方法、用途及注意事项如表 6-5 所示。

表 6-5　常用金属指示剂

指示剂	使用的适宜 pH 范围	颜色变化		配制方法	用途	注意事项
		In	MIn			
铬黑 T（EBT）	8～10	蓝	红	① 0.5g 铬黑 T 加 20mL 三乙醇胺加水稀释至 100mL ②（1∶100）NaCl 研磨，用棕色瓶保存	pH 为 10 时，直接滴定 Mg^{2+}、Zn^{2+}、Ca^{2+}、Pb^{2+}、Mn^{2+}、Cd^{2+}、Hg^{2+}	Al^{3+}、Fe^{3+}、Ni^{2+}、Co^{2+}、Cu^{2+}、Ti^{4+}、铂族会封闭指示剂
酸性铬蓝 K	8～13	蓝	红	1g 酸性铬蓝 K＋2g 萘酚绿 B＋40gKCl 混合研磨	pH 为 10：滴定 Mg^{2+}、Zn^{2+}、Mn^{2+} pH 为 13：滴定 Ca^{2+}	—
PAN	1.9～12	黄	紫红	0.1% 乙醇溶液	pH 为 2～3：滴定 Bi^{3+}、In^{3+}、Th^{4+} pH 为 5～6：滴定 Cu^{2+}、Cd^{2+}、Pb^{2+}、Zn^{2+}	常常加入有机溶剂或加热处理

指示剂	使用的适宜 pH 范围	颜色变化		配制方法	用 途	注意事项
		In	MIn			
二甲酚橙 (XO)	<6.4	黄	红	0.5% 乙醇或水溶液	pH<1：滴定 Zr^{4+} pH 为 2：滴定 Bi^{3+} pH 为 2～3.5：滴定 Th^{4+} pH 为 5～6：滴定 Pb^{2+}、Zn^{2+}、Cd^{2+}、Hg^{2+}	Al^{3+}、Fe^{3+}、Ni^{2+}、Ti^{4+} 等会封闭指示剂
磺基水杨酸 (SSal)	1.8～2.5	无色	红	2% 水溶液	pH 为 1.8～2：滴定 Fe^{3+}	加热到 60～70℃
钙指示剂	12～13	蓝	酒红	(1:100) NaCl 研磨，用棕色瓶保存	pH 为 12～13：滴定 Ca^{2+}	Al^{3+}、Fe^{3+}、Cu^{2+}、Ni^{2+}、Co^{2+} 会封闭指示剂

6.4 提高配位滴定选择性的方法

在实际水样中往往有多种金属离子共存的情况，而 EDTA 能与许多金属离子生成稳定的配合物，因此如何在混合离子中对某一离子进行选择滴定，是配位滴定中一个十分重要的问题。

6.4.1 控制酸度消除干扰

假设水样中同时存在 M 和 N 两种离子，二者起始浓度分别为 c_M 和 c_N，当用 EDTA 滴定时，要求测定离子 M 的 $\lg K'_{MY} \geq 8$，滴定误差不大于 1%，而干扰离子 N 基本不干扰 M 的测定，则在终点时，应符合下列条件：

$$[MY'] \approx c_M，[M] \leq c_M/100，[N] = c_N，[NY'] = c_M/1000$$

将这些有关数值分别代入 M、N 离子的条件稳定常数表示式，则：

$$\frac{K'_{MY}}{K'_{NY}} \geq \frac{[MY'][N][Y']}{[NY'][M][Y']} = 10^5 \frac{c_N}{c_M}$$

上式两边同时取对数，则：

$$\lg c_M K'_{MY} - \lg c_N K'_{NY} \geq 5$$

在没有水解或其他配合剂影响时，相同的酸度下，则有：

$$\lg c_M K_{MY} - \lg c_N K_{NY} \geq 5$$

此式就是用来判断能否控制酸度进行选择性测定的判别式。若符合此式，在 M 离子适宜的酸度范围内，可以滴定 M，而 N 不干扰。

判别式只能用来说明滴定 M 的可能性，不能用来计算滴定 M 时的酸度。如果判别式判断出某一种离子可能选择滴定时，则可从图 6-3 上查出滴定酸度。

【例 6-2】水样中含有 Fe^{3+}、Al^{3+}、Ca^{2+}、Mg^{2+}，能否利用控制酸度的方法滴定 Fe^{3+}？

【解】$\lg K_{FeY} = 25.1$，$\lg K_{AlY} = 16.1$，$\lg K_{CaY} = 10.07$，$\lg K_{MgY} = 8.69$，可见 $\lg K_{FeY} > \lg K_{AlY}$、$\lg K_{CaY}$、$\lg K_{MgY}$。均可同时满足上述判断式的判断条件，根据酸效应曲线（图 6-3），如控制 pH＝2，只能满足 Fe^{3+} 所允许的最小 pH 值，其他 3 种离子达不到允许的最小 pH 值，不能形成配合物，即消除了干扰。

如果干扰离子比被选定测定的离子 EDTA 螯合物稳定或两者稳定程度相近，则不能使用调酸度控制干扰的方法进行测定，而要考虑使用其他方法。

6.4.2　掩蔽剂的利用

加入一种试剂与干扰离子作用，使干扰离子浓度降低，这就是掩蔽作用。加入的试剂叫掩蔽剂。

常用的掩蔽方法有配位掩蔽、沉淀掩蔽和氧化还原掩蔽。

6.4.2.1　配位掩蔽

利用掩蔽剂与干扰离子形成稳定的配合物，降低干扰离子浓度的方法，称为配位掩蔽法。如 Fe^{3+} 和 Al^{3+} 与 EDTA 的螯合物比 Ca^{2+} 和 Mg^{2+} 的螯合物稳定，在 Fe^{3+}、Al^{3+} 存在时，测定 Ca^{2+}、Mg^{2+} 时，可以在酸性溶液中加入三乙醇胺使 Fe^{3+}、Al^{3+} 生成配合物而被除去。又如，Al^{3+} 和 Zn^{2+} 两种离子共存时，由于两种 EDTA 螯合物的稳定性相近，所以可用加入氟化物的方法使 Al^{3+} 生成稳定的 AlF_6^{3-} 除去 Al^{3+}，而测定 Zn^{2+}。

在选择掩蔽剂时要考虑掩蔽剂的用量，酸度范围，形成配合物的稳定性，该掩蔽剂的加入是否影响到被测离子，配合物的颜色等。

6.4.2.2　沉淀掩蔽

利用掩蔽剂与干扰离子形成沉淀，降低干扰的离子浓度的方法，称为沉淀掩蔽法。如水样中含有 Ca^{2+} 和 Mg^{2+}，欲测定其中 Ca^{2+} 的含量，因为两种离子的 EDTA 螯合物的稳定常数相差很小，则可加入 NaOH，使 pH 值大于 12，产生 $Mg(OH)_2$ 沉淀，以 EDTA 溶液滴定 Ca^{2+}，则 Mg^{2+} 不干扰测定。

沉淀掩蔽法要求生成沉淀的溶解度小，反应完全，且是无色紧密的晶形沉淀。否则沉淀吸附被测离子，影响终点颜色的观察。

6.4.2.3　氧化还原掩蔽

利用氧化还原反应改变干扰离子的价态，消除干扰的方法，称为氧化还原掩蔽法。例如，在 Fe^{3+} 存在下测定水中 ZrO^{2+}、Th^{4+}、Bi^{3+} 等任一种离子时，三种离子的 $\lg K_{MY}$ 与 $\lg K_{FeY^-}$ 之差很小，用抗坏血酸或盐酸羟胺把 Fe^{3+} 还原为 Fe^{2+}，使 $\lg K_{MY} - \lg K_{FeY^{2-}}$ 很大，可以用控制酸度的方法形成 MY 而 FeY^{2-} 不能形成，消除了 Fe^{3+} 的干扰。

常用的掩蔽剂列于表 6-6 中。

表 6-6　常用的掩蔽剂

名　称	pH 范围	被掩蔽的离子	备　注
NH_4F	pH 为 4～6	Al^{3+}、Ti^{4+}、Sn^{4+}、Zr^{4+}、W^{6+}	用 NH_4F 比 NaF 好，优点是加入后溶液 pH 值变化不大
	pH 为 10	Al^{3+}、Mg^{2+}、Ca^{2+}、Sr^{2+}、Ba^{2+} 及稀土元素	
三乙醇胺（TEA）	pH 为 10	Al^{3+}、Sn^{4+}、Ti^{4+}、Fe^{3+}	与 KCN 并用，可提高掩蔽效果
	pH 为 11～12	Fe^{3+}、Al^{3+} 及少量 Mn^{2+}	
二巯基丙醇（BAL）	pH 为 10	Hg^{2+}、Ca^{2+}、Zn^{2+}、Pb^{2+}、Bi^{3+}、Sn^{4+}、Sb^{3+}、Ag^+ 及少量 Co^{2+}、Cu^{2+}、Ni^{2+}	Co^{2+}、Cu^{2+}、Ni^{2+} 与 BAL 的配合物有色
酒石酸	pH 为 1～2	Fe^{2+}、Sn^{2+}、Mo^{6+}、Sb^{3+}、Sn^{4+}、Fe^{3+} 及 5mg 以下的 Cu^{2+}	与抗坏血酸联合掩蔽
	pH 为 5.5	Fe^{2+}、Al^{3+}、Sn^{4+}、Ca^{2+}	
	pH 为 10	Al^{3+}、Sn^{4+}	
草酸	pH 为 2	Sn^{2+}、Cu^{2+}	草酸对 Fe^{3+} 的掩蔽能力比酒石酸强，对 Al^{3+} 的掩蔽却不如酒石酸
	pH 为 5.5	ZrO^{2+}、Th^{4+}、Fe^{3+}、Fe^{2+}、Al^{3+}	
柠檬酸	pH 为 5～6	UO_2^{2+}、Th^{4+}、Zr^{2+}、Sn^{2+}	—
	pH 为 7	UO_2^{2+}、Th^{4+}、ZrO^{2+}、Ti^{4+}、Nb^{5+}、WO_4^{2-}、Ba^{2+}、Fe^{3+}、Cr^{3+}	

6.5　配位滴定方式及其应用

6.5.1　配位滴定方式

在配位滴定中，采用不同的滴定方式，不仅可以扩大配位滴定的应用范围，而且可以提高配位滴定的选择性。常用的配位滴定方式有直接滴定法、返滴定法和置换滴定法。

6.5.1.1　直接滴定法

将水样调节到所需要的酸度，加入必要的其他试剂（如掩蔽剂）和指示剂，用 EDTA 标准滴定溶液直接滴定水中被测离子浓度。

如 pH 为 1～2 时，直接滴定 Fe^{3+}、Bi^{3+}；pH 为 4 时，直接滴定 Cu^{2+}、Pb^{2+}、Cd^{2+}、Zn^{2+}、Co^{2+}、Ni^{2+}、Al^{3+} 等离子；pH 为 10 时，测定 Ca^{2+}、Mg^{2+} 的含量。

直接滴定法必须满足下列条件：

① 形成的配合物稳定，即 $lg cK_{MY}' \geqslant 6$；

② 配位反应速率快；

③ 有变色敏锐的指示剂，且无封闭现象。

不满足以上条件时，可采用以下滴定方式。

6.5.1.2 返滴定法

返滴定法是在水样中加入过量的 EDTA 标准溶液，用另一种金属盐的标准滴定溶液滴定过量的 EDTA，根据二者的浓度和用量，求得水样中被测金属离子含量的方法。下列情况可采用返滴定法。

（1）被测金属离子 M 与 EDTA 配位速率慢或封闭指示剂　如测定水中的 Al^{3+} 时，Al^{3+} 与 EDTA 配位缓慢，且 Al^{3+} 对指示剂二甲酚橙有封闭现象，此时可采用返滴定法。在水样中加入准确体积的过量 EDTA 标准溶液，在 pH 为 3.5 的条件下，加热煮沸，以加快反应速率，使 Al^{3+} 与 EDTA 配位完全。冷却后，再调节 pH 值至 5～6，以 PAN 或二甲酚橙为指示剂，用 Cu^{2+}（或 Zn^{2+}）标准滴定溶液返滴定剩余的 EDTA。

（2）无变色敏锐的指示剂　如测定水样中的 Ba^{2+} 时，由于没有符合要求的指示剂，可加入过量的 EDTA 标准溶液，使 Ba^{2+} 与 EDTA 生成配合物 BaY 之后，再加入铬黑 T 作指示剂，用 Mg^{2+} 标准滴定溶液返滴定剩余的 EDTA 至溶液由红色变为蓝色。

【注意】返滴定法中的金属盐标准滴定溶液与 EDTA 形成的螯合物的稳定性不宜超过被测离子与 EDTA 螯合物的稳定性，否则会把被测离子从螯合物中置换出，引起滴定误差。

6.5.1.3 置换滴定法

置换滴定法是利用置换反应，置换出等物质的量的另一种金属离子或置换出 EDTA，然后进行滴定的方法。

置换滴定法适用于多种金属离子共存时，测定其中一种金属离子，或是用于无适当指示剂的金属离子的测定。

（1）置换出金属离子　如 Ag^+ 与 EDTA 的配合物不稳定，不能用 EDTA 直接滴定，但于含 Ag^+ 的试液中加过量的 $Ni(CN)_4^{2-}$，可发生下列反应：

$$2Ag^+ + Ni(CN)_4^{2-} \rightleftharpoons 2Ag(CN)_2^- + Ni^{2+}$$

在 pH 为 10 的氨性溶液中，以紫脲酸铵作指示剂，用 EDTA 滴定置换出的 Ni^{2+}，即可求得 Ag^+ 的含量。

被测金属离子与 EDTA 反应不完全或形成的配合物不够稳定，又缺乏指示剂时，可以采用置换金属离子的方法。

（2）置换出 EDTA　用一种选择性高的配位剂将被测金属离子与 EDTA 配合物中的 EDTA 置换出来，置换出与被测离子等化学计量的 EDTA，用另一种金属离子标准滴定溶液滴定。

如测定 Cu^{2+}、Zn^{2+}、Al^{3+} 共存水样中的 Al^{3+} 时，可先加入过量 EDTA，加热使三种离子都与 EDTA 配位完全，在 pH 为 5～6 时以二甲酚橙或 PAN 为指示剂，用 Cu^{2+} 标准滴定溶液返滴定过量的 EDTA，再加入选择性高的配合剂 NH_4F，使 AlY^- 转变为配合物 AlF_6^{3-}，置换出的 EDTA 再用 Cu^{2+} 标准滴定溶液滴定至终点。其反应式为：

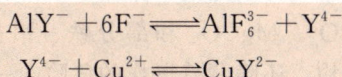

$$AlY^- + 6F^- \rightleftharpoons AlF_6^{3-} + Y^{4-}$$
$$Y^{4-} + Cu^{2+} \rightleftharpoons CuY^{2-}$$

置换出 EDTA 的方法，适用于多种金属离子共存时，测定其中一种金属离子的含量。

6.5.2 EDTA 标准滴定溶液的配制与标定

6.5.2.1 配制

称取 3.725g EDTA 二钠二水合物，溶于水后，在 1000mL 容量瓶中稀释至刻度，存放于聚乙烯瓶中，该 EDTA 溶液的近似浓度为 10.0mmol/L。

6.5.2.2 标定

标定用的基准物质可用 Zn（锌粒纯度为 99.9%）、$ZnSO_4$、$CaCO_3$ 等，指示剂可用铬黑 T（EBT），pH=10.0，终点时溶液由红色变为蓝色，以 NH_3-NH_4Cl 为缓冲溶液；或用二甲酚橙（XO），pH 为 5～6，终点时溶液由紫红色变为亮黄色，以六亚甲基四胺为缓冲溶液。

例如：准确吸取 25.00mL 10.0mmol/L 的 Zn^{2+} 标准溶液，用蒸馏水稀释至 50mL，加入几滴氨水，使溶液 pH=10.0，再加入 5mL NH_3-NH_4Cl 为缓冲溶液，以铬黑 T 为指示剂，用近似浓度的 EDTA 溶液滴定至终点，消耗近似浓度的 EDTA 溶液 V_{EDTA}（mL）。则：

$$c(\text{EDTA}) = \frac{c(Zn^{2+})V(Zn^{2+})}{V(\text{EDTA})}$$

式中　$c(\text{EDTA})$——EDTA 标准滴定溶液的物质的量浓度，mmol/L；

　　　$c(Zn^{2+})$——Zn^{2+} 标准溶液的物质的量浓度，mmol/L；

　　　$V(Zn^{2+})$——Zn^{2+} 标准溶液的体积，25mL；

　　　$V(\text{EDTA})$——滴定时消耗近似浓度的 EDTA 溶液的体积，mL。

6.5.3 配位滴定法的应用

6.5.3.1 水的总硬度的测定（EDTA 滴定法）

（1）测定的意义　水的硬度是指水中 Ca^{2+}、Mg^{2+} 浓度的总量，是水质的重要指标之一。如果水中 Fe^{2+}、Fe^{3+}、Sr^{2+}、Mn^{2+}、Al^{3+} 等离子含量较高时，也应记入硬度含量中；但用配位滴定法测定硬度，可不考虑它们对硬度的贡献。一般天然地表水中硬度较小，如长江水为 4～7 度，松花江水月平均硬度为 2～8 度。地下水、咸水和海水的硬度较大，一般为 10～100 度，多者达几百度。一般情况下，工业废水和污水可不考虑硬度的测定。有时把含硬度（硬度＞8 度）的水称为硬水，含有少量或完全不含有硬度（硬度＜8 度）的水称为软水。

水的硬度对人体健康危害较小。一般硬水可以饮用，并且由于 $Ca(HCO_3)_2$ 的存在而有一种蒸馏水所没有的、醇厚的新鲜味道；饮用硬度过高的水，有时会引起肠胃不适。由于钙是构成动物骨骼的元素之一，长期饮用硬度过低的水，会使人骨骼发育受影响，也会加剧某些疾病的发生。因此，适量的钙是人类生活中不可缺少的。但含有硬度的水，不宜用于洗涤，因为肥皂中可溶性的脂肪酸盐遇 Ca^{2+}、Mg^{2+} 等离子，即生成不溶性沉淀，不仅造成浪费，而且污染衣物。但是近年来，由于合成洗涤剂的广泛应用，水的硬度的影响已大大减小了。

硬度过高的水不适宜工业使用，特别是锅炉作业。由于长期加热的结果，锅炉内壁结成水垢（主要成分为 $CaSO_4$、$CaCO_3$、$MgCO_3$ 和部分铁、铝盐等），这不仅影响热的传导，造成燃料浪费，而且由于受热不均，还隐藏着爆炸的危险。一些工业用水对水的硬度也有一定要求。因此，为了保证锅炉安全运行和工业产品的质量，锅炉用水和一些工业用水，必须软化之后，才能应用。去除硬度离子的软化处理，是水处理尤其工业用水处理的重要内容。

（2）分析方法　水中总硬度的测定，目前常采用 EDTA 配位滴定法。在 pH 为 10 的氨性缓冲溶液条件下，以铬黑 T 为指示剂，用 EDTA 标准滴定溶液进行滴定。其测定原理如下：

在 pH 为 10 的氨性缓冲溶液条件下，指示剂铬黑 T 和 EDTA 都能与 Ca^{2+}、Mg^{2+} 生成配合物，且配合物稳定程度顺序为 $CaY^{2-} > MgY^{2-} > MgIn^- > CaIn^-$。在加入指示剂铬黑 T 时，铬黑 T 与试样中少量的 Mg^{2+}、Ca^{2+} 生成紫红色的配合物。

$$Mg^{2+} + HIn^{2-} \rightleftharpoons MgIn^- + H^+$$
$$Ca^{2+} + HIn^{2-} \rightleftharpoons CaIn^- + H^+$$

滴定开始后，EDTA 首先与试样中游离的 Ca^{2+}、Mg^{2+} 配位，生成稳定无色的 MgY^{2-} 和 CaY^{2-} 配合物。

$$H_2Y^{2-} + Mg^{2+} \rightleftharpoons MgY^{2-} + 2H^+$$
$$H_2Y^{2-} + Ca^{2+} \rightleftharpoons CaY^{2-} + 2H^+$$

当游离的 Ca^{2+}、Mg^{2+} 与 EDTA 配位完全后，由于 CaY^{2-}、MgY^{2-} 配合物的稳定性远大于 $CaIn^-$、$MgIn^-$ 配合物，继续滴加的 EDTA 会夺取 $CaIn^-$、$MgIn^-$ 配合物中的 Ca^{2+}、Mg^{2+}，使铬黑 T 游离出来，溶液由紫红色变为蓝色，指示滴定终点。反应如下：

$$H_2Y^{2-} + MgIn^- \rightleftharpoons MgY^{2-} + HIn^{2-} + H^+$$
$$H_2Y^{2-} + CaIn^- \rightleftharpoons CaY^{2-} + HIn^{2-} + H^+$$

根据 EDTA 标准滴定溶液的浓度及滴定时的用量，即可计算出总硬度：

$$总硬度(CaO, mg/L) = \frac{c(EDTA)V(EDTA) \times 56.08 \times 1000}{V}$$

式中　$c(EDTA)$——EDTA 标准滴定溶液的物质的量浓度，mol/L；

$\quad\quad\quad V(EDTA)$——滴定时消耗的 EDTA 标准滴定溶液体积，mL；

$\quad\quad\quad\quad\quad V$——原水样的体积，mL；

$\quad\quad\quad 56.08$——CaO 的摩尔质量，g/mol。

从上述反应可看出，在测定过程中每一步反应都有 H^+ 产生，为了控制滴定条件为 pH=10，使 EDTA 与 Ca^{2+}、Mg^{2+} 形成稳定的配合物，所以必须使用氨性缓冲溶液稳定溶液的 pH 值。

（3）硬度的表示方法

① mmol/L：这是现在硬度的通用单位。

② mg/L（以 $CaCO_3$ 计）：1mmol/L＝100.1mg/L（以 $CaCO_3$ 计）。我国饮用水中总硬度不超过 450mg/L（以 $CaCO_3$ 计）。

③ 德国度（简称度）：1 德国度相当于 10mg/L 的 CaO 所引起的硬度，即 1 度。通常所指的硬度是德国硬度。

1 度＝10mg/L（以 CaO 计）

1mmol/L(CaO)＝56.1/10＝5.61（度）

1 度＝100.1/5.61＝17.8（mg/L）（以 $CaCO_3$ 计）

此外，还有法国度、英国度和美国度（均以 $CaCO_3$ 计）。这些单位与德国度、mmol/L 等硬度单位的关系见表 6-7。

表 6-7 几种硬度单位及其换算

硬 度 单 位	mmol/L	德国度 （10mg/L CaO）	英国度 （10mg/L CaCO₃）	法国度 （10mg/L CaCO₃）	美国度 （10mg/L CaCO₃）
1mmol/L	1	5.61	7.02	10	100
1 德国度（10mg/L CaO）	0.178	1	1.25	1.78	17.8
1 英国度（10mg/L CaCO₃）	0.143	0.08	1	1.43	14.3
1 法国度（10mg/L CaCO₃）	0.1	0.56	0.7	1	10
1 美国度（10mg/L CaCO₃）	0.01	0.056	0.07	0.1	1

（4）天然水中硬度与碱度的关系

总硬度——钙和镁的总浓度。

碳酸盐硬度（又称暂时硬度）——总硬度的一部分，相当于跟水中碳酸盐及重碳酸盐结合的钙和镁所形成的硬度。一般通过加热煮沸可以除去。由于加热后生成碳酸盐沉淀在水中仍有一定的溶解度，碳酸盐硬度并不能由加热煮沸完全除尽。

非碳酸盐硬度（又称永久硬度）——总硬度的另一部分，当水中钙和镁含量超出与它们结合的碳酸盐和重碳酸盐含量时，多余的钙和镁就在水中形成氯化物、硫酸盐、硝酸盐等，构成非碳酸盐硬度。

天然水的总碱度——主要是重碳酸盐碱度，碳酸盐碱度含量极小，故可认为 $[HCO_3^-]$ 等于总碱度。

根据假想化合物组成的不同，按化学计量关系可将水中硬度和碱度的关系分为以下三种情况：

① 总硬度＞总碱度 当水中 Ca^{2+}、Mg^{2+} 含量较多时，其与 CO_3^{2-}、HCO_3^- 作用完之后，其余的 Ca^{2+}、Mg^{2+} 便首先与 SO_4^{2-}、Cl^- 化合成 $CaSO_4$、$MgSO_4$、$CaCl_2$、$MgCl_2$ 等非碳酸盐硬度，故水中无碱金属碳酸盐等存在，此时：

碳酸盐硬度＝总碱度
非碳酸盐硬度＝总硬度－总碱度

② 总硬度＜总碱度 当水中 CO_3^{2-}、HCO_3^- 含量较大时，首先与 Ca^{2+}、Mg^{2+} 作用完之后，剩余的 CO_3^{2-}、HCO_3^- 便与 Na^+、K^+ 等离子形成碱金属碳酸盐而出现了负硬度。此时：

碳酸盐硬度＝总硬度

无非碳酸盐硬度，而有：

负硬度＝总碱度－总硬度

钠和钾的碳酸盐和重碳酸盐等称为负硬度。

③ 总硬度＝总碱度 当水中 Ca^{2+}、Mg^{2+} 与 CO_3^{2-}、HCO_3^- 作用完全之后，均无剩余，故此时总硬度的量就是总碱度的量，此时只有碳酸盐硬度，则：

碳酸盐硬度＝总硬度＝总碱度

应该指出，讨论硬度与碱度关系时，所涉及的有关化合物都是假想化合物，因为水中溶解性盐类都以离子状态存在，如天然水中 Na^+、K^+、Ca^{2+}、Mg^{2+} 等阳离子和 CO_3^{2-}、HCO_3^-、Cl^-、SO_4^{2-}、NO_3^- 等阴离子，由这些离子结合的化合物称为假想化合物。

总硬度和总碱度可以测定，根据测得数值的大小可以判断水中的碱度组成和硬度组成。

6.5.3.2　氰化物测定

氰化物属于剧毒物质，对人体的毒性主要是与高铁细胞色素氧化酶结合，生成氰化高铁细胞色素氧化酶而失去传递氧的作用，引起人体缺氧窒息。

氰化物的主要污染源是小金矿的开采、冶炼、电镀、有机化工、选矿、炼焦炭造气、化肥等工业排放的废水。氰化物可能以 HCN（气体）、CN^- 和配位氰离子形式存在于水中。含氰废水用氯化法处理时，可产生氯化氰（CNCl），它是一种溶解度有限，但毒性很大的气体，其毒性超过同浓度的氰化物。氰化物气体（HCN 和 CNCl）可通过呼吸道进入生物体，发生毒害作用，CN^- 通过饮用水吸收，配位氰离子在一定条件下可转化为气体，对水生生物和人都有很大的毒性。

(1) 硝酸银滴定法　高浓度的氰化物水样，一般选择配位滴定法进行含量测定。向水样中加入酒石酸、硝酸锌或 EDTA，在 pH 为 4 的条件下，加热蒸馏，简单氰化物和部分配位氰化物（如锌氰配合物）以氰化氢形式被蒸馏出，用氢氧化钠吸收，蒸馏后的碱性馏出液用硝酸银标准滴定溶液滴定，氰离子与硝酸银作用生成可溶性的银氰配位离子 $[Ag(CN)_2]^-$，过量的银离子与试银灵（对二甲氨基亚苄基罗丹宁）指示剂反应，溶液由黄色变为橙红色。

(2) 水样采集与保存　采集水样后，必须立即加氢氧化钠固定，使样品的 pH 大于 12，并将样品贮于聚乙烯瓶中，采集的样品应及时测定。否则，必须将样品存放在约 4℃ 的暗处，并在采样后 24h 内进行样品测定。当水样中含有大量硫化物时，应先加碳酸镉或碳酸铅固体粉末，除去硫化物后，再加氢氧化钠固定。否则，在碱性条件下，氰离子与硫离子作用而形成硫氰酸根（SCN^-）离子，干扰测定。

思考题与习题 >>>

1. 名词解释题

多基配位体　氨羧配位剂　螯合物　EDTA 的酸效应　配位效应　稳定常数　条件稳定常数

2. 填空题

(1) Fe^{3+}、Cu^{2+} 与 EDTA 二钠盐反应的方程式分别为_____、_____。

(2) 溶液酸性越强，酸效应越_____，溶液 pH 值越大，酸效应越_____，酸效应系数越_____。

(3) pH＞12 时，EDTA 以_____型体存在。

(4) 金属指示剂的颜色与_____有关，本身具有_____性。

(5) EDTA 与金属离子多数以_____的配位比形成螯合物。

(6) 大多数的金属离子与 EDTA 的螯合物_____颜色，少数如 Cu^{2+}、Fe^{3+} 等的螯合物_____。

3. 简答题

(1) 利用稳定常数对数值说明不同金属离子的 EDTA 螯合物的稳定性差异。

(2) 酸度怎样影响 EDTA 各种型体的分布？

(3) 条件稳定常数怎样通过稳定常数计算？哪些因素影响螯合物的稳定性？

(4) 通常情况下如何判断某金属离子能否被 EDTA 准确滴定？

(5) 酸效应曲线怎样绘制？稳定常数和对应的最小 pH 有什么关系？

(6) 影响配位滴定曲线化学计量点及突跃范围的因素有哪些？

(7) 以铬黑 T 为例，说明金属指示剂的作用原理及必备条件。

(8) 何谓金属指示剂的封闭、僵化现象？如何防止？

(9) 控制酸度选择性测定某种离子需要满足什么条件？提高选择性的其他方法有哪些？

(10) 配位滴定方式有几种？应用的条件是什么？

(11) 简要说明水中总硬度测定的原理。

(12) 天然水中总硬度与总碱度的关系是什么？

4. 计算题

(1) 准确称取 0.1001g 纯 $CaCO_3$，用盐酸溶解并煮沸除去 CO_2 后，在容量瓶中稀释至 100mL，吸取 25.00mL，调节 pH＝12，用 EDTA 溶液滴定，用去 25.00mL，求 EDTA 的物质的量浓度和该溶液对 CaO、$CaCO_3$ 的滴定度？并计算配制此浓度的 EDTA 1000mL 需用 $Na_2H_2Y \cdot 2H_2O$ 多少克？（0.01000mol/L，5.608×10^{-4}g/mL，1.001×10^{-3}g/mL，3.722g）

(2) 用 EDTA 标准滴定溶液滴定水样中的 Ca^{2+}、Fe^{3+}、Zn^{2+} 时的最小 pH 值是多少？结果有什么意义？（7.6，1.2，4）

(3) 计算 pH＝10 时，以 10.00mmol/L EDTA 溶液滴定 20.00mL 10.0mmol/L Mg^{2+} 溶液，在计量点时的 pMg 值。（5.5）

(4) 取水样 100mL，调节 pH＝10，用铬黑 T 为指示剂，以 10.0mmol/L EDTA 溶液滴定至终点，消耗 25.00mL，求水样总硬度（以 mmol/L，$CaCO_3$mg/L 表示）。（2.5mmol/L，250mg/L）

技能实训　水中硬度的测定

一、实训目的

(1) 学会 EDTA 标准滴定溶液的配制与标定方法。

(2) 掌握水中硬度的测定原理和方法。

二、方法原理

用 EDTA 溶液配位滴定 Ca^{2+}、Mg^{2+} 溶液测定总硬度。在 pH＝10 的氨性缓冲溶液中，以铬黑 T 作指示剂，与钙离子和镁离子生成紫红色或紫色溶液。滴定中，游离的钙、镁离子首先与 EDTA 反应，与指示剂配位的钙、镁离子随后与 EDTA 反应，到达终点时 EDTA 把指示剂置换出，此时溶液的颜色由紫变为天蓝色。

滴定钙硬度，用 2mol/L NaOH 调节溶液 pH 值大于 12，使 Mg^{2+} 生成 $Mg(OH)_2$ 沉淀。钙指示剂与 Ca^{2+} 形成红色配合物，滴定终点为蓝色。根据两次滴定值，可分别计算总硬度和钙硬度。镁硬度可由总硬度减去钙硬度求得。

由于铬黑 T 与 Mg^{2+} 显色反应的灵敏度高，与 Ca^{2+} 显色反应的灵敏度低，所以当水样中 Mg^{2+} 的含量较低时，用铬黑 T 作指示剂往往得不到敏锐的终点。这时可在溶液中加入一定量的 Mg-EDTA 缓冲溶液，提高终点变色的敏锐性。可采用酸性铬蓝 K-萘酚绿 B 混合指示剂，此时终点颜色由紫红色变为蓝绿色。

本法的主要干扰离子有 Fe^{3+}、Al^{3+}、Mn^{2+}、Cu^{2+}、Zn^{2+} 等。当 Mn^{2+} 含量超过 1mg/L 时，在加入指示剂后，溶液会出现浑浊的玫瑰色。可加入盐酸羟胺使之消除。Fe^{3+}、Al^{3+} 等的干扰，可用三乙醇胺掩蔽；Cu^{2+}、Zn^{2+} 可用 Na_2S 消除。

若测定时室温过低，可将水样加热至 30～40℃，滴定时要注意速度不可太快，并不断摇动，使充分反应。

三、仪器和试剂

(1) 仪器　250mL 锥形瓶 2 个，25mL 酸式滴定管 1 支，50mL 移液管 1 支，10mL 量

筒 1 个，250mL 烧杯 1 个。

（2）试剂

① 0.01mol/L EDTA 标准滴定溶液的配制　称取 1.4g EDTA 二钠盐，溶解于 50mL 温热水中，稀释至 250mL，摇匀，转移至 250mL 具塞玻璃试剂瓶中。

② $CaCO_3$ 标准溶液配制　用减量法准确称取已在 110℃ 干燥过的 $CaCO_3$ 约 0.1～0.6g 于 100mL 烧杯中，加水润湿，盖上表面皿，再从杯嘴逐滴加入 HCl 至完全溶解后，加热煮沸，用水把可能溅到表面皿上的溶液淋洗入杯中，待冷却后移入 250mL 容量瓶中，稀释至刻度，摇匀，计算其准确浓度。

③ EDTA 标准滴定溶液的标定　用移液管吸取 25mL 钙标准溶液，置于 250mL 锥形瓶，加 250mL 蒸馏水，加入适量固体钙指示剂，在搅拌下滴加 20% NaOH 溶液至出现酒红色后再过量 0.5～1mL，以 EDTA 标准滴定溶液滴定至溶液呈纯蓝色，即为终点。平行标定两次，计算 EDTA 的准确浓度。

④ 缓冲溶液　称取 20g 分析纯 NH_4Cl 溶于少量蒸馏水，加入 100mL 浓氨水，加 Mg-EDTA 溶液，用蒸馏水稀释至 1L。

⑤ Mg-EDTA 溶液制备方法　称取 0.25g 分析纯 $MgCl_2 \cdot 6H_2O$ 于 100mL 烧杯中，加少量蒸馏水，溶解后转入 100mL 容量瓶中，稀释至刻度。用移液管吸取 50mL 放入锥形瓶中，加缓冲溶液 5mL，铬黑 T 少许，用 0.01mol/L EDTA 滴定至溶液刚呈蓝色。取与此同等量的 EDTA 溶液，加入容量瓶中剩余的 $MgCl_2$ 溶液中，摇匀。即成 Mg-EDTA 溶液。将此溶液全部倒入上述缓冲溶液中。

⑥ 2mol/L NaOH 溶液　称取 80g 分析纯 NaOH，溶于 1L 蒸馏水中。

⑦ 铬黑 T 指示剂或钙指示剂　取 1 份指示剂和 100 份分析纯 NaCl 混合研细。

⑧ 10% 盐酸羟胺　此溶液容易分解，用时新配。

⑨ 1∶1 三乙醇胺溶液。

⑩ 2% Na_2S 溶液。

四、操作步骤

1. 总硬度的测定

① 用移液管取水样 50mL，放入锥形瓶中。

② 加盐酸羟胺溶液 5 滴。

③ 加三乙醇胺溶液 1mL，掩蔽 Fe^{3+}、Al^{3+} 的干扰。

④ 加缓冲溶液 5mL，此时水样的 pH 值应为 10。

⑤ 加铬黑 T 固体指示剂 1 小勺，使水样呈明显的紫红色。用 EDTA 标准滴定溶液滴定，将近终点时，因反应较慢，要充分摇荡。滴至溶液由紫红色转变为蓝色时，即为终点。记录消耗 EDTA 的体积（V_1）。

2. 钙硬度的测定

① 用移液管取 50mL 水样，放入锥形瓶中。

② 加盐酸羟胺溶液 5 滴。

③ 加三乙醇胺溶液 1mL。

④ 加 2mol/L NaOH 溶液 1mL，此时水样的 pH 值应为 12～13。加钙指示剂 1 小勺，水样呈明显的红色。用 EDTA 标准滴定溶液滴定（若水样中碳酸盐和重碳酸盐过多而出现沉淀时，可先将水样酸化，煮沸数分钟，冷却后再中和至中性，然后加 1mL NaOH 溶液和

指示剂，并用 EDTA 标准滴定溶液滴定）。

⑤ 滴定时要不断摇荡，将近终点时，滴定要慢。滴至溶液由红色刚好变为蓝色，即为终点。记录消耗 EDTA 的体积（V_2）。

根据 V_1 和 V_2 计算水样总硬度、钙硬度及镁硬度。以（CaO，mg/L）表示分析结果。

五、数据记录与计算

1. 数据记录

将测得数据记录于表 6-8 中。

表 6-8　水中硬度的测定数据记录表

水 样 编 号	1	2	3
V_1/mL			
平均值			
总硬度/(mmol/L)（$CaCO_3$ 计，mg/L）			
V_2/mL			
平均值			
钙硬度（Ca^{2+}）			

2. 计算

（1）总硬度

$$总硬度(mmol/L) = \frac{cV_1}{V_0}$$

$$总硬度(CaCO_3 计, mg/L) = \frac{cV_1}{V_0} \times 100.1$$

式中　c——EDTA 标准滴定溶液的物质的量浓度，mmol/L；

　　　V_1——滴定时消耗 EDTA 标准滴定溶液的体积，mL；

　　　V_0——水样的体积，mL；

　100.1——碳酸钙的摩尔质量，g/mol。

（2）钙硬度

$$钙硬度(Ca^{2+}, mg/L) = \frac{cV_2}{V_0} \times 40.08$$

式中　c——EDTA 标准滴定溶液的物质的量浓度，mmol/L；

　　　V_2——滴定时消耗 EDTA 标准滴定溶液的体积，mL；

　40.08——钙离子的摩尔质量，g/mol。

六、注意事项

（1）若水样硬度大于 15 度时，可取 10~25mL 水样，并用蒸馏水稀释至 50mL。

（2）指示剂的量过多显色就浓，少则淡。在这两种情况下，对于终点变色的判断都是困难的，因而添加指示剂的量以能形成明显的红色为好。

（3）水样的酸性或碱性太强，会影响缓冲溶液的缓冲效果而使溶液不能达到一定的 pH。这时要用 NaOH 或 HCl 中和到溶液大致呈中性。

七、思考题

硬度测定中为什么要加入缓冲溶液？

刘冬梅：坚守雄安生态环保一线30年的"铁娘子"

早晨6点，她手拿仪器，乘坐小船，夏季不顾蚊虫叮咬，冬季冒严寒破冰取水采样，一年四季奔赴在白洋淀淀内的沟壑河汊，对淀区40多个点位进行水质采样监测，她用实际行动践行绿水青山就是金山银山理念，将自己的青春献给了这片水域，努力让白洋淀变得天更蓝水更清。她就是坚守雄安环保一线的"铁娘子"刘冬梅。

刘冬梅是土生土长的河北安新人，1993年进入安新县环保部门工作，现任安新县生态环境局监测站站长。雄安新区设立以来，白洋淀生态环境治理和保护工作成为头等大事。刘冬梅和她的同事们一起冒着酷暑严寒，走完每一条河流，踏勘选定站址，走乡串村，按时保质保量完成水质监测任务。

"干了快30个年头了，因为白洋淀国控点及周边每周都需要采样监测，我走遍了淀区的每个村庄和监测点位，保证了监测数据的准确有效。"刘冬梅说，"我们监测站承担着白洋淀淀区水样的采集和监测分析任务。白洋淀内的国控水质自动监测站由5个增加到8个，按照新区要求，8个国控点及周边40多个点位，需要每周一和周四定期采样监测。"

刘冬梅坚持早晨6点出发采样。开船到采样点，她和同事们把采样器小心翼翼地放入水中。"监测都得严格按国家标准规范进行，采水面下0.5米处的水样，1个点位一般采500~1000毫升，然后尽快送进实验室监测"，刘冬梅说。刘冬梅和同事们不分昼夜、无私忘我，总是能圆满完成各项艰巨的任务，大家都亲切地称她为坚守雄安环保一线的"铁娘子"。

"绝不让一滴污水流入白洋淀！现在白洋淀的生态环境逐步提升改善，保护白洋淀的绿水青山是我的职责使命。"刘冬梅说，水质监测是环保工作的基础。水质改善是拿数据说话的，容不得一丝马虎。采样、实验室操作都有一套严格规范，数据测出来多少就是多少。

在刘冬梅看来，监测数据的真实、准确是不可触碰的红线。"作为监测人，首先要保证监测的真实性，以监测数据促进水质改善提升。如果发现问题，那就抓紧治理，环境治理好了，数据自然而然就漂亮了"，刘冬梅说。

雄安新区设立以来，刘冬梅在白洋淀生态环境治理和保护方面做了大量工作，控源、截污、治河、补水、搬迁等多措并举，白洋淀的重要湿地功能得到加快恢复。随着生态环境好转，到白洋淀"安家落户"的青头潜鸭、黑鹳等珍稀鸟类越来越多。

2017年前，白洋淀水质为劣Ⅴ类至Ⅴ类重污染，通过下大力气治理，其后每年水质都上一个台阶，2021年白洋淀水质全域达到Ⅲ类水，为近10年最高水平，进入全国良好湖泊行列。

"这几年，白洋淀水质越来越好，一年上一个台阶，生态好了，来的鸟儿也多了"，刘冬梅激动地说。2020年，刘冬梅被评为"最美基层环保人"。未来，刘冬梅将带领同事们继续坚守在监测一线，以忠诚、敬业、干净、担当的实际行动，守护绿水青山，守护雄安新区这个美丽绿色家园。

7

分光光度法

📄 学习目标

❖ **知识目标**

了解物质对光的选择性吸收、朗伯—比耳定律和分光光度法的误差及定量方法；熟悉紫外-可见分光光度计结构及其工作原理，掌握显色反应条件、测定条件和紫外-可见分光光度法的应用。

❖ **能力目标**

正确选择实验条件，设计实验方案，安全使用和维护紫外可见分光光度计；分析处理实验数据及独立编写实验报告。

❖ **素质目标**

通过选择实验条件、设计实验方案和实际操作，激发探究和创新积极性，培养认真负责，踏实敬业的工作态度。

7.1 概述

分光光度法是基于物质对光的选择性吸收而建立起来的分析方法，因此又叫吸光光度法或吸收光谱法。

许多物质的溶液是有颜色的。例如，$KMnO_4$ 水溶液呈紫红色，$K_2Cr_2O_7$ 水溶液呈橙色。许多物质的溶液本身是无色或浅色的，但它们与某些试剂发生反应后生成有色物质。例如，Fe^{2+} 与邻二氮菲生成红色配合物。Cu^{2+} 与氨水生成深蓝色的配合物，Fe^{3+} 与 SCN^- 生成血红色配合物。有色物质溶液颜色的深浅与其浓度成正比，浓度越大，颜色越深。溶液中有色物质的含量如果是通过用标准色阶比较颜色深浅的方法来确定的，称为比色分析法；如果是通过使用分光光度计，利用溶液对单色光的吸收程度来确定物质含量的方法，则称为分光光度法。根据入射光波长范围的不同，它又分为可见分光光度法、紫外分光光度法、红外分光光度法等。比色分析法常用目视测定，目视比色法仪器简单，操作简便，但灵敏度和准确度都不如分光光度法，只是在一些准确度要求不高的分析中有一定的应用。本章主要介绍分光光度法及其在水质分析中的应用。

分光光度法是水质分析中最常用的分析测定方法之一，它主要应用于测定试样中微量组分的含量。与化学分析法比较它具有如下特点。

（1）灵敏度高　分光光度法可不经富集直接测定试样中低至 0.00005％的微量组分。一般情况下，测定浓度的下限也可达 $0.1\sim1\mu g/g$，相当于含量为 $0.001\%\sim0.0001\%$ 的微量组分。如果对被测组分预先富集，灵敏度还可以提高 2～3 个数量级。

（2）准确度较高　分光光度法的相对误差通常为 2％～5％，完全能够满足微量组分的测定要求。若采用差示分光光度法，其相对误差甚至可达 0.5％，已接近重量分析和滴定分析的误差水平。相反，滴定分析法或重量分析法却难以完成这些微量组分的测定。

（3）操作简便快速　分光光度法的仪器设备一般都不复杂，操作简便。如果将试样处理成溶液，一般只经历显色和测量吸光度两个步骤，就可得出分析结果。采用高灵敏度、高选择性的显色反应并与掩蔽反应相结合，一般可不经分离而直接进行测定。

（4）应用范围广　几乎所有的无机离子和有机化合物都可直接或间接地用分光光度法测定。还可用来研究化学反应的机理，例如测定溶液中配合物的组成，测定一些酸碱的离解常数等。目前，分光光度法是广泛用于工农业生产和生物、医学、临床、环保等领域的一种常规分析方法。

7.2　分光光度法测定原理

7.2.1　光的基本性质

光是一种电磁波，光具有波粒二象性。光的波动性表现在光具有一定的波长和频率，能产生折射、衍射和干涉等现象。光的粒子性表现在光由大量以光速运动的粒子流所组成，能产生光电效应，这种粒子称为光子。光可用波长来表示。波长不同的光具有的能量也不同，波长越短、频率越高的光子，能量越大。具有同一波长的光称为单色光，由不同波长的光组成的光称为复合光（混合光或白光）。光的波长范围很广，人眼能看到的光波为 $400\sim800nm$，通常称为可见光区；短于 400nm 的光波叫紫外线，$200\sim400nm$ 称为近紫外光区，短于 200nm 称为远紫外光区。长于红色光波的叫红外线，而 $0.75\sim2.5\mu m$ 称为极近红外光区，$2.5\sim25\mu m$ 为近红外光区，$25\sim300\mu m$ 为远红外光区。

7.2.2　溶液的颜色和对光的选择性吸收

物质吸收不同波长的光会在人视觉上产生不同的颜色，溶液的颜色是由于该溶液中物质对光的吸收具有选择性。如果把物质放在暗处，看不到是什么颜色。如果在复合光（白光）照射下，几乎所有的可见光全部都被吸收，溶液就呈黑色，如果全部不被吸收，则溶液就是无色透明的。溶液会选择性地吸收某些波长的色光，却让那些未被吸收的光透射过去（称为透射光），溶液的颜色就是透射光的颜色。此时，溶液吸收光的颜色与透射光的颜色称为互补色，例如，$KMnO_4$ 水溶液能吸收绿色光而呈紫红色，则绿色和紫红色互为互补色，又如 $CuSO_4$ 水溶液能吸收黄色光而呈现黄色光的互补色蓝色，即 $CuSO_4$ 溶液为蓝色。物质呈现的颜色与吸收光颜色和波长的关系见表 7-1。

表 7-1　物质呈现的颜色与吸收光颜色和波长的关系

物质呈现的颜色	吸　收　光		物质呈现的颜色	吸　收　光	
	颜色	波长范围/nm		颜色	波长范围/nm
黄绿	紫	380~435	紫	黄绿	560~580
黄	蓝	435~480	蓝	黄	580~595
橙红	绿蓝	480~500	绿蓝	橙	595~650
红紫	绿	500~560	蓝绿	红	650~760

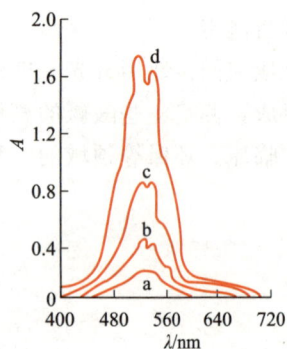

图 7-1　高锰酸钾溶液
的光吸收曲线

a、b、c、d 分别表示不同物质。

如果将各种单色光依次通过固定浓度和固定厚度的某一有色溶液，测量该溶液对各种单色光的吸收程度（即吸光度 A），然后以波长 λ 为横坐标，吸光度 A 为纵坐标作图，所得曲线称为该溶液的光吸收曲线，该曲线能够准确地描述溶液对不同波长单色光的吸收能力。图 7-1 是四种浓度 $KMnO_4$ 溶液的光吸收曲线。从图中可以看出以下信息。

（1）$KMnO_4$ 溶液对不同波长的光的吸收程度不同　对绿色光区中 525nm 的光吸收程度最大（此波长称为最大吸收波长，以 λ_{max} 或 $\lambda_{最大}$ 表示），所以吸收曲线上有一最大的吸收峰。相反，$KMnO_4$ 溶液对红色和紫色光基本不吸收，所以，$KMnO_4$ 溶液呈紫红色。

（2）不同物质吸收曲线形状不同　这一特性可以作为物质定性分析的依据。同一物质的吸收曲线是相似的。并且 λ_{max} 或 $\lambda_{最大}$ 相同。

（3）相同物质不同浓度的溶液，在一定波长处吸光度随浓度增加而增大，因此，d 点的浓度最大。

吸收曲线是分光光度法选择测量波长的重要依据，通常选择最大吸收波长的单色光进行比色，因为在此波长的单色光照射下，溶液浓度的微小变化能引起吸光度的较大改变，因而可以提高比色的灵敏度。

7.2.3　朗伯-比耳定律

当一束平行的单色光通过某一溶液时，光的一部分被吸收，一部分透过溶液，设实际入射光的强度为 I_0，透过光的强度为 I，用 T 表示透光率，则 $T = I/I_0$。透光率的负对数称为吸光度，用符号 A 表示，其数学表达式为

$$A = -\lg \frac{I}{I_0} = \lg \frac{I_0}{I}$$

溶液对光的吸收程度与溶液的浓度、液层的厚度及入射光的波长等因素有关。早在 1760 年和 1852 年，朗伯（Lambert）和比耳（Beer）分别提出了溶液的吸光度与液层厚度 b 及溶液浓度 c 的定量关系，其数学表达式分别为：

$$\lg \frac{I_0}{I} = K_1 b \quad （朗伯定律）$$

$$\lg \frac{I_0}{I} = K_2 c \quad \text{（比耳定律）}$$

如果同时考虑溶液浓度和液层厚度对光吸收程度的影响，即将朗伯定律和比耳定律结合起来，则可得朗伯-比耳定律，此定律也称为光吸收基本定律。其数学表达式为：

$$A = \lg \frac{I_0}{I} = Kbc \quad \text{（朗伯-比耳定律）}$$

式中 K_1、K_2 和 K 均为比例常数，K 随 c、b 所用单位不同而不同。朗伯-比耳定律不仅适用于可见光区，也适用于紫外光区和红外光区；不仅适用于溶液，也适用于其他均匀的非散射的吸光物质（包括气体和固体）。它是各类吸光光度法的定量依据。

如果液层厚度 b 的单位为 cm，浓度单位为 g/L，K 用 a 表示，a 称为吸光系数，又称为质量吸收系数，单位是 L/(g·cm)，则：

$$A = abc$$

如果液层厚度 b 的单位仍为 cm，但浓度单位为 mol/L，则常数 K 用 ε 表示，ε 称为摩尔吸光系数，其单位是 L/(mol·cm)，则表达式为：

$$A = \varepsilon bc$$

7.2.4 分光光度法的定量方法及误差

7.2.4.1 分光光度法的定量方法

（1）标准曲线法 根据光的吸收定律，如果液层厚度、入射光波长保持不变，则在一定浓度范围内，所测的吸光度与溶液中待测物质的浓度成正比。先配制一系列已知准确浓度的标准溶液，在选定波长处分别测其吸光度 A，然后以标准溶液的浓度 c 为横坐标，以相应的吸光度 A 为纵坐标，绘制 A-c 关系图，得到一条通过坐标原点的直线，称为标准曲线（图7-2）。在相同条件下测出试样溶液的吸光度，可从标准曲线上查出试样溶液的浓度。

（2）比较法 在相同条件下，配制被测试样溶液及与其浓度相近的标准溶液，在所选波长处分别测量标准溶液的吸光度和试样溶液的吸光度，根据朗伯-比耳定律：

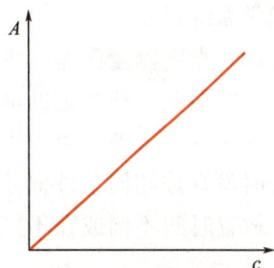

图7-2 标准曲线图

$$A = Kbc$$
$$A_{标} = Kbc_{标}$$
$$A_{样} = Kbc_{样}$$
$$c_{样} = c_{标} A_{样} / A_{标}$$

比较法适用于线性关系好且通过原点的情况。

（3）一元线性回归法 用吸光度 A 和浓度 c 做工作曲线，横坐标为自变量 c，纵坐标为因变量 A，通常自变量可以控制和精确测量，因变量是随机变量，有误差。根据散点画一条直线，称这条直线为回归线。

若直线通过所有实验点，可以说 A 与 c 是密切线性相关。如果实验点不完全在直线上，为使误差达到最小，需要进一步线性回归。

设回归方程为

$$y = a + bx$$

式中　　a——回归线在纵轴上的截距；

　　　　b——回归线的斜率。

确定 a、b 两个参数，即可得到线性回归方程。用数学上的最小二乘法可以求得 a、b 两个参数。带有线性回归的计算器可实现这一计算，只需输入标准系列溶液的浓度和相应的吸光度即可。

确立线性回归方程后，将样品测得的吸光度代入方程，即可求出样品的浓度。

7.2.4.2　分光光度法的误差

（1）溶液偏离朗伯-比耳定律所引起的误差　在分光光度法中，根据朗伯-比耳定律，曲线应当是通过原点的直线。但在分析工作中往往遇到标准曲线发生弯曲的情况，这种情况称为偏离朗伯-比耳定律。引起偏离的主要原因有如下两种。

① 单色光纯度差　朗伯-比耳定律适用于单色光，而实际上在分光光度计中应用的是一定波长范围内的复合光，这样在进行测定时就造成标准曲线的上部发生弯曲。这种偏离是由于仪器条件限制所引起的。一般来说，单色光的纯度越差、吸光物质的浓度越大或吸收池的厚度越大，则引起偏离标准曲线的程度越大。

② 吸光物质发生化学变化　溶液中的化学变化如离解、缔合、溶剂化及形成新的配合物等，都会引起有色物质的浓度改变而导致偏离朗伯-比耳定律。

（2）仪器误差　仪器误差包括机械误差和光学系统误差。吸收池厚度不完全相同，四面不平行，皿壁厚度不均匀等都属于机械误差；光源不稳定，光强度不均匀使读数不稳定等属于光学系统误差。

（3）光度测量误差　进行分光光度法分析测定时，在不同吸光度范围内读数也可引入不同程度的误差，使测定的准确度受到影响。

（4）主观误差　由于人为操作不当所引起的误差为主观误差，如在处理标准溶液和被测溶液时没有按相同条件同步进行。如果标准溶液和被测溶液加入不同量或不同浓度的显色剂、放置时间不同或在不同温度下进行等都会给测定带来误差。

7.3　分光光度计及其测定条件的选择

7.3.1　分光光度计的结构

分光光度计的类型很多，按所用光的波长范围分为可见分光光度计（400～780nm）、紫外-可见分光光度计（200～1000nm）和红外分光光度计（760～400000nm）等。但就其结构来讲，都是由光源、分光系统（单色器）、吸收池（比色皿）、检测器和信号显示系统所组成。

（1）光源　根据不同波长范围选择不同光源，一般采用钨灯（320～2500nm，可见光用）、氢灯、氙灯（190～400nm，紫外光用）。

（2）分光系统（单色器）　单色器是一种能把复合光分解为按波长的长短顺序排列的单

色光的光学装置。包括入射和出射狭缝、透镜和色散元件。色散元件由棱镜和光栅组成，是单色器的关键性部件。

棱镜由玻璃或石英制成，是分光光度计常用的色散元件，复合光通过棱镜时，由于入射光的波长不同，折射率也会不同。故而能将复合光分解为不同波长的单色光。有些分光光度计用光栅作色散元件，其特点是工作波段范围宽，但单色光的强度较弱。

（3）吸收池（比色皿）　分光光度计中用来盛放溶液的容器称为吸收池，它是由石英或玻璃制成的，玻璃吸收池只能用于可见光区，石英吸收池可用于可见光区，也可用于紫外光区。吸收池形状一般为长方体，它的规格有很多种，可根据溶液多少和吸收情况选用。在测定时，各仪器应选用配套的吸收池，不能混用。吸收池的两光面易损伤，应注意保护。

（4）检测器　检测器是一种光电转换元件，它的作用是把透过吸收池后的透射光强度转换成可测量的电信号，分光光度计中常用的检测器有光电池、光电管和光电倍增管三种。

① 光电池　光电池是用某些半导体材料制成的光电转换元件。其种类很多，在分光光度计中常用硒光电池，其结构如图 7-3 所示。使用光电池时应注意防潮，防疲劳。不同半导体材料感光的光波范围不同，如测量红外光谱外缘的光吸收时，应该选用硫化银光电池进行工作。

② 光电管　光电管的构造如图 7-4 所示。它是由一个阴极和一个阳极构成的真空（或充有少量惰性气体）二极管。阴极是金属做成的半圆筒，内表面涂有一层光敏物质（如碱或碱土金属氧化物等）；阳极为金属电极，通常为镍环或镍片。两电极间外加直流电压，当光照射至阴极的光敏物质时，阴极表面就发射出电子，电子被引向阳极而产。光越强，阴极表面发射的电子就越多，产生的光电流就越大。

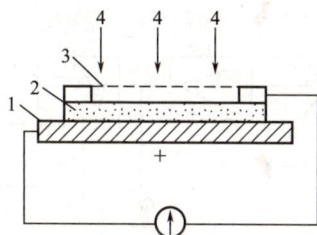

图 7-3　硒光电池光电效应示意图
1—铁；2—半导体硒；3—金属薄片；4—入射光

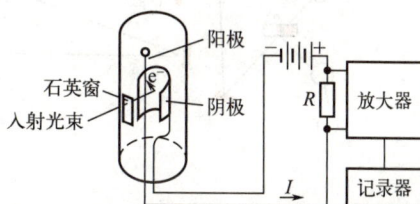

图 7-4　光电管工作示意图

③ 光电倍增管　光电倍增管是利用二次电子发射以放大光电流，放大倍数在 $10^4 \sim 10^8$ 倍。光电倍增管比光电管的灵敏度约高 200 倍，产生电流适于测量十分微弱的光，它的阳极上的光敏材料通常用碱金属锑、铋、银等合金。

（5）信号显示系统　分光光度计常用的显示装置有检流计、微安表、电位计、数字电压表、自动记录仪等。早期的分光光度计多采用检流计、微安表作显示装置，直接读出吸光度或透光率。目前分光光度计则多采用数字电压表等显示和用 X-Y 记录仪直接绘出吸收（或透射）曲线，并配有计算机数据处理终端等。

7.3.2　分光光度计的工作原理

分光光度计按光路可分为单光束分光光度计和双光束分光光度计两类；按测量时提供的

波长数可分为单波长分光光度计和双波长分光光度计两类。

（1）单光束分光光度计　单光束指的是从光源发出的光，经过单色器等一系列光学元件及吸收池后，最后照射在检测器上时始终为一束光。其工作原理如图 7-5 所示。常用的单光束可见分光光度计有 721 型、722 型等；单光束紫外-可见分光光度计有 751G 型、752 型、754 型和 756MC 型等。

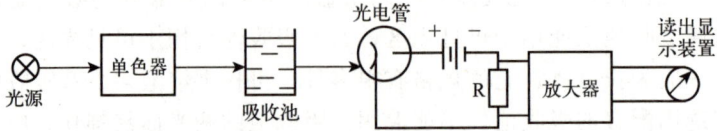

图 7-5　单光束分光光度计示意图

单光束分光光度计的特点是结构简单、价格低，主要适用于定量分析。其不足之处是测定结果受光源强度波动的影响较大，因而给定量分析结果带来较大误差。

（2）双光束分光光度计　工作原理如图 7-6 所示。从光源中发出的光经过单色器后被一个旋转的扇形反射镜（即切光器）分为强度相等的两束光，分别通过参比溶液和样品溶液。利用另一个与前一个切光器同步的切光器，使两束光在不同时间交替地照在同一个检测器上，通过一个同步信号发生器对来自两个光束的信号加以比较，并将两信号的比值经对数变换后转换为相应的吸光度值。

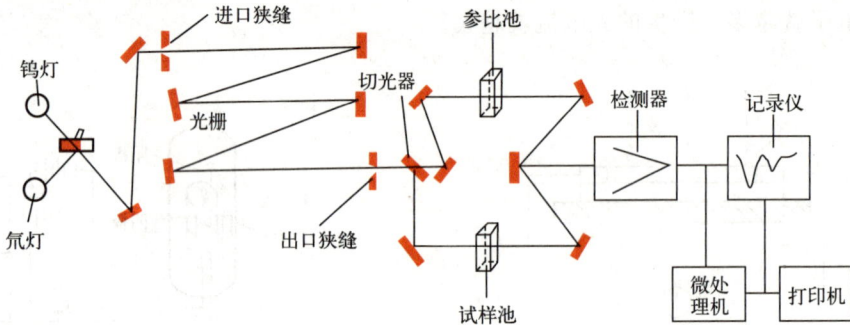

图 7-6　双光束分光光度计示意图

这类仪器的特点是能连续改变波长，自动地比较样品及参比溶液的透光强度，自动消除光源强度变化所引起的误差。对于必须在较宽的波长范围内获得复杂的吸收光谱曲线的分析，此类仪器比较合适。常用的双光束紫外-可见分光光度计有 UV2100、UV2610 等型号。

（3）双波长分光光度计　双波长分光光度计与单波长分光光度计的主要区别在于其采用双单色器，以同时得到两束波长不同的单色光，其工作原理如图 7-7 所示。

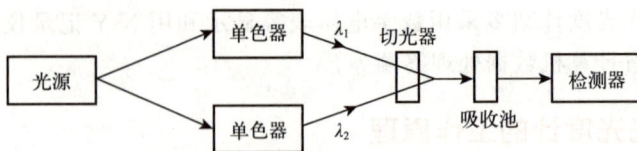

图 7-7　双波长分光光度计示意图

光源发出的光分成两束，分别经两个可以自由转动的光栅单色器，得到两束具有不同波长 λ_1 和 λ_2 的单色光。借切光器，使两束光以一定的时间间隔交替照射到装有试液的吸收池，由检测器显示出试液在波长 λ_1 和 λ_2 的透射比差值 $\Delta\tau$ 或吸光度差值 ΔA，则

$$\Delta A = A_{\lambda_1} - A_{\lambda_2} = (\varepsilon_{\lambda_1} - \varepsilon_{\lambda_2})bc$$

即 ΔA 与吸光物质 c 成正比。这就是双波长分光光度计进行定量分析的理论依据。

双波长分光光度计的特点是不用参比溶液，只用一个待测溶液，因此可以消除背景吸收干扰，包括待测溶液和参比溶液组成的不同及吸收液厚度差异的影响，适合于混合物及混浊样品的定量分析。常用的双波长分光光度计有国产 WFZ800S、日本岛津 UV-300、UV-365。

上述分光光度计和其他类型分光光度计在使用时均需详细阅读仪器使用说明书，并按使用说明书进行操作。

7.3.3　测定条件的选择

7.3.3.1　显色反应与显色剂

分光光度法只能测定有色溶液。如果被测试样溶液无色，必须加入一种能与被测物质反应生成稳定有色物质的试剂，然后进行测定，这个过程称为显色反应，加入的这种试剂称为显色剂。常见的显色反应可分为两类：一类为形成螯合物的配合反应；另一类为氧化还原反应。应用于分光光度法测定时，显色剂必须具备下列条件。

(1) 选择性好　在显色条件下，显色剂尽可能不与溶液中其他共存离子显色，即使显色也必须与被测物质的显色产物的吸收峰相隔较远。

(2) 灵敏度高　显色反应中生成的有色化合物应有较大的摩尔吸光系数。摩尔吸光系数越大，表示显色剂与被测物质生成的有色物质的吸光能力越强，即使被测物质在含量较低的情况下，也能被测出。

(3) 生成的有色化合物要有恒定的组成　如有色化合物组成不符合一定的化学式，测定的再现性就较差。

(4) 生成的有色化合物的化学性质稳定　至少应保证在测量过程中溶液的吸光度基本不变。

(5) 显色剂与有色化合物之间的颜色差别大　一般要求有色化合物的最大吸收波长与显色剂的最大吸收波长之差在 60nm 以上。

7.3.3.2　显色反应条件

选择显色反应条件的目的是使待测组分在所选择的反应条件下，能有效地转变为适于光度测定的化合物。显色反应不仅与显色剂有关，而且与显色的条件有关。为了提高测定的灵敏度和准确度，必须选择合适的显色剂用量、溶液酸度、显色时间和温度等。

(1) 显色剂用量　在显色反应中一般都加入适当过量的显色剂，以使被测物质尽可能转化为有色化合物，但并非显色剂加得越多越好，显色剂过多，则会发生其他副反应，对测定不利。在实际工作中，应根据实验要求严格控制显色剂的用量。

(2) 溶液的酸度　有机显色剂大部分是有机弱酸，溶液的酸度影响显色剂的浓度以及本身的颜色。由于大部分金属离子容易水解，酸度也会影响金属离子的存在状态，进一步还会影响有色化合物的组成和稳定性。因此，应通过试验确定出适当的酸度范围，并在水质分析

过程中严格控制。

（3）显色时间　有些显色反应能够迅速完成且颜色稳定；有些显色反应速率较慢，需放置一段时间，颜色才能稳定。因此，应该在显色反应完成后，颜色达到最大深度（即吸光度最大）且稳定的时间范围内进行测定。

（4）显色温度　一般情况下，显色反应多在室温下进行，但有些显色反应需加热到一定温度才能完成。因此，不同的显色反应应选择适宜的显色温度，并应注意控制温度。

（5）溶剂　溶剂的不同可能会影响显色时间、有色化合物的离解度和颜色等。在测定时标准溶液和被测溶液应采用同一种溶剂。

7.3.3.3　测定条件的选择

（1）选择合适的波长　波长对比色分析的灵敏度、准确度和选择性有很大的影响。选择波长的原则是：吸收最多，干扰最小。因为吸光度越大，测定的灵敏度越高，准确度也越容易提高；干扰越小时，选择性越好，测定的准确度越高。

（2）控制适当的吸光度范围　为了减小测量误差，一般应使被测溶液的吸光度 A 处在 $0.1 \sim 0.7$ 之间，为此可通过调节溶液的浓度和选择不同厚度的吸收池来达到此要求。

（3）选择适当的参比溶液　参比溶液亦称空白溶液。在测定吸光度时，利用参比溶液调节仪器的零点，不仅可以消除由吸收池和溶剂对入射光的反射和吸收所带来的误差，而且能够提高测定的抗干扰能力。常见的参比溶液及其作用如下。

① 溶剂参比　制备试样溶液的试剂和显色剂均无色，即溶液中除被测物质外，其他物质对测定波长的光几乎无吸收，可用溶剂作参比溶液，称为溶剂参比。

② 试剂参比　显色剂或其他试剂有颜色，在测定波长处有吸收，可按显色反应相同条件，只是不加入试样，同样加入所需试剂和溶剂作为参比溶液，称为试剂参比。

③ 试样参比　试样基体有色（如试样溶液中混有其他有色离子），即在测定波长处有吸收，而与显色剂不起显色反应时，可按显色反应相同条件，取相同量的试样溶液，只是不加显色剂作参比溶液，称为试样参比。

7.4　分光光度法在水质分析中的应用

7.4.1　水中氨氮的测定

（1）测定的意义　水中的氨氮指以 NH_3 和 NH_4^+ 形式存在的氮，当酸性较强时，主要以 NH_4^+ 存在，相反，则以 NH_3 存在。水中的氨氮主要来自焦化厂、合成氨化肥厂等某些工业废水、农用排放水，以及生活污水中所含的含氮有机物受到水中微生物的分解作用后，逐渐变成较简单的化合物，即由蛋白性物质分解成肽、氨基酸等，最后产生氨。

在地下水中，硝酸盐与 $Fe(II)$ 作用，也会分解产生 NH_4^+。此外，沼泽水中腐殖酸能将硝酸盐还原为氨，故沼泽水中通常含有较大量的 NH_4^+。由此可知，水中氨的来源很多，但以含氮有机化合物被微生物氧化分解为主。在发生生物化学反应的过程中，含氮有机化合物不断减少；而含无机氮化合物渐渐增加。若无氧存在，氨即为最终产物。有氧存在，氨继续分解并被微生物转变成亚硝酸盐（NO_2^-）、硝酸盐（NO_3^-），此作用称为硝化作用。这时，含氮有机化合物显然已由复杂的有机物变为无机性硝酸盐，含氮有机化合物完成了"无机化"作用。

在水质分析中，通过测定各类含氮化合物，可以推测水体被污染的情况及当前的分解趋势。水体的自净作用包括含氮有机化合物逐渐转变为氨、亚硝酸盐和硝酸盐的过程。这种变化进行时，水中的致病细菌也逐渐消除，所以测定各类含氮化合物有助于了解水体的自净情况。如果水中主要含有机氮和氨氮，可以认为此水最近受到污染，有严重危险。水中氮的大部分如以硝酸盐的形式存在，则可认为被污染已久，对卫生影响不大或几乎无影响。通常，地表水中硝酸盐氮为 $0.1 \sim 1.0 mg/L$。

（2）分析方法　水中氨氮的测定常采用纳氏试剂分光光度法。

氨与碘化汞钾的碱性溶液（纳氏试剂）反应，生成淡黄到棕色的配合物碘化氨基合氧汞（$[Hg_2ONH_2]I$），选用 $410 \sim 425 nm$ 波段进行测定，测出吸光度，由标准曲线法，求出水中氨氮的含量。本法的最低检出限为 $0.25 mg/L$，测定上限为 $2 mg/L$。颜色深浅与氨氮含量成正比，若氨含量小，呈淡黄色，相反，则生成红棕色沉淀。反应式如下：

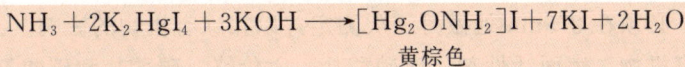

$$NH_3 + 2K_2HgI_4 + 3KOH \longrightarrow [Hg_2ONH_2]I + 7KI + 2H_2O$$
黄棕色

可根据配合物颜色的深浅粗略估计氨氮含量。

水样浑浊可用滤纸过滤。少量 Ca^{2+}、Mg^{2+}、Fe^{3+} 等离子可用酒石酸钾钠或 EDTA 掩蔽。当干扰较多、氨氮含量较少时，应采用蒸馏法，氨从碱性溶液中呈气态逸出，但操作麻烦，精密度和准确度较差。

纳氏试剂对氨的反应很灵敏，本法的最低检出限为 $0.25 mg/L$，测定上限为 $2 mg/L$。

当水样（如污水）中氨氮含量大于 $5 mg/L$ 时，可采用蒸馏-中和滴定法进行测定（详见本书 3.3.3）。

7.4.2　水中亚硝酸盐氮的测定

（1）测定的意义　亚硝酸盐氮（$NO_3^- -N$）是氮循环的中间产物，不稳定，在有氧的条件下，可被微生物氧化成硝酸盐氮，在缺氧的条件下，也可被还原成氨。亚硝酸盐氮可将人体正常的血红蛋白氧化成高铁血红蛋白，而使血红蛋白失去在人体内输送氧的能力。亚硝酸盐氮还容易生成具有致癌性的亚硝胺类物质。

水中亚硝酸盐氮的存在，表示有机物的分解过程还没有达到最后阶段。如水中硝酸盐氮含量很高、氨氮含量低时，则亚硝酸盐氮的少量存在并无任何重要性。反之，若硝酸盐氮含量低，氨氮含量较高，如发现亚硝酸盐氮就应该引起注意，一般认为水中亚硝酸盐氮含量越高，越需要加以重视。

（2）分析方法　水中亚硝酸盐氮的测定方法通常采用重氮-偶联反应，可使之生成紫红色染料，方法灵敏，选择性强。所用的重氮和偶联试剂是对氨基苯磺酰胺和 α-萘酚。

在酸性条件下，亚硝酸盐氮与氨基苯磺酰胺反应，生成重氮盐，再与 α-萘酚偶联生成紫红色染料。在 $540 nm$ 波长处有最大吸收。

氯胺、氯、硫代硫酸盐、聚磷酸钠和高铁离子对测定有干扰；水样浑浊或有色时，可加氢氧化铝悬浮液过滤消除。当水样 $pH \geqslant 11$ 时，可加入 1 滴酚酞指示液，用（$1+9$）的磷酸溶液中和。

测定时取经预处理的水样于 $50 mL$ 的比色管中，用水稀释至标线，加入 $1.0 mL$ 显色剂，混匀，静止 20min 后，于波长 540nm 处比色。根据标准曲线求出亚硝酸盐氮的含量。

7.4.3　水中硝酸盐氮的测定

（1）测定的意义　硝酸盐氮是在有氧环境中最稳定的含氮氧化物，也是含氮有机化合物经无机化作用的最终产物。制革废水、酸洗废水、某些污水生化处理设施的出水和农田排水可含有大量的硝酸盐氮。

摄入硝酸盐氮后，经肠道中微生物，作用，其可转变成亚硝酸盐氮而出现毒性。

（2）分析方法　水中硝酸盐的分析方法很多，有酚二磺酸分光光度法、镉柱还原法、离子色谱法、紫外分光光度法等，下面仅介绍紫外分光光度法。

由于硝酸根离子对 220nm 波长的紫外光有特征吸收，所以可以通过测定水样在 220nm 波长的紫外吸光值来确定水样中硝酸盐氮的含量。但溶解性有机物除在 220nm 波长处也有吸收外，还可吸收 275nm 的紫外线，而硝酸根离子对 275nm 的紫外线则没有吸收，所以对含有机物的水样，必须在 275nm 处做另一次测定，以扣除有机物的影响。

含有溶解性有机物、表面活性剂、亚硝酸盐、六价铬、碳酸盐和碳酸氢盐的水样，应进行预处理。可用氢氧化铝絮凝沉淀和大孔柱中性吸附树脂去除水样中浊度、高价铁、六价铬和大部分常见有机物。

紫外分光光度法简便快速，适用于清洁地表水和未受明显污染影响的地下水。

测定时量取 200mL 水样置于锥形瓶或烧杯中，经絮凝沉淀后，吸取 100mL 上清液，经过吸附树脂柱，将开始的流出液弃掉，取 50mL 于比色管中，加 1.0mL 盐酸溶液，0.1mL 氨基磺酸溶液，分别在 220nm 和 275nm 处比色，以 220nm 处的吸光值减去 2 倍的 275nm 处的吸光值，作为校正吸光值。根据校正吸光值，由标准曲线求出亚硝酸盐氮的含量。

7.4.4　水中总磷的测定

（1）测定的意义　在天然水和废水中，磷几乎都以各种磷酸盐的形式存在，分为正磷酸盐、缩合磷酸盐和有机结合的磷酸盐（如磷脂）。合成洗涤剂、化肥和冶炼等行业排放的废水，以及生活污水中常含有大量的磷。磷是生物生长所必需的营养元素之一，如水体中磷含量过高，超过 0.2mg/L，可造成藻类过度繁殖，使水体富营养化，水质变坏。

（2）分析方法　水中磷的测定，通常按其存在的形式分别测定总磷、溶解性正磷酸盐和总溶解性磷。水样经 0.45μm 的滤膜过滤后，滤液可直接测定溶解性正磷酸盐，滤液经强氧化剂消解后可测定总溶解性磷。未过滤的水样经强氧化剂消解后可测得总磷含量。磷的测定有钼锑抗分光光度法、氯化亚锡还原钼蓝法、离子色谱法等，这里仅介绍钼锑抗分光光度法。

在中性条件下用过硫酸钾（或硝酸-高氯酸）使水样消解，将水样所含磷全部氧化为正磷酸盐。在酸性条件下中，正磷酸盐与钼酸铵、酒石酸锑氧钾反应，生成磷钼杂多酸后，被抗坏血酸还原，生成蓝色的配合物。

① 水样的消解

用过硫酸钾消解：取 25mL 水样于 50mL 具塞刻度管中，向水样中加 4mL 5％的过硫酸钾溶液，将具塞比色管盖紧后，用聚四氟乙烯生料带将玻璃塞包扎紧（或用其他方法固定），以免加热时玻璃塞冲出。将具塞比色管放在大烧杯中置于高压蒸气消毒器（或一般压力锅）

中加热，待压力达 1.1kgf/cm² （1kgf/cm² ＝ 98.0665kPa），相应温度为 120℃ 时，保持 30min 后停止加热。待压力表读数降至零后，取出放冷。然后用水稀释至标线。

如用硫酸保存的水样，当用过硫酸钾消解时，需先将水样调至中性。

用硝酸-高氯酸消解：取 25mL 水样于锥形瓶中，加数粒玻璃珠，加入 2mL 浓硝酸，在电热板上加热浓缩至 10mL。冷后加 5mL 浓硝酸，再加热浓缩至 10mL，放冷。加 3mL 高氯酸，加热至冒白烟，此时可调节电热板温度，使消解液在锥形瓶内壁保持回流状态，直至剩下 3～4mL，放冷。

加蒸馏水 10mL，加 1 滴酚酞指示剂。滴加 6mol/L 氢氧化钠溶液至刚呈微红色，再滴加 1mol/L 硫酸溶液使微红色刚好褪去，充分混匀。移至 50mL 具塞刻度管中，用水稀释至标线。

采用硝酸-高氯酸消解，需要在通风橱中进行。高氯酸和有机物的混合物经加热易发生危险，需将试样先用硝酸消解，然后再加入硝酸-高氯酸进行消解。

水样中的有机物用过硫酸钾氧化不能完全破坏时，可用此法。

② 测定步骤　取适量经消解后的水样（使含磷量不超过 30μg），加入 50mL 比色管中，用水稀释至标线。加入 1mL 10% 的抗坏血酸溶液，混匀。30s 后加入 2mL 钼酸盐溶液充分混合，放置 15min 后，在 700nm 波长处，以水作参比，测定吸光值。从标准曲线求出磷的含量。

7.4.5　水中六价铬的测定

（1）测定的意义　铬存在于电镀、冶炼、制革、纺织、制药等工业废水污染的水体中。铬以三价和六价形式存在于水中。六价铬的毒性比三价铬强，并有致癌的危害。因此，我国规定生活饮用水中，六价铬的含量不得超过 0.05mg/L；综合污水排放标准为不得超过 0.5mg/L。

（2）分析方法　分光光度法测定六价铬，常用二苯碳酰二肼（DPCI）作显色剂。在微酸性条件下（1.0mol/L H_2SO_4）生成紫红色的配合物。其颜色的深浅与六价铬的含量成正比，最大吸收波长为 540nm。由标准曲线测出六价铬的含量。

低价汞离子 Hg^+ 和高价汞离子 Hg^{2+} 与 DPCI 作用生成蓝色或蓝紫色配合物，但在本实验所控制的酸度条件下，反应不甚灵敏。铁的浓度大于 1mg/L 时，将与试剂生成黄色化合物而引起干扰，可以通过加入 H_3PO_4 与 Fe^{3+} 配位而消除干扰。五价钒（V^{5+}）与 DPCI 反应生成棕黄色化合物，该化合物很不稳定，在 20min 后颜色会自动褪去，故可不考虑。少量 Cu^{2+}、Ag^+、Au^{3+} 在一定程度上对分析测定有干扰；钼低于 100mg/L 时不干扰测定。还原性物质也干扰测定。

7.4.6　水中余氯的测定

（1）测定的意义　氯气加入水中后，能起到消毒杀菌的作用。为了使氯气充分与细菌作用，以达到除去水中细菌的目的，所有水体经过氯消毒后，还应保留有适当的剩余的氯，以保证持续的杀菌能力，这种适量的剩余的氯称为余氯。余氯又叫活性氯。水中的余氯有三种形式：①游离性余氯，如 HOCl、OCl⁻ 等；②化合性余氯，如 NH_2Cl、$NHCl_2$、NCl_3 等；③总余氯，如 HOCl、OCl⁻、NH_2Cl、$NHCl_2$、NCl_3 等。

在水处理的消毒过程中，水中加入的液氯量是由水中多余氯量和余氯存在的形式来决定的。加氯量过少，不能达到完全消毒的目的；加氯量过多，不仅造成浪费，又会使水产生异味，影响水的质量。我国饮用水水质标准规定，在加氯 30min 以后，水中游离余氯不得低于 0.3mg/L，集中式给水除出厂水应符合上述要求外，管网末梢水余氯不得低于 0.5mg/L，这样便可预防水在通过管网输送时可能遇到的污染。因此，水中余氯的测定对水处理中的氯消毒有着重要的意义。

（2）分析方法　水中余氯的测定方法有滴定分析法中的氧化还原法、碘量法和分光光度法等。自来水的水质分析中，因为水中余氯的含量不高，故常采用分光光度法，若水中余氯的含量高或含有某些干扰物质时，则采用氧化还原法和碘量法等。

① 二乙基对苯二胺（DPD）分光光度法　本方法规定了 N,N-二乙基对苯二胺（DPD）分光光度法测定生活饮用水及其水源水的总余氯及游离余氯的含量。本方法适用于经氯消毒后的生活饮用水及其水源水的总余氯及游离余氯的测定。它的最低检测质量为 0.1μg，若取 10mL 水样测定，余氯最低检测浓度为 0.1mg/L。DPD 与水中游离余氯迅速反应而产生红色。在碘化物催化下，一氯胺也能与 DPD 反应显色。在加入 DPD 试剂前，加入碘化物，此时一部分三氯胺与游离余氯一起显色，通过变换试剂的加入顺序可测得三氯胺的浓度。

② 丁香醛连氮分光光度法　本方法适用于经氯消毒后的生活饮用水及其水源水的总余氯及游离余氯的测定。本方法最低检测质量为 0.44μg，按本方法操作，实际水样量为 8.75mL，最低检测浓度为 0.05mg/L。丁香醛连氮在 pH 为 6.6 的缓冲介质中与水样中游离余氯迅速反应，生成紫红色化合物，于 528nm 波长处以分光光度法定量测定。

7.4.7　水中铁的测定

（1）测定意义　地下水由于溶解氧的不足，所以含铁的化合物中常以 Fe^{2+} 状态存在。如碳酸亚铁、硫酸亚铁及有机含铁化合物；Fe^{3+} 在天然水中往往以不溶性氧化铁的水合物形式存在。地下水所含的低铁盐易氧化成高铁盐，并与水中碱性物质生成不溶性氧化铁的水合物。

铁是水中最常见的一种杂质，它在水中的含量极少，对人类健康影响不大。但饮用水含铁量太高会产生苦涩味。国家规定饮用水铁含量不得大于 0.3mg/L。水中含铁量在 1mg/L 左右，就易与空气中的溶解氧作用而产生浑浊现象。

（2）分析方法　水中铁的测定采用邻二氮菲分光光度法。水样中铁的含量一般都用总铁量来代表。在 pH 为 2～9 的溶液中，Fe^{2+} 与邻二氮菲生成稳定的橙红色配合物；若 pH<2，显色缓慢而颜色浅，最大吸收波长为 510nm。通过测定吸光度，由标准曲线上查出对应 Fe^{2+} 的含量。此方法可测出 0.05mg Fe^{2+}/mL。当铁以 Fe^{3+} 形式存在于溶液中时，可先用还原剂（盐酸羟胺或对苯二酚）将其还原为 Fe^{2+}：

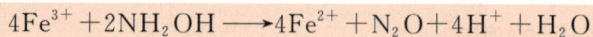

$$4Fe^{3+} + 2NH_2OH \longrightarrow 4Fe^{2+} + N_2O + 4H^+ + H_2O$$

（3）干扰的消除

① 强氧化剂、氰化物、亚硝酸盐、焦磷酸盐、偏聚磷酸盐及某些重金属离子会干扰测定。经过加酸煮沸可将氰化物及亚硝酸盐除去，并使焦磷酸盐、偏聚磷酸盐转化为正磷酸盐以减轻干扰。加入盐酸羟胺则可消除强氧化剂的影响。

② 邻菲啰啉能与某些金属离子形成有色配合物而干扰测定。但在乙酸-乙酸胺的缓冲溶液中，不大于铁浓度 10 倍的铜、锌、钴、铬及小于 2mg/L 的镍，不干扰测定。当浓度再高时，可加过量显色剂予以消除。

③ 汞、镉、银等能与邻菲啰啉形成沉淀，可加过量邻菲啰啉来消除；浓度高时，可将沉淀过滤去除。水样如有底色，可用不加邻菲啰啉的试液作参比，对水样的底色进行校正。

1. 选择题

（1）以下说法错误的是（　　）。

A. 摩尔吸光吸数 ε 随浓度增大而增大　　　　B. 吸光度 A 随浓度增大而增大

C. 透光率 T 随浓度增大而减小　　　　　　　D. 透光率 T 随比色皿加厚而减小

（2）符合朗伯-比耳定律的某有色溶液，当有色物质的浓度增加时，最大吸收波长和吸光度分别是（　　）。

A. 不变、增加　　　　B. 不变、减小　　　　C. 增加、不变　　　　D. 减小、不变

（3）一有色溶液对某波长光的吸收遵守比耳定律。当选用 2.0 的比色皿时，测得透光率为 T，若改用 1.0 的吸收池，则透光率应为（　　）。

A. $2T$　　　　　　　B. $T/2$　　　　　　　C. T^2　　　　　　　D. $T^{1/2}$

2. 简答题

（1）分光光度法的特点有哪些？

（2）什么是朗伯-比耳定律？写出其数学表达式。

（3）分光光度计由哪些部分组成？各部分的功能如何？

3. 计算题

（1）某试液用 2.00cm 比色皿测量时，$T=60.0\%$，若用 1.00cm 或 3.00cm 的比色皿测量时，T 及 A 各是多少？（77.4%；0.111；46.5%；0.333）

（2）某地表水中 $NH_3 \cdot H_2O$ 与纳氏试剂作用生成黄棕色配合物，在 375nm 处 $\varepsilon_{375}=6.3\times10^3 L/(mol \cdot cm)$，如水样中的 NH_3-N 用 1cm 比色皿测得 $A_{375}=0.42$。计算水样中 NH_3-N 的质量浓度。

技能实训1　水中铁的测定（邻二氮菲分光光度法）

一、实训目的

（1）熟悉分光光度计的使用方法。

（2）学会分光光度法测定条件的选择。

二、方法原理

在 pH 为 2～9 条件下，低价铁离子与邻二氮菲生成稳定的橙色络合物，在波长 510nm 处有最大吸收。

水样先经加酸煮沸溶解难溶的铁化合物，然后加入盐酸羟胺将高价铁还原为低价铁。

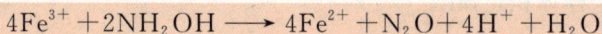

$$4Fe^{3+} + 2NH_2OH \longrightarrow 4Fe^{2+} + N_2O + 4H^+ + H_2O$$
羟胺

水样过滤后，不加盐酸羟胺，可测定低价铁含量。水样过滤后，加盐酸溶液和盐酸羟胺，测定结果为溶解性总铁含量。水样先经加酸煮沸，使难溶性铁的化合物溶解，经盐酸羟胺处理后，测定结果为总铁含量。

三、仪器和试剂

（1）仪器　分光光度计，150mL 锥形瓶 10 个，50mL 具塞比色管 10 支，5mL 移液管 2 支，10mL 移液管 1 支。

（2）试剂

① 盐酸溶液（1+1）。

② 乙酸铵缓冲溶液（pH＝4.6） 称取 250g 乙酸铵（$NH_4C_2H_3O_2$）溶于 150mL 纯水中，再加入冰乙酸 700mL，混匀备用。

③ 盐酸羟胺溶液（100g/L） 称取 10g 盐酸羟胺（$NH_2OH \cdot HCl$），溶于纯水中，并稀释至 100mL。

④ 邻二氮菲溶液（1.0g/L） 称取 0.1g 邻二氮菲（$C_{12}H_8N_2 \cdot H_2O$）溶解于加有 2 滴盐酸（$\rho = 1.19g/mL$）的纯水中，并稀释至 100mL。此溶液 1mL 可测定 $100\mu g$ 以下的低价铁。

⑤ 铁标准储备溶液［ρ（Fe）＝$100\mu g/mL$］ 称取 0.7022g 硫酸亚铁铵［$FeSO_4(NH_4)_2SO_4 \cdot 6H_2O$］，溶于少量纯水中，加 3mL 盐酸（$\rho = 1.19g/mL$）于容量瓶中，用纯水定容成 1000mL。

⑥ 铁标准使用溶液［ρ（Fe）＝$10\mu g/mL$］ 吸取 10.00mL 上述铁标准储备液，移入容量瓶中，用纯水定容至 100mL，使用时现配。

四、操作步骤

（1）吸取 50.0mL 混匀的水样（含铁超过 $50\mu g$ 时，可取适量水样加纯水稀释至 50mL）于 150mL 锥形瓶中。

（2）另取 150mL 锥形瓶 8 个，分别加入铁标准使用溶液 0mL、0.25mL、0.50mL、1.00mL、2.00mL、3.00mL、4.00mL 和 5.00mL，各加纯水 50mL。

（3）向水样及标准系列锥形瓶中各加 4mL 盐酸溶液（1＋1）和 1mL 盐酸羟胺溶液（100g/L），小火煮沸浓缩至约 30mL，冷却至室温后移入 50mL 比色管中。

（4）向水样及标准系列锥形瓶中各加 2mL 邻二氮菲溶液（1.0g/L），混匀后再加 10.0mL 乙酸铵缓冲溶液（pH＝4.6），各加纯水至 50mL，混匀，放置 10～15min。

（5）于 510nm 波长处，用 20mm 比色皿，以纯水为参比，测量吸光度。

（6）绘制标准曲线，从曲线上查出样品管中铁的质量。

五、结果记录与数据处理

1. 计算

水样中总铁（Fe）的质量浓度计算公式如下：

$$\rho(Fe) = \frac{m}{V}$$

式中　ρ（Fe）——水样中总铁（Fe）的质量浓度，mg/L；

　　　　m——从标准曲线上查得样品管中铁的质量，μg；

　　　　V——水样体积，mL。

2. 试验结果记录

（1）标准曲线绘制　将数据记录在表 7-2 中。

表 7-2　水中铁的测定标准曲线绘制数据记录表

铁标准溶液/（10μg/mL）	1	2	3	4	5	6	7	8
加入量/mL	0.0	0.25	0.50	1.00	2.00	3.00	4.00	5.00
Fe 的质量/μg	0.0	2.50	5.00	10.00	20.00	30.00	40.00	50.00
Fe 的质量浓度/（mg/L）	0.0	0.05	0.10	0.20	0.40	0.60	0.80	1.00
吸光度值	0.0							

（2）水样的测定　将测定结果记录在表 7-3 中。

表 7-3　水样的测定数据记录表

	水样编号	1	2	3
总铁	吸光度值			
	Fe 的质量/μg			
	Fe 的质量浓度/(mg/L)			
	Fe 的平均质量浓度/(mg/L)			

	水样编号	1	2	3
Fe^{2+}	吸光度值			
	Fe 的质量/μg			
	Fe 的质量浓度/(mg/L)			
	Fe 的平均质量浓度/(mg/L)			

六、注意事项

（1）总铁包括水体中悬浮性铁和微生物体中的铁，取样时应剧烈摇匀，并立即吸取，以防止重复测定结果之间出现很大的差别。

（2）乙酸铵试剂可能含有微量铁，故缓冲溶液的加入量要准确一致。

（3）若水样较清洁，含难溶亚铁盐少时，可将所加各种试剂量减半，但标准系列与样品应一致。

（4）为了防止光电管疲劳，不测定时必须将比色皿暗箱盖打开，使光路切断，不让光电管连续照光太长，以延长光电管的使用寿命。

（5）在拿比色皿时只能拿住毛玻璃的两面，比色皿放入比色皿座架前应用细软而吸水的纸将比色皿外壁擦干，擦干时应注意保护其透光面勿使之产生斑痕，否则影响透光度。测定时比色皿要用待测溶液冲洗几次，避免待测溶液浓度的改变。

（6）每次实验完毕，比色皿一定要用纯水洗干净，如比色皿壁被有机试剂染上颜色而用水不能洗去时，则可用盐酸-乙醇（1＋2）洗涤液浸泡，然后再用纯水冲洗干净。洗涤比色皿不能用碱液及过强的氧化剂（如 $K_2Cr_2O_7 - H_2SO_4$ 洗涤液）洗涤，也不能用毛刷清洗，以免损伤比色皿的光学表面。

七、可见分光光度计使用方法

（1）将仪器电源开关接通，打开仪器比色皿暗箱盖，选择需用的单色光波长，将仪器预热 20min。

（2）调零　在仪器比色皿暗箱盖打开时，用调"0"电位器，将电表指针调至"0"刻线。

（3）将盛空白溶液的比色皿放入比色皿座架中的第一格内，显色液放在其他格内，把比色皿暗箱盖子盖好。

（4）把拉杆拉出，将参比液放在光路上，转动光量调节粗调和细调，使透光度为 100％（电表满度）然后拉动拉杆，使有色液进入光路，电表所指示的 A 值就是溶液的吸光度值。

其他类型的分光光度计的使用方法，按仪器使用说明书进行操作使用。

技能实训2 氨氮的测定（纳氏试剂分光光度法）

一、实训目的

（1）理解分光光度法的测定原理，掌握测定方法。

（2）学会标准曲线的绘制。

二、方法原理

氨氮是指以游离态的氨或铵离子形式存在的氮。对于无色、透明、含氨氮量较高的清洁水样常采用直接比色法；测定有色、浑浊、含干扰物质较多、氨氮含量较少的水样，如一般的生活污水和工业废水，将氨氮自水样中蒸馏出后，再用比色法测定，称为蒸馏比色法。

本法为直接比色法。氨氮与纳氏试剂反应生成淡红棕色的络合物，该络合物的吸光度与氨氮含量成正比，于波长420nm处测量吸光度。在显色时加入适量的酒石酸钾钠溶液，可消除钙镁等金属离子的干扰。

三、仪器和试剂

（1）仪器 分光光度计，50mL比色管。

（2）试剂

① 无氨水 在无氨环境中可采用离子交换法、蒸馏法或纯水器法制备无氨水。本实验用水采用市售纯水器临用前制备。

② 纳氏试剂［二氯化汞-碘化钾-氢氧化钾（$HgCl_2$-KI-KOH）溶液］ 称取15.0g氢氧化钾（KOH），溶于50mL水中，冷却至室温。

称取5.0g碘化钾（KI），溶于10mL水中，在搅拌下，将2.50g二氯化汞（$HgCl_2$）粉末分多次加入碘化钾溶液中，直到溶液呈深黄色或出现淡红色沉淀，溶解缓慢时，充分搅拌混合，并改为滴加二氯化汞饱和溶液，当出现少量朱红色沉淀不再溶解时，停止滴加。

在搅拌下，将冷却的氢氧化钾溶液缓慢地加入到上述二氯化汞和碘化钾的混合液中，并稀释至100mL，于暗处静置24h，倾出上清液，贮于聚乙烯瓶内，用橡胶塞或聚乙烯盖子盖紧，存放暗处，可稳定1个月。

③ 酒石酸钾钠溶液（$\rho=500g/L$） 称取50.0g酒石酸钾钠（$KNaC_4H_6O_6 \cdot 4H_2O$）溶于100mL水中，加热煮沸以驱除氨，充分冷却后稀释至100mL。

④ 氨氮标准储备溶液［$\rho(N)=1000\mu g/mL$］ 称取3.8190g氯化铵（NH_4Cl，优级纯，在100～105℃干燥2h），溶于水中，移入1000mL容量瓶中，稀释至标线，可在2～5℃保存1个月。

⑤ 氨氮标准工作溶液［$\rho(N)=10\mu g/mL$］ 吸取5.00mL氨氮标准储备溶液［$\rho(N)=1000\mu g/mL$］于500mL容量瓶中，稀释至刻度。临用前配制。

四、操作步骤

（1）校准曲线 在8个50mL比色管中，分别加入0mL、0.50mL、1.00mL、2.00mL、4.00mL、6.00mL、8.00mL和10.00mL氨氮标准工作溶液［$\rho(N)=10\mu g/mL$］，其所对应的氨氮含量分别为0μg、5.0μg、10.0μg、20.0μg、40.0μg、60.0μg、80.0μg和100μg，加水至标线。加入1.0mL酒石酸钾钠溶液（$\rho=500g/L$），摇匀，再加入纳氏试剂1.5mL，

摇匀。放置 10min 后，在波长 420nm 下，用 20mm 比色皿，以水作参比，测量吸光度。

以空白校正后的吸光度为纵坐标，以其对应的氨氮含量（μg）为横坐标，绘制校准曲线。

（2）样品测定　吸取 50.0mL 或一定量澄清水样于 50mL 比色管中，按与校准曲线相同的步骤测量吸光度。

（3）空白试验　用水代替水样，按与样品相同的步骤进行测定。

五、结果记录与数据处理

1. 计算

水样中氨氮的质量浓度按下列公式计算：

$$\rho(N) = \frac{A_s - A_b - a}{bV}$$

式中　$\rho(N)$——水样中氨氮的质量浓度（以 N 计），mg/L；

A_s——水样的吸光度；

A_b——空白试验的吸光度；

a——校准曲线的截距；

b——校准曲线的斜率；

V——水样体积，mL。

2. 结果记录

（1）标准曲线绘制　将数据记录于表 7-4 中。

表 7-4　标准曲线绘制数据记录表

氨氮标准溶液/(10μg/mL)	1	2	3	4	5	6	7	8
加入量/mL	0.0	0.50	1.00	2.00	4.00	6.00	8.00	10.00
氨氮含量/μg	0.0	5.00	10.00	20.00	40.00	60.00	80.00	100.00
吸光度值	0.0							

（2）水样的测定　将数据记录于表 7-5 中。

表 7-5　水样中氨氮测定数据记录表

	水样编号	1	2	3	空白试验
氨 氮	吸光度值				
	氨氮含量/μg				
	氨氮质量浓度/(mg/L)				
	氨氮平均质量浓度/(mg/L)				

六、注意事项

（1）水样中若含有干扰性物质或浑浊，可用下述方法除去杂质后，再进行比色测定。

① 试剂

a. 硫酸锌溶液（$\rho = 100g/L$）　称取 10.0g 硫酸锌（$ZnSO_4 \cdot 7H_2O$）溶于水中，稀释至 100mL。

b. 氢氧化钠溶液（$\rho = 250g/L$）　称取 25g 氢氧化钠溶于水中，稀释至 100mL。

② 方法　取 100mL 水样，加入 1mL 硫酸锌溶液（$\rho = 100g/L$）和 $0.1 \sim 0.2mL$ 氢氧化钠溶液（$\rho = 250g/L$），调节 pH 约为 10.5，混匀，放置使之沉淀，倾去上清液进行比色测定。

（2）水样中如含有余氯时，与氨生成氯胺，不能与纳氏试剂生成显色化合物，干扰测定。如是这样，可在含有余氯的水样中加入适量还原剂（如 0.35% $Na_2S_2O_3$ 溶液）消除干扰后测定。

七、思考题

（1）若水样含氨氮量极少且杂质多，应如何处理才能测定？

（2）加酒石酸钾钠的目的是什么？

技能实训 3　挥发酚的测定（4-氨基安替比林三氯甲烷萃取分光光度法）

一、实训目的

（1）学会水中挥发酚的蒸馏方法。

（2）掌握水中挥发酚的 4-氨基安替比林三氯甲烷萃取分光光度法的原理和测定方法。

二、方法原理

酚类化合物与 4-氨基安替比林在碱性介质中，能和氧化剂铁氰化钾作用，生成红色的安替比林染料。这种染料的色度在水溶液中能稳定约 30min；若用氯仿萃取，可使颜色稳定 4h，并能提高测定的灵敏度。

水样中还原性硫化物、苯胺类化合物、重金属离子、色度和浊度等干扰酚的测定。硫化物经酸化及加入硫酸铜在蒸馏时与挥发酚分离，其他干扰物质亦可在蒸馏时被去除。

三、仪器和试剂

（1）仪器　全玻璃蒸馏器，500mL；锥形分液漏斗，500mL；具塞比色管，10mL；分光光度计。

（2）试剂

① 本法所用纯水不得含酚和游离氯　无酚纯水的制备方法如下：于水中加入氢氧化钠至 pH 为 12 以上，进行蒸馏。在碱性溶液中，酚形成酚钠不被蒸出。

② 4-氨基安替比林溶液（20g/L）　称取 2.0g 4-氨基安替比林（4-APP，$C_{11}H_{13}N_3O$）溶于纯水中，稀释至 100mL，贮于棕色瓶中，临用时配制。

③ 铁氰化钾溶液（80g/L）　称取 8.0g 铁氰化钾 [$K_3Fe(CN)_6$] 溶于纯水中，稀释至 100mL，储于棕色瓶中，临用时配制。

④ 三氯甲烷（分析纯）

⑤ 氨水-氯化铵缓冲溶液（pH = 9.8）　称取 20g 氯化铵（NH_4Cl），溶于 100mL 浓氨水中。

⑥ 淀粉溶液（5g/L）　称取 0.5g 可溶性淀粉，用少量水调成糊状，再用刚煮沸的水稀释至 100mL。冷却后加入 0.1g 水杨酸或 0.4g 氧化锌保存。

⑦ 溴酸钾-溴化钾溶液 $\left[c\left(\dfrac{1}{6} KBrO_3 = 0.1mol/L \right) \right]$　称取 2.78g 干燥的溴酸钾（$KBrO_3$），溶于纯水中，加入 10g 溴化钾（KBr），并稀释至 1000mL。

⑧ 硫酸溶液（1＋9）。

⑨ 硫酸铜溶液（100g/L）　称取 10g 硫酸铜（$CuSO_4 \cdot H_2O$），溶于纯水中，稀释至 100mL。

⑩ 硫代硫酸钠标准滴定溶液 [c（$Na_2S_2O_3$）＝0.05000mol/L]　称取 25.0g 硫代硫酸钠（$Na_2S_2O_3 \cdot H_2O$）溶于新煮沸放冷的纯水中，加入 0.2g 无水碳酸钠，稀释至 1000mL，储存于棕色瓶中。其准确浓度用 0.02000mol/L 重铬酸钾溶液（称取在 105℃烘干 2h 的基准重铬酸钾 5.8838g，溶于纯水，转入 1000mL 容量瓶中稀释至刻度），按"溶解氧"实验中所述方法进行标定。

将上述经过标定的硫代硫酸钠溶液浓度定量稀释为 [c（$Na_2S_2O_3$）＝0.05000mol/L]。

⑪ 酚标准溶液　称取精制酚 1.00g 溶于无酚纯水中，稀释至 1000mL，标定后保存于冰箱中。

酚标准储备液的标定：吸取 25.0mL 待标定的酚储备液，放入 250mL 碘量瓶中，加入 100mL 纯水，然后准确加入 25mL 溴酸钾-溴化钾溶液 [$c\left(\dfrac{1}{6}KBrO_3\right)$＝0.1mol/L]，立即加入 5mL 盐酸（$\rho$＝1.19g/mL），盖严瓶塞，缓慢摇匀。静置 10min 后，加 1g 碘化钾，盖严瓶塞，放置于暗处 5min。用 0.05000mol/L 硫代硫酸钠标准滴定溶液滴定，至呈浅黄色，加入 1mL 淀粉溶液（5g/L），继续滴定至蓝色消失为止。同时用纯水做试剂空白滴定。按下式计算酚标准储备液的质量浓度。

$$\rho(C_6H_5OH) = \frac{(V_0 - V_1) \times 0.0500 \times 15.68 \times 1000}{25} = (V_0 - V_1) \times 31.36$$

式中　ρ（C_6H_5OH）——酚标准储备液（以苯酚计）的质量浓度，μg/L；

V_0——试剂空白消耗硫代硫酸钠标准滴定溶液的体积，mL；

V_1——滴定酚标准储备液消耗的硫代硫酸钠标准滴定溶液的体积，mL；

15.68——与 1.00mL 硫代硫酸钠标准滴定溶液 [c（$Na_2S_2O_3$）＝1.000mol/L] 相当的以 mg 表示的苯酚的质量，mg。

⑫ 酚标准使用溶液 [ρ（C_6H_5OH）＝1.0μg/mL]　临用时将酚标准储备液用纯水稀释成 [ρ（C_6H_5OH）＝10.00μg/mL]。再用此液稀释成 [ρ（C_6H_5OH）＝1.00μg/mL] 酚标准使用溶液。

四、操作步骤

（1）水样处理　量取 250mL 水样，置于 500mL 全玻璃蒸馏器中。加入甲基橙指示剂 2 滴，用硫酸溶液（1＋9）调 pH 至 4.0 以下，使水样由橘黄色变为橙色，加入 5mL 硫酸铜溶液（100g/L）及数粒玻璃球，然后连接好冷凝装置（图 7-8），加热蒸馏。待蒸馏出总体积的 90% 左右，停止蒸馏。稍冷，向蒸馏瓶中加入 25mL 纯水，直到收集 250mL 馏出液为止。

（2）比色测定

① 将水样馏出液转入 500mL 分液漏斗中，另取酚标准使用溶液 [ρ（C_6H_5OH）＝1.0μg/mL] 0mL、0.50mL、1.00mL、2.00mL、4.00mL、6.00mL、8.00mL 和 10.00mL，

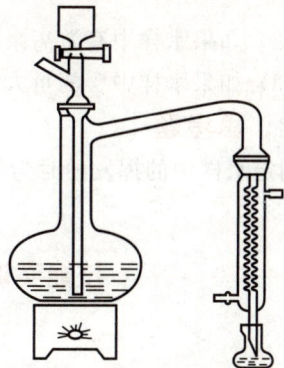

图 7-8　挥发性酚的蒸馏装置

分别置于预先盛有 100mL 纯水的 500mL 分液漏斗中，最后补加纯水至 250mL。

② 向各分液漏斗中加入 2mL 氨水-氯化铵缓冲溶液（pH＝9.8），混匀。再各加 1.5mL 4-氨基安替比林溶液（20g/L），混匀，最后加入 1.5mL 铁氰化钾溶液（80g/L），充分混匀，准确静置 10min。加入 10.0mL 三氯甲烷，振摇 2min，静置分层。在分液漏斗颈部塞入滤纸卷将三氯甲烷萃取溶液缓缓放入干燥比色管中，用分光光度计，于 460nm 波长处，用 20mm 比色皿，以三氯甲烷为参比，测量吸光度。

（3）绘制标准曲线　从标准曲线上查出挥发酚的质量。

五、结果记录与数据处理

1. 计算

水样中挥发酚的质量浓度按下列公式计算：

$$\rho(C_6H_5OH) = \frac{m}{V}$$

式中　$\rho(C_6H_5OH)$——水样中挥发酚（以苯酚计）的质量浓度，mg/L；

　　　　m——从标准曲线上查得样品管中挥发酚（以苯酚计）的质量，μg；

　　　　V——水样体积，mL。

2. 试验结果记录

将数据记录在表 7-6 中。

表 7-6　试验结果记录表

酚标准溶液/(1.00μg/mL)	1	2	3	4	5	6	7	8	水样
加入量/mL	0.0	0.50	1.00	2.00	4.00	6.00	8.00	10.00	250.00
挥发酚含量/μg	0.0	0.50	1.00	2.00	4.00	6.00	8.00	10.00	
吸光度值	0.0								

六、注意事项

（1）如果配制标准溶液的苯酚有颜色，则需先精制。取苯酚于具有空气冷凝管的蒸馏瓶中，加热蒸馏，收集 182～184℃的馏出部分。精制苯酚冷却后应为白色，密塞储于冷暗处。

（2）如果水样中有游离余氯，可加入过量的硫酸亚铁将余氯还原为氯离子，然后蒸馏。

（3）如果水样中含酚量大于 0.05mg/L 时，可采用 4-氨基安替比林直接分光光度法。

七、思考题

测定水样中的挥发酚时为什么要进行预蒸馏？

───────●── **技能实训 4　水中余氯的测定**（分光光度法）──●───────

一、实训目的

（1）掌握分光光度法测定水中余氯的原理和方法。

（2）进一步学习使用分光光度计和绘制标准曲线。

二、方法原理

N,N-二乙基对苯二胺（DPD）能与水中游离余氯迅速反应而产生红色。在碘化物催化下，一氯胺也能与 DPD 反应显色。在加入 DPD 试剂前加入碘化物，一部分三氯胺与游离余氯一起显色，通过变换试剂的加入顺序可测得三氯胺的浓度。

三、仪器和试剂

（1）仪器　比色管（10mL），分光光度计。

（2）试剂

① 碘化钾晶体。

② 碘化钾溶液（5g/L）　称取 0.50g 碘化钾（KI），溶于新煮沸放冷的纯水中，并稀释至 100mL，储存于棕色瓶中，在冰箱中保存，溶液变黄应弃去重配。

③ 磷酸盐缓冲溶液（pH＝6.5）　称取 24g 无水磷酸氢二钠（NaH_2PO_4），46g 无水磷酸二氢钾（KH_2PO_4），0.8g 乙二胺四乙酸二钠（Na_2EDTA）和 0.02g 氯化汞（$HgCl_2$）。依次溶解于纯水中稀释至 1000mL。

④ N,N-二乙基对苯二胺（DPD）溶液（1g/L）　称取 1.0g 盐酸 N,N-二乙基对苯二胺 [$H_2NC_6H_4N(C_2H_5)_2 2HCl$] 或 1.5g 硫酸 N,N-二乙基对苯二胺 [$H_2NC_6H_4N(C_2H_5)_2 H_2SO_4 \cdot 5H_2O$]，溶解于含 8mL 硫酸溶液（1＋3）和 0.2g Na_2EDTA 的无氯纯水中，并稀释至 1000mL。储存于棕色瓶中，在冷暗处保存。

⑤ 亚砷酸钾溶液（5.0mL）　称取 5.0g 亚砷酸钾（$KAsO_2$）溶于纯水中，并稀释至 1000mL。

⑥ 硫代乙酰胺溶液（2.5g/L）　称取 0.25g 硫代乙酰胺（CH_2CSNH_2），溶于 100mL 纯水中。

⑦ 无需氯水　在无氯纯水中加入少量氯水或漂粉精溶液，使水中总余氯浓度约为 0.5mg/L。加热煮沸除氯。冷却后备用。

> **注**：使用前可加入碘化钾检验其总余氯。

⑧ 氯标准储备溶液 [$\rho(Cl_2)＝1000\mu g/mL$]　称取 0.8910g 优级纯高锰酸钾（$KMnO_4$），用纯水溶解并稀释至 1000mL。

⑨ 氯标准使用溶液 [$\rho(Cl_2)＝1\mu g/mL$]　吸取 10.0mL 标准储备溶液，加纯水稀释至 100mL。混匀后取 1.00mL 再稀释至 100mL。

四、操作步骤

（1）标准曲线绘制　吸取 0mL、0.1mL、0.5mL、2.0mL、4.0mL 和 8.0mL 氯标准使用溶液置于 6 支 10mL 比色管中，用无需氯水稀释至刻度。各加入 0.5mL 磷酸盐缓冲溶液，0.5mL DPD 溶液，混匀，于波长 515nm 处，用 1cm 比色皿，以纯水为参比，测定吸光度，绘制标准曲线。

（2）吸取 10mL 水样置于 10mL 比色管中，加入 0.5mL 磷酸盐缓冲溶液，0.5mL DPD 溶液，混匀，立即于 515nm 波长处，用 1cm 比色皿，以纯水为参比，测量吸光度，记录读数为 A，同时测量样品空白值，在读数中扣除。

（3）继续向上述试管中加入一小粒碘化钾晶体（约 0.1mg），混匀后，再测量吸光度，记录读数为 B。

（4）再向上述试管加入碘化钾晶体（约 0.1mg），混匀，2min 后，测量吸光度，记录读

数为 C。

（5）另取两支 10mL 比色管，取 10mL 水样于其中一支比色管中，然后加入一小粒碘化钾晶体（约 0.1mg），混匀，于第二支比色管中加入 0.5mL 缓冲溶液和 0.5mL DPD 溶液，然后将此混合液倒入第一管中，混匀。测量吸光度，记录读数为 N。

五、数据处理

读数的计算方法见表 7-7。

表 7-7　游离余氯和各种氯胺，根据存在的情况计算

读　数	不含三氯胺的水样	含三氯胺的水样	读　数	不含三氯胺的水样	含三氯胺的水样
A	游离余氯	游离余氯	N	—	游离余氯＋50%三氯胺
$B-A$	一氯胺	一氯胺	$2(N-A)$	—	三氯胺
$C-B$	二氯胺	二氯胺＋50%三氯胺	$C-N$	—	二氯胺

根据表中计算出的读数，从标准曲线查出水样中游离余氯和各种化合性余氯的含量，按下列公式计算：

$$\rho(\text{Cl}_2)=\frac{m}{V}$$

式中　$\rho(\text{Cl}_2)$——水样中余氯的质量浓度，mg/L；

　　　m——从标准曲线上查得余氯的质量，μg；

　　　V——水样体积，mL。

六、注意事项

（1）DPD 溶液不稳定，一次配制不宜过多，储存中如溶液颜色变深或褪色，应重新配制。

（2）$HgCl_2$ 可防止霉菌生长，并可消除试剂中微量碘化物对游离余氯测定造成的干扰。$HgCl_2$ 剧毒，使用时切勿入口或接触皮肤和手指。

（3）硫代乙酰胺是可疑致癌物，切勿接触皮肤或吸入。

（4）如果样品中二氯氨含量过高，可加入 0.1mL 新配制的碘化钾溶液（1g/L）。

📖 **拓展阅读**

陈佩佩：攻克水中汞离子快速检测分析技术

在这个科学技术飞速发展的时代，她用热爱与坚持成就了自己。从理论研究跨越到产品研发，她历时 5 年研制出水中汞离子快速检测设备，为国家水质分析检测工作节省大量成本。未来她将继续专注于纳米领域发展，像无数科研工作者那般，为国家科技发展和生态文明建设贡献一份力量。她就是国家纳米科学中心研究员陈佩佩。

在国家纳米科学中心纳米加工实验室科研工程化核心部门，为了保证在其中作业的安全性和清洁性，进入实验室的人必须经过多道检测。与世隔绝的环境，日复一日的实验，是大多数人看来乏味到极点的事情，但对在这里工作了将近十年的研究员陈佩佩来说，却是一种乐趣。

陈佩佩把全部的工作精力都投入于一个已经历时 5 年，应用出口为现场快速检测持久性有毒污染物的科研项目中。陈佩佩主要负责水中汞离子快速检测传感器的研发。水中汞离子快速检测传感器的应用，使检测设备可以在检测地直接得出检测结果，为国家水质检测分析工作节省大量成本。

这是陈佩佩来到纳米中心以来，第一次从理论研究跨越到应用研发，她的工作对我国水质分析检测领域有着至关重要的作用。

2005年，陈佩佩大学毕业，怀着雄心壮志来到北京攻读博士学位。原本一直是优秀学生的陈佩佩，被这里学生广博的见识和知识储备所震撼。认识到起步的差距后，陈佩佩并不服输，凭借自己的努力以优异的成绩成为了2010年的优秀毕业生。

毕业后，陈佩佩被推荐进入法国巴黎笛卡尔大学攻读博士后，2013年完成学业后返回母校工作。10年时间里，陈佩佩在纳米科学领域共完成论文19篇，获得专利成果5项，并获得北京市科学技术三等奖，入选2019年北京市科技新星计划。

虽然分析检测设备的各项指标均已达到国家的要求，但在追求完美的陈佩佩看来还远远不够。为了使设备达到交付即能使用的产品化形态，在外场试验到来的前几天时间里，陈佩佩仍埋头于实验室，希望进一步提高设备芯片的检测精度。

陈佩佩将外场实验的地点定在了雁栖湖。实验开始后，陈佩佩在采集的湖水中加入稀释好的汞溶液，经过一系列操作后，她紧张地等待分析检测结果。相比于恒温的实验室，外界环境温度比平时测试时低了20℃，环境温度过低也给实验增加了难度，研发设备能否在低气温下依旧保持稳定并发挥作用，陈佩佩和同事心里也没底。

所幸，整整5年的付出没有被辜负，设备发出了"嘀嘀嘀"的报警声，代表芯片检测到了水中的汞离子，意味着设备不仅顺畅工作，还克服了温度的干扰。虽然研发取得了阶段性的胜利，但对陈佩佩来说，也仅是一个起点。

对于陈佩佩而言，她感谢时代发展给予她的机会，她也将继续探索微纳米加工领域的关键技术和工艺发展，在为国家攻克科研难关的同时，领略科学险峰的无限风光。

8

几种仪器分析法在水质分析中的应用

学习目标

❖ **知识目标**

了解电位法、电导法、原子吸收光谱法、气相色谱法、高效液相色谱法、质谱法的基本知识、仪器结构原理和在实际工作中的应用；初步掌握常用分析仪器的操作和安装调试、校正、使用及维护等实验操作技术及有关的安全防护知识。

❖ **能力目标**

独立使用操作仪器设备、进行日常维护和排除常规故障；能根据不同型号的仪器说明书达到对该仪器的认知和操作；能独立进行数据处理及编写仪器分析报告。

❖ **素质目标**

运用仪器分析中的理性思维方式，培养对事物或问题进行观察、比较、分析、综合、抽象与概括的能力，并能将这种分析问题、解决问题的思维方式迁移到职业岗位和生活中的问题解决过程。

8.1 电位分析法

以测量电池两电极间的电位差或电位差的变化为基础的分析方法称为电位分析法。

电位分析主要有两种方法：一种是直接电位法，即根据测得的电位数值来确定被测离子浓度的方法，如水质分析中常用的 pH 测定、Na^+ 测定等都属于这类方法；另一种是电位滴定法，该滴定法的原理与普通滴定法完全一样，只是确定滴定终点的方法不同，它不用指示剂，而是通过观察滴定过程中电位的突跃来确定滴定终点。因此电位滴定法比滴定分析法更客观、准确。没有恰当指示剂的溶液，或有色、浑浊溶液等难于用指示剂判断终点的滴定分析更体现出电位分析法的优越性，而且也便于实现分析的自动化。

8.1.1 直接电位法

直接电位法是通过测量原电池的电动势进行定量分析的方法。

直接电位法因快速、准确，操作简单，对被测水样要求简单，不需要处理且可以连续测定等，在水质分析中有较多的应用。直接电位法用得最多的是电位法测定溶液 pH。

8.1.1.1 指示电极和参比电极

从原则上讲，测量了电极的电位就可以根据能斯特方程求出参与电极反应的离子浓度（或活度）。事实上，单一电极的电位是无法直接测量的。在电位分析法中，要进行电极电位的测定，必须组成一个如图 8-1 所示的工作电池，它是由两个电极同时插入被测试液后所组成的闭合电极系统。其中以一支电位恒定且已知的电极作参比，然后测量两个电极间的电位差，从而求出待测电极的电位。

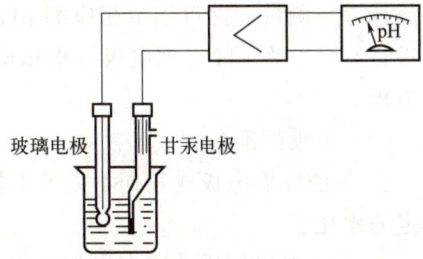

图 8-1 工作电池示意

在工作电池中，能指示被测离子浓度（或活度）变化的电极称为指示电极，将电极电位恒定且不受待测离子影响的电极称为参比电极。参比电极要求构造简单，电极电位再现性好，在分析测定时，即使有微量电流通过，电极电位仍能保持恒定。常用参比电极有饱和甘汞电极和银-氯化银电极。

8.1.1.2 离子选择性电极

离子选择性电极是指用电位法测定溶液中某一种特定离子浓度的指示电极，离子选择性电极很多，表 8-1 列举了目前使用的离子选择性电极的分类情况。

玻璃电极是常用的离子选择性电极，其结构如图 8-2 所示。

表 8-1 离子选择性电极的种类

名　称	膜　型	膜　材　料	可测离子
单膜离子电极	固体膜型	玻璃	H^+、Na^+、K^+、Ag^+ 等
		难溶性无机盐膜	Ag^+、Ca^{2+}、Cd^{2+}、Pb^{2+}、X^-、S^{2-} 等
		塑料支持膜	各种无机，有机离子电极
	液膜型	离子交换液膜	Ca^{2+}、其他 2 价阳离子、Cl^-、NO_3^- 等
		含中性载体液膜	K^+ 等
复膜离子电极		气敏电极	NH_3、NO_2、SO_2
		反应性膜（酶素）	尿素、氨基酸、天冬酰胺、青霉素等

8.1.1.3 直接电位法在水质分析中的应用——水样 pH 的测定

（1）pH 的测定原理　以玻璃电极为指示电极，饱和甘汞电极为参比电极与待测溶液组成工作电池（见图 8-1），电池可用下式表示：

pH 玻璃电极｜试液‖饱和甘汞电极

25℃时，电池电动势为：

$$E = K + 0.059 pH_{试} \tag{8-1}$$

式中，K 在一定条件下是常数。由式（8-1）可知电池电动势在一定条件下与溶液的 pH 值呈线性关系。而此电位差经直流放大器放大后，采用电位计或

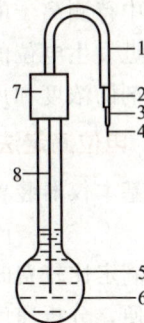

图 8-2 玻璃电极

1—外套管；2—网状金属屏；3—绝缘体；
4—导线；5—内参比溶液；6—玻璃膜；
7—电极帽；8—内参比 Ag-AgCl 电极

电流计进行测量，即可指示相应的 pH 值。另外，也可使用复合电极与待测溶液组成工作电池进行测量。将 pH 玻璃电极（指示电极）和银-氯化银电极组合在一起的电极称为 pH 复合电极。

（2）电极的准备

① 新的玻璃电极或长期不用的电极，使用前要在蒸馏水中浸泡 24h，以使电极表面形成稳定的水化层。

② 甘汞电极使用前应在饱和 KCl 稀释 10 倍后的稀溶液中浸泡。贮存时把上端的注入口旋紧，使用时则开启，应经常注意从注入口注入饱和 KCl 溶液至一定液位。

③ 使用复合电极时，应拔去电极前端的电极套，拉下橡胶套。检查复合电极内腔的外参比液量，使其保持在内腔容量的 1/2 以上，否则应补充 3mol/L 的 KCl 溶液。

（3）仪器校正　仪器开启半小时后，按规定对仪器进行调零、温度补偿和满刻度校正等工作。

（4）pH 定位　按具体情况，可选择下列方式进行定位。

① 单点定位　选用与被测水样相近的标准缓冲液。定位前先用纯水冲洗电极及样杯两次以上。然后用干净滤纸将电极底部水滴轻轻吸干（勿擦拭，以免电极底部带静电而导致读数不稳定）。

将定位液倒入样杯中，浸入电极，稍摇动样杯数秒钟，测量水样温度（与定位液温度一致），将仪器定位至该 pH 值，重复调零，校正及定位 1～2 次，直至稳定时为止。

② 两次定位　先取 pH 为 7 的标准缓冲液依上法定位。电极冲洗干净后，将另一定位标准缓冲液倒入样杯内（若被测水样为酸性，选 pH 为 4 的标准液；若为碱性则选 pH 为 9 的标准液），依上法定位，重复 1～2 次至稳定时为止。

（5）水样测定　将水样杯及电极用纯水冲洗干净，再用被测水样冲洗 2 次以上、然后浸入电极进行 pH 测定。pH 值读数值即为溶液的 pH。

8.1.2　电位滴定法

8.1.2.1　电位滴定法基本原理

电位滴定法是根据滴定过程中指示电极电位的变化来确定滴定终点的一种滴定分析方法。滴定时，在待测水样中插入一支指示电极和一支参比电极，组成工作电池。随着滴定剂的加入，水样中待测离子的浓度不断发生变化，因而指示电极的电位也相应地发生变化，在化学计量点附近发生电位的突跃。因此，测量出工作电池电动势的变化，就可以确定滴定终点。根据滴定剂的浓度和用量，求出水样中待测离子的含量或浓度。

8.1.2.2　电位滴定法的仪器装置

电位滴定基本仪器装置通常由滴定管、指示电极、参比电极、高阻抗毫伏计组成，如图 8-3 所示。

手动进行滴定比较费时和麻烦，自动电位滴定仪是专门为电位滴定设计的成套仪器，它比手动滴定方便，分析速度快，分析结果准确度高。图 8-4 为自动电位滴定装置示意图。

8.1.2.3　电位滴定电极的选择和预处理

电位滴定法在滴定分析中应用广泛，可用于酸碱滴定、配位滴定、沉淀滴定、氧化还原滴定。不同类型的滴定应选用不同的指示电极，表 8-2 为各类滴定常用的电极和电极预处理方法。

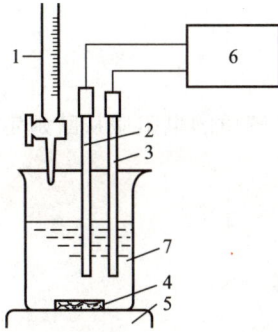

图 8-3 电位滴定基本仪器装置

1—滴定管；2—指示电极；3—参比电极；4—铁芯
搅拌子；5—电磁搅拌器；6—高阻抗毫伏计；
7—待测水样

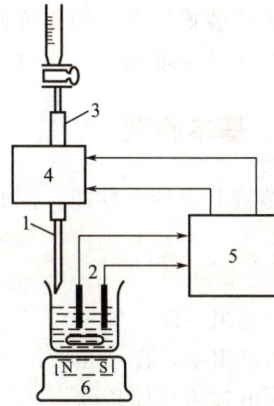

图 8-4 自动电位滴定装置示意图

1—毛细管；2—电极；3—乳胶管；4—电磁阀；
5—自动控制器；6—电磁搅拌器

表 8-2 用于各类滴定的电极

滴定类型	电极系统		预 处 理
	指示电极	参比电极	
酸碱滴定	玻璃电极 锑电极	饱和甘汞电极 饱和甘汞电极	① 玻璃电极：使用前必须在水中浸泡 24h 以上，使用后立即清洗并浸于水中保存 ② 锑电极：使用前用砂纸将表面擦亮，使用后应冲洗并擦干 ③ 饱和甘汞电极：使用前检查电极内饱和氯化钾溶液的液位是否合适，电极下端是否有少量 KCl 晶体，电极外管饱和 KCl 溶液中不得有气泡，用蒸馏水清洗电极外部，用滤纸吸干
氧化还原滴定	铂电极	饱和甘汞电极	① 铂电极：使用前应注意电极表面不能有油污物质，必要时可在丙酮或硝酸中浸洗，再用水洗涤干净 ② 饱和甘汞电极：同酸碱滴定
银量法	银电极	饱和甘汞电极 （双盐桥型）	① 银电极：使用前用砂纸将表面擦亮，然后浸于含有少量硝酸钠的稀硝酸（1+1）溶液中，直到有气体放出为止，取出用水洗干净 ② 双盐桥型饱和甘汞电极：盐桥套管内装饱和硝酸钠或硝酸钾溶液
EDTA 配位滴定	金属基电极 离子选择电极 Hg/Hg-EDTA	饱和甘汞电极 饱和甘汞电极 饱和甘汞电极	

8.2 电导分析法

电导分析法是将被测溶液放在由固定面积、固定距离的两个铂电极所构成的电导池中，通过测定溶液的电导来确定被测物质含量的分析方法。

电导分析法装置简单，操作方便，但选择性差，不适于测定复杂溶液体系。在水质分析中，常用来对水的纯度和天然水等的盐类进行测定。

8.2.1 基本原理

电解质溶液具有导电性能。因此，在一定温度下，电解质的电阻服从欧姆定律：

$$R = \rho \frac{L}{A} \tag{8-2}$$

式中　R——电阻，Ω；

　　　ρ——电阻率，$\Omega \cdot cm$；

　　　L——电解质导体长度，cm；

　　　A——电解质导体的截面积，cm^2。

8.2.1.1 电导

电阻的倒数称为电导，它表示溶液的导电能力，通常用符号 S 表示。

$$S = \frac{1}{R} = \frac{1}{\rho \frac{L}{A}} \tag{8-3}$$

电导的单位为西门子，简称"西"，用符号 S 表示（也即 Ω^{-1}），在水质分析中常用 μS，$1S = 10^6 \mu S$。

测量电解质溶液的电导，是用两极片插入溶液中，组成电导池，通过测量两极间的电阻，就可以测得溶液的电导。对某一电导池来说，两片电极间的距离（L）和电极面积（A）是固定不变的，故 L/A 是一个常数，用 Q 来表示，称为电导池常数。

8.2.1.2 电导率

电阻率的倒数称为电导率。

$$K = \frac{1}{\rho} = QS = \frac{Q}{R} \tag{8-4}$$

当已知电导池常数，并测出电阻后，即可求出电导率。

8.2.2 水样的分析

锅炉用水、工业废水、实验室用蒸馏水、去离子水等都要求分析水的质量，可用电导法进行评价。水的电导率越小，表示水的纯度越高。但对于水中细菌、悬浮杂质的非导电性物质和非离子状态的杂质对水质纯度的影响不能测定。水的电导率可用专门的电导仪来测定。

（1）电导池常数测定　用 0.01mol/L 氯化钾标准溶液冲洗电导池三次，将此电导池注满标准溶液，放入恒温水浴（25℃）中约 15min，测定溶液电阻 R_{KCl}，由式（8-4）计算电导池常数 Q。对于 0.01mol/L 氯化钾溶液，在 25℃ 时，$K = 1413\mu S/cm$，则：

$$Q = 1413 R_{KCl} \tag{8-5}$$

（2）水样的测定　用水冲洗数次电导池，再用水样冲洗后，装满水样，按前述步骤测定水样电阻 $R_{水样}$，由已知电导池常数 Q，得出水样电导率 K：

$$电导率\ K(\mu S/cm) = \frac{Q}{R_{水样}} = \frac{1413 R_{KCl}}{R_{水样}} \tag{8-6}$$

式中　R_{KCl}——0.01mol/L 标准氯化钾溶液的电阻，Ω；

　　　$R_{水样}$——水样的电阻，Ω；

　　　Q——电导池常数。

如果使用已知电导池常数的电导池，不需测定电导池常数，可调节好仪器直接测定，但要经常用标准氯化钾溶液校准仪器。

当测定时水样温度不是 25℃ 时，应报出的 25℃ 时的电导率为：

$$K_S = \frac{K_t}{1+a(t-25)} \tag{8-7}$$

式中　K_S——25℃时的电导率，$\mu S/cm$；

　　　K_t——测定时 t 温度下的电导率，$\mu S/cm$；

　　　a——各离子电导率平均温度系数，取为 0.022；

　　　t——测定时的温度，℃。

8.2.3　电导法在水质分析中的应用

利用电导仪测定水的电导率，可判断水质状况。在水质分析中，如锅炉水、工业废水、天然水、实验室制备去离子水的质量分析时，水的电导是一个很重要的指标，因为它反映了水中存在电解质的状况。目前，电导法已得到广泛应用。

8.2.3.1　测定水质的纯度

为了证明高纯水的质量，应用电导法是最适宜的方法。25℃ 时，绝对纯水的理论电导率为 $0.055\mu S/cm$。一般用电导率大小测定蒸馏水、去离子水或超纯水的纯度。超纯水的电导率为 $0.01\sim0.1\mu S/cm$，蒸馏水为 $0.5\sim2\mu S/cm$，去离子水为 $1\mu S/cm$ 等。

8.2.3.2　判断水质状况

通过电导率的测定可初步判断天然水和工业废水被污染的状况。例如，饮用水的电导率为 $50\sim1500\mu S/cm$，清洁河水为 $100\mu S/cm$，天然水为 $50\sim500\mu S/cm$，矿化水为 $500\sim1000\mu S/cm$ 或更高，海水为 $30000\mu S/cm$，某些工业废水为 $10000\mu S/cm$ 以上。

8.2.3.3　估算水中溶解氧（DO）

利用某些化合物和水中溶解氧发生反应而产生能导电的离子成分的性质，从而测定溶解氧。例如，氮氧化物（NO_x）与溶解氧作用生成 NO_3^-，使电导率增加，因此测定电导率即可求得溶解氧；也可利用金属铊与水中溶解氧反应生成 Tl^+ 和 OH^-，使电导率增加。一般每增加 $0.035\mu S/cm$ 的电导率相当于 $1\mu g/L$ 溶解氧。可用来估算锅炉管道水中的溶解氧。

8.2.3.4　估计水中可滤残渣（溶解性固体）的含量

水中所含各种溶解性矿物盐类的总量称为可滤残渣，又称总含盐量或总矿化度。水中所含溶解盐类越多，水中离子数目越多，水的电导率就越高。多数天然水的可滤残渣与电导率之间的关系可由如下经验公式估算：

$$FR = (0.55\sim0.70)K \tag{8-8}$$

式中　FR——水中的可滤残渣量，mg/L；

　　　K——25℃时水的电导率，$\mu S/cm$；

$0.55\sim0.70$——系数，随水质不同而异，一般估算取 0.67。

8.3 原子吸收光谱法

8.3.1 概述

原子吸收光谱法（AAS），又称原子吸收分光光度法，简称原子吸收法。

原子吸收光谱法具有如下特点。

（1）灵敏度高 大多数元素用火焰原子吸收光谱法可测到 10^{-9} g/mL 数量级。用无火焰原子吸收光谱法可测到 10^{-13} g/mL 数量级。

（2）干扰少或易于消除 由于原子吸收是窄带吸收，选择性好，所以干扰少或干扰易于消除。

（3）准确度高 一般在低含量测定中，准确度可达到 1%～3%。

（4）应用范围广 用原子吸收光谱法可以测定 70 多种元素，既能用于痕量元素的测定，也能用于常规低含量元素的测定，采用特殊的分析技术可进行高含量及基体元素的测定。

（5）操作简便、快速，易于实现自动化 原子吸收光谱法的选择性好、干扰少，试样通常只需简单处理，不经分离就能直接测定，使分析工作能简便、快速和连续地进行，并易于实现自动化操作。

虽然原子吸收光谱法具有上述特点，但也有其局限性。在可测定的 70 多个元素中，比较常用的仅 30 多个；标准工作曲线的线性范围窄（一般在一个数量级范围）；对于某些复杂试样，干扰比较严重；测定不同的元素，需要更换不同的元素灯，不利于多种元素同时测定。

8.3.2 原子吸收光谱法基本原理

原子吸收光谱法是在待测元素的特定和独有的波长下，通过测量试样所产生的原子蒸气的吸收程度来测量试样中该元素浓度的一种方法。测量待测原子吸收光谱的待定波长，可进行定性分析。而测量待测原子吸收光谱的吸收程度，可进行定量分析。所测得的吸收程度的大小与试样中该元素的含量成正比。

在一定条件下，原子蒸气对光源发出特征谱线的吸收符合朗伯-比耳定律，即

$$A = \log \frac{I_0}{I} = KLN_0 \tag{8-9}$$

式中 L——原子蒸气的厚度，即火焰的宽度；

N_0——单位体积原子蒸气中吸收辐射的基态原子数。

上式表明吸光度与原子蒸气中待测元素的基态原子数成正比。

实际分析要求测定的是试样中待测元素的浓度，而此浓度与待测元素吸收辐射的原子总数成正比。因此在一定浓度范围和一定火焰度 L 的条件下，上式可以表示为：

$$A = K'c \tag{8-10}$$

式中 c——待测元素的浓度；

K'——与实验条件有关的常数。

8.3.3 原子吸收分光光度计的主要构造

原子吸收光谱法所用的测量仪器称为原子吸收分光光度计。虽然测定原子吸收的仪器形式多种多样，但它们都是由光源、原子化系统、分光系统和检测系统四个部分组成（见图 8-5）。

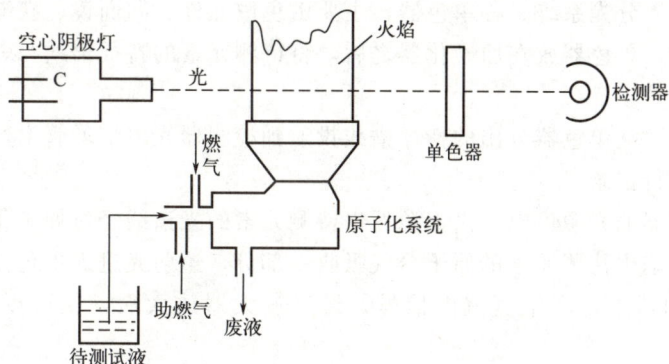

图 8-5　原子吸收分光光度计基本结构

（1）光源　光源通常采用空心阴极灯，又称元素灯。它的作用是发射待测元素的原子吸收所需的特征谱线。它采用低压辉光放电，管内充惰性气体，用含有待测元素的材料制成空心圆筒形的阴极。通常每测定一个元素均需要更换相应的待测元素的空心阴极灯。例如，测定水样中的 Fe^{2+}，需要铁空心阴极灯；测 Cu^{2+}，用铜空心阴极灯。近年来已有多元素空心阴极灯的应用。

（2）原子化系统　原子化系统是将待测试液中的待测元素转变成原子蒸气的装置，可分为火焰原子化系统和无火焰原子化系统。预混合型火焰原子化器是使用最广泛的一种，如图 8-6 所示。

在原子化器中，火焰将雾化的试样蒸发、干燥并经热解离或还原作用产生大量基态原子，产生共振吸收。按待测元素的化学特性，可选择不同的燃烧方式。其中，空气-乙炔火焰是最常用的一种，其燃烧温度最高达 2600K。当调节空气或乙炔的比例，可提供不同的燃烧状态。为使仪器的测定过程处于最佳位

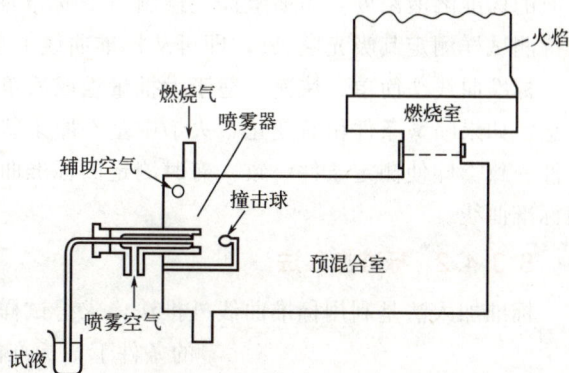

图 8-6　预混合型火焰原子化器

置，通常可调节燃烧器高度，使发射光通过火焰中原子化浓度的最高处。另外，一些在高温条件下易生成氧化物的元素，如 Al、Be、V、Ti、Zr、B 等则适于选择无氧环境原子化。例如，用氧化亚氮-乙炔火焰。该火焰具有高达 3300K 的燃烧温度，需配备耐高温材料的燃烧头。操作时应注意安全。

无火焰原子化系统是以电热高温石墨管作原子化器，其原子化效率和测定灵敏度都比火焰原子化器高很多。其检测限可达 10^{-8}g 数量级，测定精密度在 5%～10%（火焰法

为 1%）。

氢化物原子化器是另一类通过化学反应使某些半金属元素（As、Sb、Bi、Ge、Sn、Pb等）生成气态氢化物进行原子化的测定方法。该方法灵敏度高（10^{-9} 级）、选择性强、干扰小，但生成的氢化物毒性较大，操作时需要有良好的通风条件。利用此法测定汞（Hg）时，可直接吸收（无火焰）测定。

（3）分光系统　分光系统又称单色器，主要由色散元件、凹面镜、狭缝等组成。在原子吸收分光光度计中，单色器放在原子化器之后，将待测元素的特征谱线与邻近谱线分开，以供测定。

（4）检测系统　从单色器分出的特征谱线投射到检测器光电倍增管上产生光电流，经放大后直接读数或进行记录。

稳压电源向仪器的光源供电，由光源发出待测元素的光谱线经过原子化系统的火焰，其中的共振线即被火焰中待测元素的原子蒸气吸收一部分，透射光进入单色器，经分离出来的共振线照射到检测器上，产生直流电信号，经过放大器放大后，就可以从读数器读出吸光值。

8.3.4　定量方法

原子吸收光谱法的定量依据是 $A = K'c$，在实际工作中并不需要确定 K' 值，而是通过与标准相比较的方法进行定量分析。常用的定量分析方法有标准曲线法和标准加入法。

8.3.4.1　标准曲线法

配制一系列合适的、含有不同浓度的待测元素的标准溶液，用试剂空白溶液作参比。在选定的条件下，由低浓度到高浓度依次喷入火焰，分别测定其吸光度 A。以 A 为纵坐标，对应的标准溶液浓度 c 为横坐标，绘制 A-c 标准曲线（也称工作曲线）。在相同条件下，喷入待测试样测定其吸光度 A_x，即可从标准曲线上求出试样中待测元素的浓度 c_x。

标准曲线法简单、快速，适于大批量组成简单和相似试样的分析。为确保分析准确，应注意，如果喷雾条件稍有变化，火焰中基态原子状态的浓度就会发生改变。应该尽量使测定条件一致。即使测定条件一致，有时测定的标准曲线的斜率也会改变，因此每次实验都应绘制标准曲线。

8.3.4.2　标准加入法

标准加入法是利用标准曲线外推法，求得试样溶液的浓度。标准加入法首先要求在测定的条件下，标准曲线必须呈现良好的线性。标准加入法的操作步骤如下：

取若干份（至少 4 份）体积相同的试样溶液于等容积的容量瓶中，其待测元素的浓度为 c_x，从第二份开始分别按比例加入不同量的待测元素的标准溶液，然后定容，此时溶液中待测元素的浓度分别为 c_x、$c_x + c_0$、$c_x + 2c_0$、$c_x + 4c_0$，分别测得吸光度为 A_x、A_1、A_2、A_3。以吸光度 A 对加入的标准溶液浓度作图，得到如图 8-7 所示工作曲线，此工作曲线不通过原点，说明试样中含有待测元素，截距所对应的吸光度正是试样中待测元素所引起的效应。

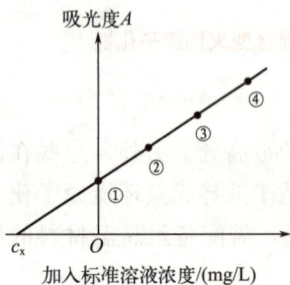

图 8-7　标准加入法工作曲线

外延曲线与横坐标相交，交点至原点的距离所对应的浓度 c_x 即为所测试样中待测元素的浓度。

8.3.5 原子吸收光谱法在水质分析中的应用

8.3.5.1 水中镉、铜、铅、锌的测定（直接吸入火焰原子吸收法）

（1）方法原理 将水样或消解处理好的水样直接吸入火焰，火焰中形成的原子蒸气对光源发出的特征光产生吸收，其吸光度值大小与被测元素含量成正比。用标准曲线法求出水样中被测元素的含量或浓度。

（2）仪器工作基本条件 仪器工作基本条件见表8-3。

表8-3 分析线波长和火焰类型及适用浓度范围

元　　素	分析线波长/nm	火焰类型	适用浓度范围/(mg/L)
镉	228.8	乙炔-空气，氧化型	0.05～1
铜	324.7	乙炔-空气，氧化型	0.05～5
铅	283.3	乙炔-空气，氧化型	0.2～10
锌	213.8	乙炔-空气，氧化型	0.05～1

（3）样品预处理 取100mL水样放入200mL烧杯中，加入硝酸5mL，在电热板上加热消解（不要沸腾）。蒸至10mL左右，加入5mL硝酸和2mL高氯酸，继续消解，直至1mL左右。如果消解不完全，再加入硝酸5mL和高氯酸2mL，再次蒸至1mL左右。取下冷却，加水溶解残渣，通过预先用酸洗过的中速滤纸滤入100mL容量瓶中，用水稀释至标线。

（4）样品测定 按表8-3所列参数选择分析线和调节火焰。仪器用0.2%硝酸调零，吸入空白样和试样，测量其吸光度。扣除空白样吸光度后，从标准曲线上查出试样中的金属浓度。如可能，也可从仪器上直接读出试样中金属浓度。

8.3.5.2 水中铁和锰的测定

（1）方法原理 在空气-乙炔火焰中，铁、锰的化合物易于原子化，可分别于波长248.3nm和270.5nm处，测量铁、锰基态原子对铁、锰空心阴极灯特征辐射的吸收进行定量。

（2）仪器工作基本条件 表8-4列出了仪器工作基本条件。

（3）样品预处理 对于没有杂质堵塞仪器吸样管的清洁水样，可直接喷入进行测定。如测总量或含有机物较多的水样时，必须进行消解处理。处理时先将水样摇匀，分取适量水样置于烧杯中，每100mL水样加5mL硝酸，置于电热板上，在近沸状态下将样品蒸至近干。冷却后，重复上述操作一次。以（1+1）盐酸3mL溶解残渣，用1%盐酸冲洗杯壁，用经（1+1）盐酸洗涤干净的快速定量滤纸滤入50mL容量瓶中，以1%盐酸稀释至标线。

（4）样品测定 以1%HCl将仪器调零后，按表8-4仪器工作条件，测定水样及空白样的吸光度，由水样吸光度减去空白样吸光度，在标准曲线上查出水样中对应的铁、锰浓度。

表 8-4　测定铁、锰的仪器条件

光　源	Fe 空心阴极灯	Mn 空心阴极灯	光　源	Fe 空心阴极灯	Mn 空心阴极灯
灯电流/mA	12.5	7.5	观测高度/mm	7.5	7.5
测定波长/nm	248.3	279.5	火焰种类	乙炔–空气，氧化型	乙炔–空气，氧化型
光谱通带/nm	0.2	0.2			

该方法适用于地表水、地下水以及废水中铁、锰的测定。

8.4　气相色谱法

气相色谱法（GC）是 20 世纪 50 年代后发展起来的一种对复杂混合物中各种组分进行分离和分析的技术。由于它具有选择性好、分离效率高、分析速度快、样品用量少、灵敏度高等优点，已广泛应用于石油、化工、医药、食品、环境保护等行业。

8.4.1　气相色谱法的特点

气相色谱法是以气体为流动相的柱色谱法。由于气体的黏度小，组分扩散速率高，传质快，可供选择的固定液种类比较多，加之采用高灵敏度的通用型检测器，使得气相色谱法具有以下特点。

（1）选择性好　能分离和分析性质极为相近的化合物。例如，水样中同时存在用其他方法很难测定的二甲苯的三个同分异构体（邻二甲苯、间二甲苯、对二甲苯），用气相色谱法很容易进行分离和测定。

（2）分离效率高，分析速度快　一根 1～2m 长的色谱柱一般有几千块理论塔板，而毛细管柱的理论塔板数更高，可以有效地分离极为复杂的混合物。例如，用毛细管柱能在几十分钟内一次完成含有一百多个组分的油类试样的分离测定。

（3）灵敏度高　使用高灵敏度检测器可检测出 $10^{-11}\sim10^{-13}$ g 的痕量物质。

（4）应用范围广　分析对象可以是无机、有机试样。

8.4.2　气相色谱法原理及构造

色谱技术实质上是分离混合物的一种物理化学分析方法。其分离作用是基于物质在两相（固定相和流动相）之间的重复分配。当两相作相对运动时，样品在两相中经过反复多次分配，使其中各组分得以分离。当流动相以气体作载体时，即为气相色谱（GC）；以液体作载体，即为液相色谱（LC）（见 8.5）。

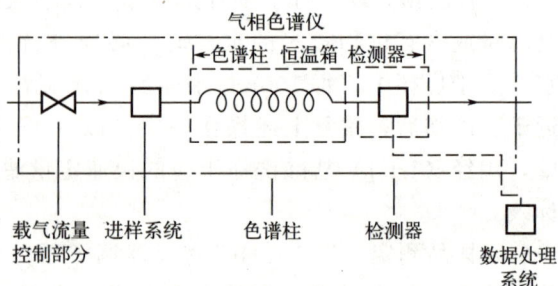

图 8-8　气相色谱基本工作流程示意图

8.4.2.1　气相色谱仪的基本工作流程

气相色谱仪的基本工作流程如图 8-8 所示。

载气由高压气瓶输出，经减压阀减压和净化器净化，由气体调节阀调节至所需流速后，以稳定的压力和恒定的流速连续流经气化室。待测试样被注入气化室后，瞬间气化为蒸气，被载气携带进入色谱柱中进行分离，检测器将组分的浓度（或质量）的变化转换为电信号，经放大后在记录仪上记录下来一条峰形曲线（称为色谱图），根据色谱峰的位置或出峰时间，可对组分进行定性分析，根据色谱峰的峰高或峰面积，可对组分进行定量分析。

8.4.2.2 气相色谱仪的构造

气相色谱仪的构造主要包括气路系统、进样系统、分离系统、温度控制系统以及检测和记录系统五大系统。

（1）气路系统 气路系统是一个载气连续运行的密闭管路系统，气路系统要求载气纯净、密封性好、流动稳定、流速控制方便和测量准确等。在气相色谱仪外部有气体钢瓶、减压调节阀、净化干燥器。在气相色谱仪内部有稳压阀、流量控制器和流量计等。

载气流量的大小和稳定性对色谱峰有很大影响，通常控制在 $30\sim100mL/min$。柱前的载气流量用转子流量计指示，作为分离条件选择的相参数。大气压下柱后流量一般用皂膜流量计测量。

气相色谱仪的载气气路有单柱单气路和双柱双气路两种。双柱双气路分两路进入各自的色谱柱与检测器。其中一路作为分离分析用，而另一路不携带试样，补偿由于温度变化、高温下固定液流失以及载气流量波动所产生的噪声对分析结果的影响。

（2）进样系统 进样系统的作用就是把试样快速而定量地加到色谱柱上端，包括进样器和气化室。进样量、进样速率和试样的气化速率都影响色谱的分离效率以及分析结果的精密度和准确度。

气化室由电加热的金属块制成，其作用是将液体或固体试样瞬间气化，以保证色谱峰有较小的宽度。

（3）分离系统 色谱柱是色谱仪的分离系统，试样各组分的分离在色谱柱中进行。色谱柱分为填充柱和毛细管柱两种。

① 填充柱 填充柱由柱管和固定相组成，固定相紧密而均匀地填装在柱内。填充柱外形为U形或螺旋形，材料为不锈钢或玻璃，内径 $2\sim4mm$，柱长 $1\sim6m$。填充柱制备简单，应用普遍。

② 毛细管柱 毛细管柱又叫开管柱，通常将固定液均匀地涂渍或交联到内径 $0.1\sim0.5mm$ 的毛细管内壁而制成。毛细管材料可以是不锈钢、玻璃或石英。

毛细管柱固定液涂渍在管壁上，不存在涡流扩散所导致的峰展宽。固定相液膜的厚度小，组分在固定相中的传质速率较高，而且气体在空心柱中的流动阻力小，柱管可以做得很长（一般为几十米甚至上百米）。缺点是固定相体积小，使分配比降低，因而最大允许进样量受到限制，柱容量较低。

（4）温度控制系统 柱温改变会引起分配系数的变化，这种变化会对色谱分离的选择性和柱效能产生影响，而检测器温度直接影响检测器的灵敏度和稳定性，所以对色谱仪的温度应严格控制。

温度控制的方式有恒温法和程序升温法两种。通常采用空气恒温的方式来控制柱温和检测室温度。如果组分的沸点范围较宽，采用恒定柱温无法实现良好的分离时，可采用程序升温。

程序升温是在一个分析周期内使柱温按预定的程序由低向高逐渐变化的过程。使用程序升温法可以使不同沸点的组分在各自的最佳柱温下流出。从而改善分离效果，缩短分析时间。

（5）检测和记录系统　气相色谱检测器是一种指示并测量载气中各组分及其浓度变化的装置。这种装置能把组分及其浓度变化以不同方式转换成易于测量的电信号。常用的检测器有热导池检测器、氢火焰电离检测器、电子捕获检测器和火焰光度检测器等。

① 热导池检测器　热导池检测器（TCD）由于结构简单、灵敏度适中及对所有物质均有响应而被广泛采用。

热导池由金属池体和装入池体内两个完全对称孔道内的热敏元件所组成。热敏元件常用电阻温度系数和电阻率较高的钨丝或铼钨丝。

热导池检测器是基于被分离组分与载气的热导率不同进行检测的，当通过热导池池体的气体组成及浓度发生变化时，引起热敏元件温度的改变，由此产生的电阻值变化通过惠斯登电桥检测，其检测信号大小和组分浓度成正比。

② 氢火焰电离检测器　氢火焰电离检测器（FID）简称氢焰检测器，是除热导池检测器以外又一种重要的检测器。它对大多数物质都有很高的灵敏度，比热导池检测器的灵敏度高 $10^2 \sim 10^4$ 倍，而且结构简单，稳定性好，响应好，适宜于痕量分析，因而在有机物分析中得到广泛应用。

氢焰检测器主要部件为离子室，一般不用锈钢制成，内有火焰喷嘴、极化电极（阴极）和信号收集极（阳极）等构件。

氢焰检测器是根据含碳有机物在氢火焰中发生电离的原理而进行检测的。工作时，氢气与空气在进入喷嘴前混合，助燃气（空气）由另一侧引入，用点火器点燃氢气，在喷嘴处燃烧，氢焰上方为一筒状收集板，下方为一圆环状极化电极，在两极间施加一定电压，形成电场。当被测组分随载气进入氢火焰时，在燃烧过程中发生离子化反应，生成数目相等的正负离子，在电场中分别向两极定向移动而形成离子流，再经过放大后在记录仪上以电压信号显示出来，信号大小与单位时间内进入火焰的被测组分的量成正比，据此测量有机物的含量。

③ 电子捕获检测器　电子捕获检测器（ECD）是一种选择性很强的检测器。对具有电负性物质（如卤素）的检测有很高灵敏度（检出限约 $10^{-14}\,g/mL$）。

④ 火焰光度检测器　火焰光度检测器（FPD）是一种对含硫、磷化合物具有高选择性和高灵敏的检测器，仪器主要由火焰喷嘴、滤光片和光电倍增管三部分组成。

8.4.3　气相色谱法的定性定量方法

8.4.3.1　定性方法

（1）利用保留时间定性　所谓保留时间，即指某一组分从进入色谱柱时算起，到出现谱峰的最高点为止所需要的时间。在相同条件下测定纯物质和被测组分的保留时间，若两者保留时间相同，则可认为是同一物质。这种方法要求严格控制实验条件。为提高此法的准确性，可采用双柱定性法，即用两根极性差别较大的柱做同样实验，若所得结果相符，则认为是同一物质。

（2）利用相对保留值定性　选取一种标准物，求得其与待测组分的纯物质之间的相对保留值，再通过实验求得其与待测组分间的相对保留值。若两次结果相等，则可认为试样中待测物与所用纯物质为同一物。

（3）利用加入纯物质定性　先测定试样的谱图，再在试样中加入待测组分的纯物质，以同样条件做试验，若得出的谱图待测组分的峰高增加而半峰宽不变，则说明纯物质与待测组分是同一物质。

8.4.3.2 定量方法

（1）定量分析基本公式　色谱法定量依据是：检测器的响应信号与进入检测器的待测组分的质量（或浓度）成正比，即

$$m_i = f_i A_i \tag{8-11}$$

式中　m_i——待测组分 i 的质量；

A_i——待测组分 i 的峰面积；

f_i——待测组分 i 的校正因子。

（2）峰面积的测量　在色谱图中得到的色谱峰并不总符合正态分布，有的是不对称峰，有的有严重的拖尾。现代化的色谱仪都配有自动积分装置，可准确、精密地计算任何形状的色谱峰的面积。

（3）定量方法

① 归一化法　若样品中的全部组分都显示在色谱图上，可用下式计算某一组分的百分数：

$$组分\,i\,的百分数(\%) = \frac{A_i f_i}{\sum\limits_{i=1}^{n} A_i f_i} \tag{8-12}$$

式中　A_i——组分 i 的峰面积；

f_i——组分 i 的响应因子；

n——样品谱图中峰的个数。

② 外标法（校准曲线法）　用待测组分的纯物质制作校准曲线。取纯物质配成一系列不同浓度的标准溶液，分别进样，测出峰高或峰面积，以待测物质的量为横坐标，以峰高或峰面积为纵坐标，作校准曲线。再在同一条件下测定样品，记录色谱图。根据峰高或峰面积从校准曲线上求出待测组分的含量。

③ 内标法　内标法是在几份含等量已知待测组分的样品中加入不同量的内标化合物，制成不同比例的混合样品，对其进行色谱分析，从色谱图上求出各自的峰面积。以待测组分的含量 c_x 与内标物的含量 c_s 的比值 c_x/c_s 为横坐标，以待测组分的峰面积 A_x 与内标物的峰面积 A_s 的比值 A_x/A_s 为纵坐标，绘制一条校准曲线。

测定时，在一定量的样品中加入适当量的内标物，其含量为 c_s'，进行气相色谱分析，求出峰面积比，从校准曲线上查得相应的含量比，用下式计算待测组分含量：

$$c_x' = \left(\frac{c_x}{c_s}\right) c_s' \tag{8-13}$$

式中　c_x'——待测组分的含量；

c_x/c_s——从校准曲线上查得待测组分和内标物的含量比。

8.4.4　气相色谱法在水质分析中的应用

气相色谱法由于具有高效能、高灵敏度、快速、样品用量少且易于实现自动测定等特点，在水质分析中应用广泛，如 GC-FID 法可测定水体中的油类、醇、醛、酮、胺、酚类化合物，苯系物，多环芳烃等；GC-ECD 法可测定水体中有机氯农药、氯代苯、卤代烃、甲基汞、多氯联苯类等；GC-FPD 法可测定水体中的 SO_2、H_2S、CS_2、有机硫、有机磷农药等。

（1）地表水中微量苯、甲苯、乙苯和二甲苯的测定（见图 8-9）

固定相	3％有机皂土＋2.5邻苯二甲酸二壬酯,101 白色载体,60～80 目
色谱柱	
长度/m	3
内径/mm	4
材料	不锈钢
柱温/℃	78
载气流速/(mL/min)	N_2:30
检测器	FID
检测器温度/℃	80
氢气流速/(mL/min)	40
空气流速/(mL/min)	500
气化温度/℃	200
化合物	保留值 t_r（标准溶液）
1. 二硫化碳	1′15″
2. 苯	2′30″
3. 甲苯	4′30″
4. 乙苯	7′57″
5. 对二甲苯	8′45″
6. 间二甲苯	9′34″
7. 邻二甲苯	11′

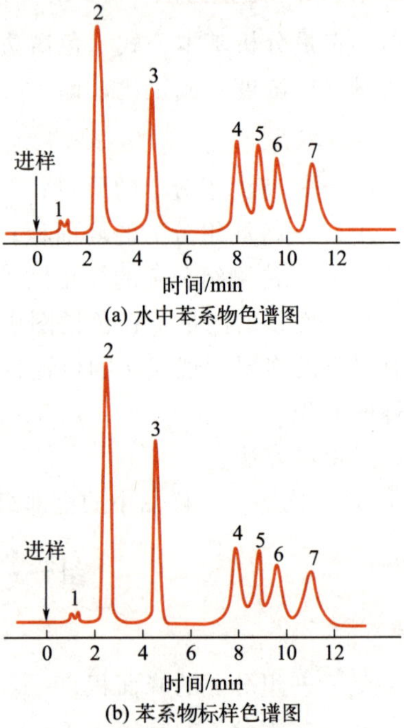

(a) 水中苯系物色谱图

(b) 苯系物标样色谱图

图 8-9　苯系物色谱图

（2）某污水中丙酮、苯、乙醇、甲苯、乙酸丁酯、邻二甲苯、异丙苯、α-甲基苯乙烯的分析（见图 8-10）

固定相	12％EPC-600,101 白色载体(60～80 目)：3.5％双甘油 101 白色载体(60～80 目)=3：1
色谱柱	
长度/m	2
内径/mm	4
材料	不锈钢
柱温/℃	87
载气流速/(mL/min)	N_2:左 18,右 20
检测器	FID
检测器温度/℃	200
氢气流速/(mL/min)	左 55,右 55
空气流速/(mL/min)	500
气化温度/℃	200
化合物	保留值 t_r（标准溶液）
1. 丙酮	1′18″
2. 苯	1′50″
3. 乙醇	2′15″
4. 甲苯	2′44″
5. 乙酸丁酯	3′15″
6. 邻二甲苯	4′10″
7. 异丙苯	4′35″
8. α-甲基苯乙烯	5′58″

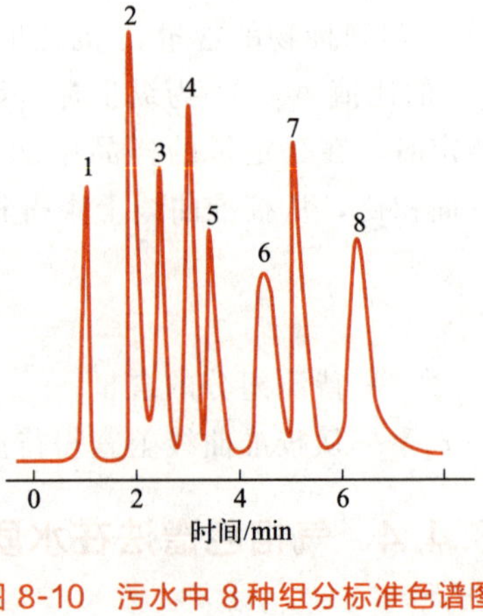

图 8-10　污水中 8 种组分标准色谱图

8.5 高效液相色谱法

高效液相色谱法（HPLC）是在 20 世纪 70 年代在经典液体柱色谱和气相色谱的基础上迅速发展起来的一项高效、快速的分离分析新技术。**高效液相色谱法**流程与气相色谱法相同，但 HPLC 以液体溶剂为流动相，并选用高压泵送液方式。溶质分子在色谱柱中，经固定相分离后被检测，最终达到定性定量分析。

离子色谱（IC）也属于高效液相色谱，它是以缓冲盐溶液作流动相，分离分析溶液中的各平衡离子。离子色谱在色谱柱机理、设备材质以及检测器等方面均有特殊要求。该法在阴离子如 F^-、Cl^-、Br^-、NO_2^-、NO_3^-、SO_4^{2-}、PO_4^{3-} 等同时存在的多组分分析方面具有独特的优势。

8.5.1 高效液相色谱法的特点

高效液相色谱法，在技术上采用了高压泵、高效固定相和高灵敏度的检测器。因此，它具有以下几个突出的特点。

（1）高压 液相色谱是以液体作为流动相，液体称为载液。载液流经色谱柱时受到的阻力较大，为了能迅速地通过色谱柱，必须对载液施加 15～30MPa，甚至高达 50MPa 的高压。所以也称为高压液相色谱法。

（2）高速 由于采用了高压，载液在色谱柱内的流速较经典液体色谱法要高得多，一般可达 1～10mL/min，因而所需的分析时间要少得多，一般都小于 1h。

（3）高效 气相色谱法的分离效能已相当高，柱数约为 2000 塔板/m，而高效液相色谱法则更高，可达 5000～30000 塔板/m 以上，分离效率大大提高。

（4）高灵敏度 高效液相色谱采用了紫外检测器、荧光检测器等高灵敏度的检测器，大大提高了检测的灵敏度。最小检测限可达 10^{-11}g。

8.5.2 高效液相色谱法原理及构造

8.5.2.1 气相色谱仪的基本工作流程

气相色谱仪的基本工作流程如图 8-11 所示。

其流程是：贮液器中的载液（需预先脱气）经高压泵输送到色谱柱入口，试样由进样器注入输液系统，流经色谱柱进行分离；分离后的各组分由检测器检测，输出的信号由记录仪记录下来，即得液相色谱图。根据色谱峰的保留时间进行定性分析，根据峰面积或峰高进行定量分析。

8.5.2.2 高效液相色谱仪的构造

高效液相色谱仪由高压输液系统、进样系统、分离系统以及检测和记录系统四大部分组成，此外，还可根据一些特殊的要求，配备一些附属装置，如梯度洗脱、自动进样、馏分收集及数据处理等装置。

（1）高压输液系统 高压输液系统由贮

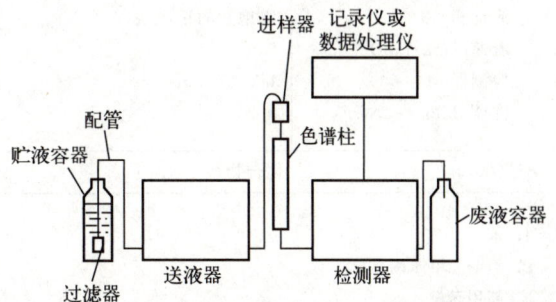

图 8-11 高效液相色谱基本工作流程示意图

液器、高压输液泵及压力表等组成，核心部件是高压输液泵。

① 贮液器　贮液器用来贮存流动相，一般由玻璃、不锈钢或聚四氟乙烯塑料制成，容量为 1～2L。

② 高压输液泵　高压输液泵按其操作原理分为恒流泵和恒压泵两大类。恒流泵的特点是，在一定的操作条件下输出的流量保持恒定，与流动相黏度和柱渗透性无关。往复式柱塞泵、注射式螺旋泵属于此类。恒压泵的特点是，保持输出的压力恒定，流量则随色谱系统阻力的变化而变化，气动泵属于恒压泵。这两种类型各有优缺点，但恒流泵正在逐渐取代恒压泵。

（2）进样系统　进样系统包括进样口、注射器和进样阀等，它的作用是把分析试样有效地送入色谱柱上进行分离。

高效液相色谱的进样方式有注射器进样和阀进样两种。注射器进样操作简便，但不能承受高压、重现性较差。进样阀进样是通过六通高压微量进样阀直接向压力系统内进样，每次进样都由定量管计量，重现性好。

（3）分离系统　分离系统包括色谱柱、恒温器和连接管等部件。色谱柱常采用内径为 2～6mm、长度为 10～50cm、内壁抛光的不锈钢管。柱形多为直形，便于装柱和换柱。

（4）检测和记录系统　高效液相色谱常用的检测器有两种类型：一类是溶质性检测器，仅对被分离组分的物理或物理化学特性有响应，属于这类的检测器有紫外检测器、荧光检测器、电化学检测器等；另一类是总体检测器，对试样和洗脱液总的物理性质或化学性质有响应，属于这类的检测器有示差折光检测器等。

8.5.3　高效液相色谱法的定量方法

高效液相色谱法的定量方法有外标法、内标法和归一化法。内容参见本书 8.4。

8.5.4　高效液相色谱法在水质分析中的应用

由于高效液相色谱法的优点突出，它能分析高沸点、分子量大于 400 的有机物，在水质分析上的应用十分广泛。

（1）水样中几种酚的分析（见图 8-12）

固定相	硅胶 SI-100 加水(1∶0.6 混合)
色谱柱	
长度/m	0.3
内径/mm	4.2
流动相	水饱和的正庚烷
流速/(mL/min)	5.6
检测器	UV(254nm)
柱压/MPa	3.3
	化合物
1. 苯	
2. 3,4-二甲苯酚	
3. 邻甲苯酚	
4. 对甲苯酚	
5. 苯酚	

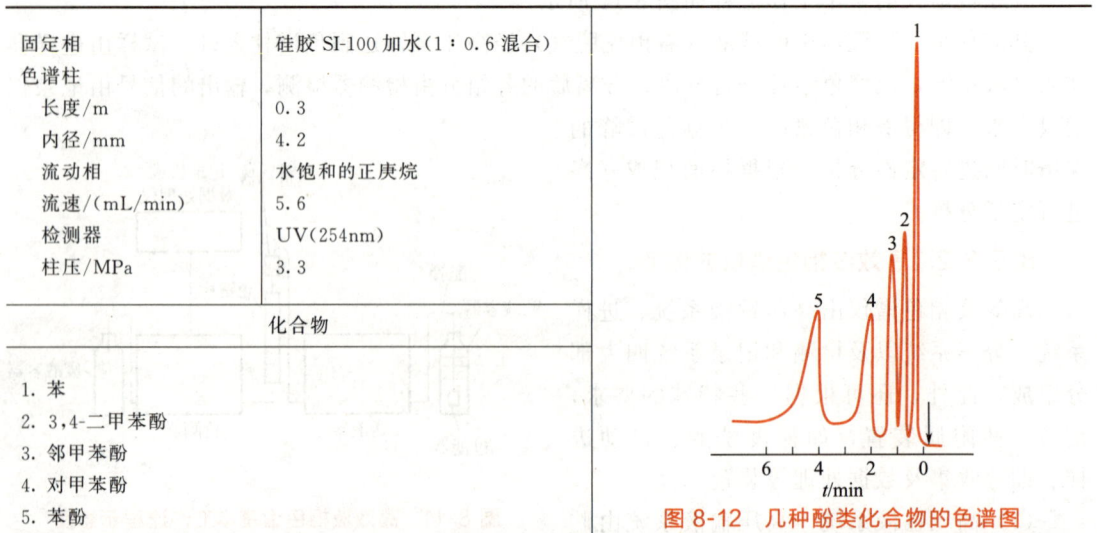

图 8-12　几种酚类化合物的色谱图

（2）水样中多环芳烃的分析（见图 8-13）

固定相	Zorbax ODS
色谱柱	
长度/m	0.25
内径/mm	2.1
柱温/℃	50
流动相	甲醇/水（80/20）
检测器	UV（254nm）
柱压/MPa	13.7
化合物	

1. 萘
2. 联苯
3. 菲
4. 芘
5. 蒽
6. 苯并[e]芘
7. 苯并[a]芘

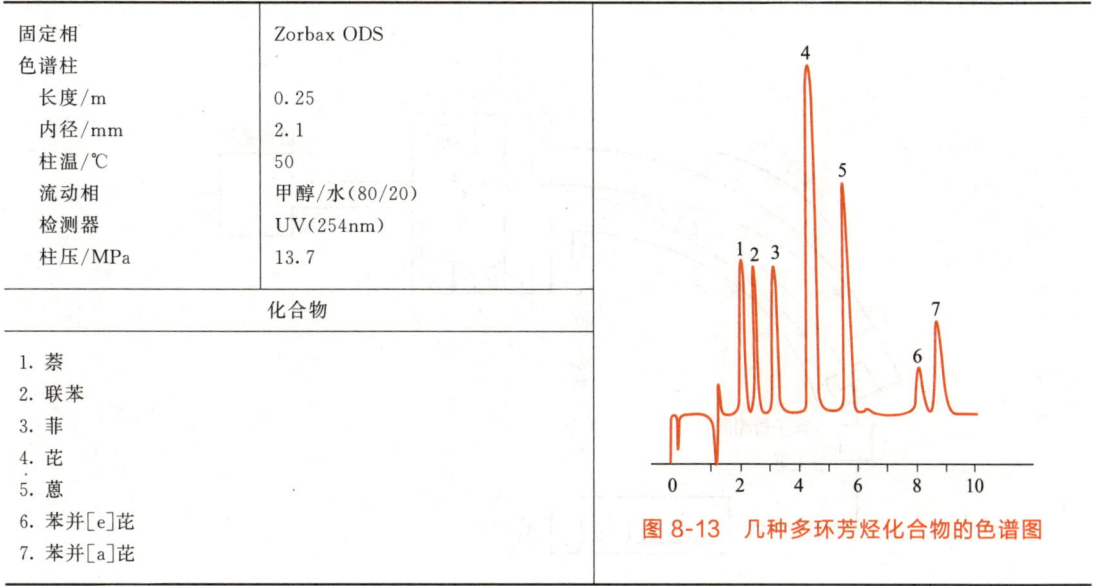

图 8-13　几种多环芳烃化合物的色谱图

8.6　质谱法

质谱法是通过将样品转化为运动的气态离子并按质荷比（质量与电荷的比值，m/z）大小进行分配记录的分析方法。所获得结果即为质谱图（亦称质谱，MS）。根据质谱图提供的信息，可以进行多种有机物及无机物的定性和定量分析、复杂化合物的结构分析、样品中各种同位素比的测定及固体表面的结构和组成分析等。

8.6.1　质谱法的特点

质谱法通过测定被测样品离子的质荷比进行成分和结构分析，是定性鉴定与研究分子结构的有效方法。质谱法具有如下主要特点。

（1）分析速度快，灵敏度高，样品用量少。几分钟内可分析一个样品，样品常用量 1mg 左右，极限用量只需几微克。

（2）可以精确测定样品的分子量，推测样品的化学式、结构式，又可进行定量分析。高分辨率质谱仪可以直接给出化学式。

（3）可对气体、液体、固体等进行分析，分析范围广。

（4）可和一些分离技术相联用，有效扩大了质谱应用范围，使质谱成为一种检测的有力工具。

8.6.2　质谱仪

8.6.2.1　质谱仪的基本情况

质谱仪包括进样系统、电离系统、质量分析系统、检测系统和真空系统等。图 8-14 为单聚焦质谱仪结构示意图。为了获得离子的良好分析，避免离子损失，凡有样品分子及离子存在和通过的地方，必须处于真空状态。

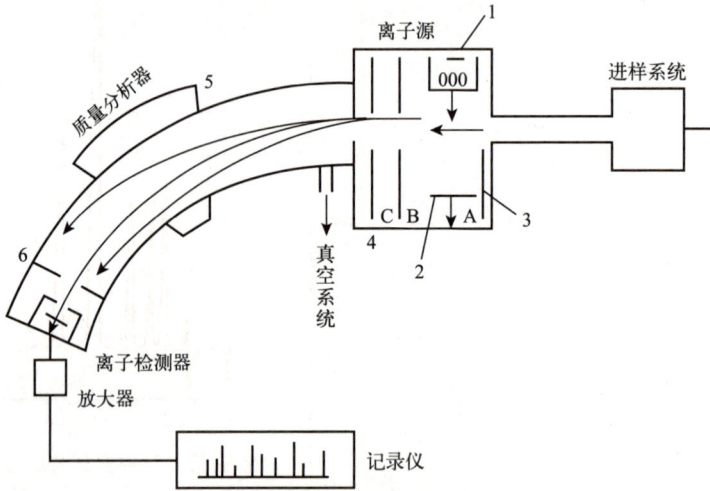

图 8-14　单聚焦质谱仪结构示意图
1—加丝阴极；2—阳极；3—离子排斥极；4—加速电极；5—扇形磁铁；6—出射狭缝

通过进样系统，使微摩尔或更少的试样蒸发，并让其慢慢地进入电离室，电离室内的压力约为 10^{-3} Pa。由热灯丝流向阳极的电子流，将气态样品的原子或分子电离成正、负离子（但一般分析正离子），在狭缝 A 处，以微小的负电压将正负离子分开，此后，借助于 A、B 间几百至几千伏的电压，将正离子加速，使准直于狭缝的正离子流通过狭缝 B 进入真空度高达 10^{-5} Pa 的质量分析器中，离子质荷比不同，其偏转角度也不同，质荷比大的偏转角度小，质荷比小的偏转角度大，从而使质量不同的离子在此得到分离。若改变粒子的速度或磁场强度，就可将不同质量的粒子依次焦聚在出射狭缝上。通过出射狭缝的离子流将落在一收集极上，这一离子流经放大后，即可进行记录，并得到质谱图。质谱图上信号的强度，与达到收集极上的离子数目成正比。

8.6.2.2　质谱仪的基本结构

（1）真空系统　质谱仪的离子产生及经过系统必须处于高真空状态，通常离子源真空度应达 $1.3 \times 10^{-4} \sim 1.3 \times 10^{-5}$ Pa，质量分析器中应达 1.3×10^{-6} Pa。若真空度过低，则会造成离子源灯丝损坏，副反应过多，从而使图谱复杂化。一般质谱仪都采用机械泵预抽真空后，再用高效率扩散泵连续地运行以保持真空。

（2）进样系统　进样系统的目的是高效重复地将样品引入到离子源中并且不造成真空度的降低。常用的进样装置有间歇式进样、直接探针进样和色谱进样系统 3 种类型。一般质谱仪都配有前两种进样系统以适应不同的样品需要。

间歇式进样系统可用于气体、液体和中等蒸气压的固体样品，典型的间歇式进样系统如图 8-15 所示。通过试样管将少量（10～100μg）固体或液体试样引入试样贮存器中，由于进样系统的低压强及贮存器加热装置，试样保持气态。由于进样系统的压强比离子源的要大，样品离子可以通过分子漏隙（通常是带有一个小针孔的玻璃或金属膜）以分子流的形式渗透过高真空的离子源中。

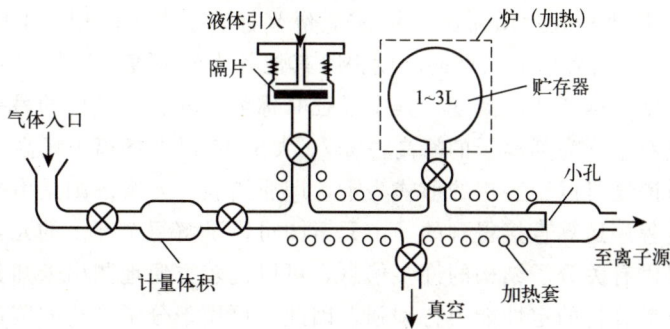

图 8-15　典型的间歇式进样系统

直接探针进样系统用于在间歇式进样系统的条件下无法改变成气体的固体、热敏性固体及非挥发性液体试样，可直接引入到离子源中。

（3）电离源　电离源的功能是将进样系统引入的气态样品分子转化成离子。由于离子化所需要的能量随分子不同差异很大，因此，对于不同的分子应选择不同的离解方法。

最常用的离子源是电子流轰击离子源（EI）。它具有以下特点：电离效率高，灵敏度高；工作稳定，操作方便，电子流强度可精密控制；结构简单，控温方便。标准质谱图基本都是采用 EI 源得到的。除了电子流轰击离子源外，还有化学电离源（CI）、场致电离源（FI）等。

（4）质量分析器　质量分析器位于离子源和检测器之间，依据不同方式将样品离子按质荷比（m/z）大小分开。常见的有单聚焦质量分析器，双聚焦质量分析器和四极杆质量分析器等。其中四极杆质量分析器具有重量轻、体积小、操作方便、扫描速度快等特点，常用于色谱质谱联用仪。

（5）检测与记录　检测器的作用是将经过质量分析器出来的粒子流接收下来并放大，然后送到显示单元和计算机数据处理系统，得到要分析的图谱和数据。质谱仪常用的检测器有法拉第杯、电子倍增器及闪烁计数器、照相底片等，使用较多的是电子倍增器。

电子倍增器利用质量分析器出来的离子轰击电子倍增管的阴极表面，使其发射出二次电子，再用二次电子依次轰击一系列电极，使二次电子获得不断倍增，最后由阳极接收电子流，使离子束信号得到放大。电子倍增器中的电子通过的时间很短，采用电子倍增器可以实现高灵敏度、快速测定。

8.6.2.3　质谱的表示方法

质谱的表示方式很多，常见的是经过计算机处理后的条图（见图 8-16）及质谱表。其他还有峰形图（见图 8-17）及元素图等表示方式。

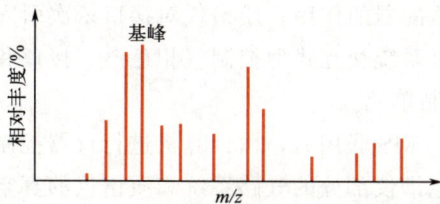

图 8-16　条图

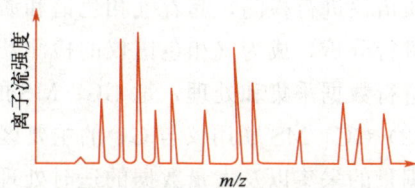

图 8-17　峰形图

在图 8-16 中，横坐标表示质荷比（m/z），纵坐标表示离子的相对丰度，以质谱中最强峰的高度作为 100%，然后用最强峰的高度去除其他各峰的高度，这样得到的百分数称作相对丰度。用相对丰度表示各峰的高度，其中最强峰称为基峰。纵坐标的另一种表示方法是离子的绝对丰度。绝对丰度为某离子的峰高占 m/z 大于 40 以上各离子峰高总和的百分数。

除条图外，质谱还可以用表格的形式表示，即质谱表。元素图则是由高分辨率质谱仪将所得的结果经一定程序运算直接得到的，由元素图可以了解每个离子的元素组成。

质谱图可以提供有关分子结构的许多信息，可以比较方便地测出未知分子的分子量、化学式和结构式。质谱分析的定性能力特别强，因此，可用于分子结构的鉴定，还可用于混合物的定量分析及无机痕量分析等。

8.6.3 色谱-质谱联用技术简介

质谱法可以进行有效的定性分析，但对复杂有机化合物的分析就显得无能为力；而色谱法是一种有效的有机化合物分离分析方法，特别适合于进行有机化合物的定量分析，但定性分析则比较困难。因此，这两者的有效结合必将提供一个进行复杂有机化合物高效的定性、定量分析工具。像这种将两种或两种以上分析方法或分析仪器组合结合起来应用的分析技术称为联用技术。

8.6.3.1 气相色谱-质谱联用系统

气相色谱-质谱联用（GC-MS）法是将 GC 和 MS 通过接口连接起来，GC 将复杂混合物分离成单组分后进入 MS，由 MS 提供确认每个组分结构的信息，进行分析检测。

（1）GC-MS 联用仪系统组成　一般由图 8-18 所示的各部分组成。

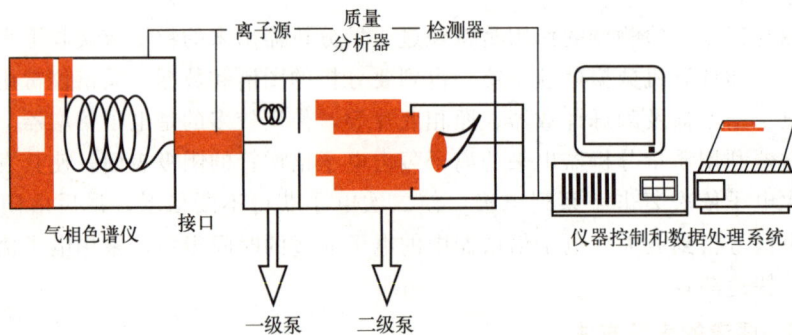

图 8-18　GC-MS 联用仪的基本组成示意图

气相色谱仪分离样品中各组分，起着样品制备的作用；接口把气相色谱仪流出的各组分送入质谱仪进行检测，起着气相色谱和质谱之间适配器的作用；质谱仪对接口依次引入的各组分进行分析，成为气相色谱仪的检测器；计算机系统交互式地控制气相色谱、接口和质谱仪，进行数据采集和处理，是 GC-MS 的中央控制单元。

（2）GC-MS 联用仪与 GC 的主要区别　GC-MS 联用后，由计算机进行仪器控制、高速数据量的采集以及大量数据的适时处理；气相色谱仪部分的气路系统和质谱仪的真空系统几乎不变，仅增加了接口的气路和接口真空系统；整机的供电系统变化不大，除了向原有的气相色谱仪、质谱仪和计算机及其外设部件供电以外，还须向接口及其传输线恒温装置和接口真空系统供电。

GC-MS 与气相色谱仪比较，主要具有以下优点：①定性参数增加，定性可靠；②灵敏度高；③可同时对多种化合物进行测量，而不受基质的干扰；④定量精度较高；⑤日常维护方便。

（3）GC-MS 联用仪的分类　按照仪器的机械尺寸，可以粗略地分为大型、中型、小型3 类气质联用仪；按照仪器的性能，可以粗略地分为高档、中档、低档 3 类气质联用仪或研究级和常规检测级两类；按照色谱技术，可分为气相色谱-四极杆质谱、气相色谱-离子阱质谱、气相色谱-飞行时间质谱等；按照质谱仪的分辨率，可分为高分辨率（通常分辨率高于5000）、中分辨率（通常分辨率在 1000 和 5000 之间）、低分辨率（通常分辨率低于 1000）气质联用仪。小型台式四极杆质谱检测器（MSD）的质量范围一般低于 1000。四极杆质谱由于其本身固有的限制，一般 GC-MS 分辨率在 2000 以下。与气相色谱仪联用的高分辨磁质谱一般高分辨率可达 60000 以上；与气相色谱仪联用的飞行时间质谱（TOFMS），其分辨率可达 5000 左右。

（4）GC-MS 联用仪的接口　GC-MS 联用仪的接口和色谱仪组成了质谱的进样系统。理想的接口是能除去全部载气，但却能将待测物毫无损失地从气相色谱仪传输到质谱仪。目前常用的各种 GC-MS 接口主要有直接导入型，开口分流型和喷射式分离器等。

开口分流型接口是较为常用的 GC-MS 联用仪接口，其工作原理如图 8-19 所示。

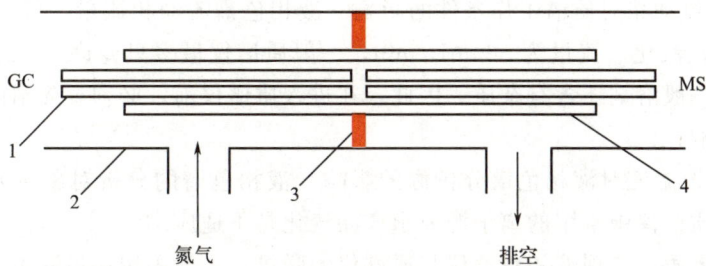

图 8-19　开口分流型接口工作原理

1—限流毛细管；2—外套管；3—中隔机构；4—内套管

气相色谱柱的一端插入接口，其出口正对着另一毛细管，该毛细管称为限流毛细管。限流毛细管承受将近 0.1MPa 的压降，与质谱仪的真空泵相匹配，将色谱柱洗脱物的一部分定量地引入质谱仪的离子源。内套管固定插色谱柱的毛细管和限流毛细管，使这两根毛细管的出口和入口对准。内套管置于一个外套管中，外套管充满氦气。当色谱柱的流量大于质谱仪的工作流量时，过多的色谱柱流出物和载气随氦气流出接口；当色谱柱的流量小于质谱仪的工作流量时，外套管中的氦气提供补充。因此，更换色谱柱时不影响质谱仪工作，质谱仪也不影响色谱仪的分离性能。这种接口结构很简单，但色谱仪流量较大时，分流比较大，产率较低，不适用于填充柱的条件。

（5）GC-MS 联用仪的主要技术问题

① 仪器接口　通常色谱柱的出口端为大气压力，这与质谱仪中的高度真空扰态是不相容的。因此，接口技术要解决的关键问题就是实现从气相色谱仪的大气压工作条件向质谱仪的高真空工作条件的切换和匹配。接口要把气相色谱柱流出物中的载气尽可能除去，而保留或浓缩各待测组分，使近似于大气压的气流转变成适合离子化装置的粗真空，把待测组分从气相色谱仪传输到质谱仪，并协调色谱仪和质谱仪的工作流量。

② 扫描速度　没和色谱仪连接的质谱仪一般对扫描速度要求不高。和气相色谱仪连接的质谱仪，由于气相色谱峰很窄，有的仅几秒钟时间。而一个完整的色谱峰通常需要 6 个以上的数据点。这样就要求质谱仪有较高的扫描速度，才能在很短的时间内完成多次全范围的质量扫描，另外，要求质谱仪能很快地在不同的质量数之间来回转换，以满足选择离子检测的需要。

8.6.3.2　液相色谱-质谱联用系统

液相色谱的流动相是液体，样品是在液相状态下进行分离分析的，其应用不受沸点的限制，并且能对热稳定性差的样品进行分离分析。但液相色谱的定性能力较弱，因此液相色谱与质谱联用（LC－MS）更有实际意义。

（1）LC－MS 联用系统组成　液相色谱-质谱联用仪主要由液相色谱仪、接口、质谱仪、电子系统、记录系统和计算机系统 6 部分组成。混合样品通过液相色谱系统进样，由色谱柱分离，从色谱仪流出的被分离组分依次通过接口进入质谱仪的离子源处并被离子化，然后离子被聚焦于质量分析器中，根据质荷比大小而分离，分离后的离子信号被转变为电信号，传递至计算机数据处理系统，根据质谱峰的强度和位置对样品的成分和结构进行分析。

（2）LC－MS 联用仪的接口　由于液相色谱的一些特点，在实现 LC－MS 联用时遇到的困难比 GC－MS 大得多。其主要问题有以下两方面：

① 液相色谱流动相对质谱工作条件的影响　液相色谱流动相流量一般为 1mL/min，如果流动相为甲醇，汽化后流量为 560mL/min，一般质谱仪最多只允许 1～2mL/min 气体进入离子源，而且一般溶剂还含有杂质。因此，在进入质谱仪前，必须要先清除流动相及其杂质对质谱仪的影响；

② 质谱离子源温度对液相色谱分析源的影响　液相色谱的分析对象主要是难挥发和热不稳定物质，与质谱仪中常用的离子源要求样品气化是不适应的。

要解决上述矛盾，实现液相色谱仪与质谱仪的联机，一般采用接口除去大量色谱流动相分子，浓集和气化样品的方法。

常用于液相色谱-质谱联用技术的接口主要有移动带技术（MB）、热喷雾接口、粒子束接口（PB）、快原子轰击（FAB）、电喷雾接口（ESI）等。其中，电喷雾接口的应用较为广泛。电喷雾接口的结构如图 8-20 所示。

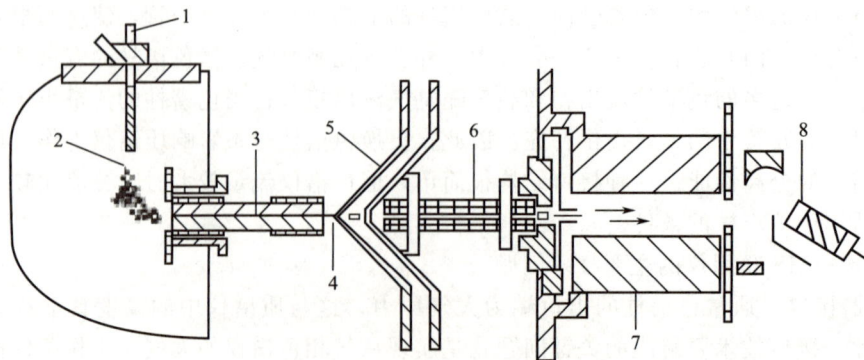

图 8-20　电喷雾接口的结构示意图

1—液相入口；2—雾化喷口；3—毛细管；4—CID（碰撞诱导解离）区；
5—锥形分离器；6—八极杆；7—四极杆；8—HED 检测器

以一定流速进入喷口的样品溶液及液相色谱流动相，经喷雾作用被分散成直径约为1～3μm的细小的液滴。在喷口和毛细管之间设置的几千伏特的高电压作用下，这些液滴由于表面电荷的不均匀分布和静电引力而被破碎成更细小的液滴。在加热的干燥氮气的作用下，液滴中的溶剂被快速蒸发，直至表面电荷增大为库仑斥力大于表面张力而爆裂，产生带电的子液滴。子液滴中的溶剂继续蒸发引起再次爆裂。此过程循环往复直至液滴表面形成很强的电场，而将离子由液滴表面排入气相中。进入气相的离子在高电场和真空梯度的作用下进入玻璃毛细管，经聚焦单元聚焦，被送入质谱离子源进行质谱分析。

在没有干燥气体设置的接口中，离子化过程也可进行，但流量必须限制在每分钟数微升，以保证足够的离子化效率。如接口具备干燥气体设置，则此流量可达到每分钟数百微升乃至1000μL以上，这样的流量可满足常规液相色谱柱良好的分离效果，实现与质谱的在线联机操作。

8.6.3.3　色谱-质谱联用技术在水质分析中的应用

在水质分析中，高效液相色谱及液-质联用技术已逐步升级为常用的水质分析方法。如多环芳烃类、酚类、多氯联苯、邻苯二甲酸酯类、阴离子和非离子表面活性剂、有机农药、除草剂等。《地表水环境质量标准》（GB 3838—2002）中有机污染物特定项目68项，《生活饮用水卫生标准》（GB 5749—2022）毒理指标中有机化合物53项，这些有机物指标大都可使用气相色谱及气-质联用技术测定，少数采用高效液相色谱法测定，如多环芳烃、阿特拉津。随着社会的发展和人们环保意识的增强，人们对饮用水质量的关注度越来越高，国家也提高了对饮用水源水质中有毒有害化合物的检测要求。事实上地表水有机污染物指标中有很多组分可开发高效液相色谱及质谱联用法。

思考题与习题 >>>

1. 简答题

（1）电位分析法的基本原理是什么？

（2）离子选择电极的结构是怎样的？可测水中哪些物质？

（3）电位滴定法与一般容量分析滴定有何区别？

（4）用酸度计测定pH的原理是什么？其电池组成如何？

（5）原子吸收法测定水中金属元素的原理是什么？其测试流程是怎样的？

（6）气相色谱法分离的基本原理是什么？

（7）高效液相色谱分析法与气相色谱分析法有何异同？

（8）GC-MS联用系统一般由哪几个部分组成？常用的接口有哪几种？

（9）LC-MS联用中遇到的主要问题有哪些？如何解决？

2. 计算题

用标准加入法测定某水样中的镉，取四份等量水样分别加入不同镉标准溶液，稀释至50mL，依次用火焰原子吸收法测定，测得吸光度列于表8-5，求该水样中镉的含量（已知镉标准溶液浓度为10μg/mL）。

表 8-5　某水样镉含量的测定数据表

编　　号	水样量/mL	加入镉标准溶液量/mL	吸　光　度
1	20	10	0.042
2	20	1	0.080
3	20	2	0.116
4	20		0.190

一、实训目的

（1）熟悉原子吸收分光光度计的结构，并进行实际操作，测定水样中的锌和铅。

（2）掌握水样消化的基本操作，会正确配制标准溶液和水样。

二、方法原理

水样喷入空气-乙炔火焰，在火焰中生成的锌（铅）基态原子蒸气对锌（铅）元素空心阴极灯发出的 213.8nm（283.3nm）波长的特征光谱产生吸收。测得水样吸光度，扣除空白吸光度后，从标准曲线上查得锌（铅）含量。

三、仪器和试剂

（1）仪器　原子吸收分光光度计，锌元素空心阴极灯，铅元素空心阴极灯，乙炔钢瓶或乙炔发生器，空气压缩机。

（2）试剂

① 硝酸：优级纯；盐酸：优级纯；高氯酸：优级纯。

② 锌和铅标准贮备液　准确称取经稀酸清洗已除去氧化膜并干燥后的 0.5000g 光谱纯金属锌和铅，用 50mL（1+1）盐酸溶解，必要时加热直至溶解完全，移入 500mL 的容量瓶中，用水稀释至标线，此溶液含锌 1.00mg/mL，含铅 1.00mg/mL。

③ 锌标准使用液　吸取适量的锌标准贮备液，用 2% 硝酸稀释成含锌 10μg/mL 的使用液，用时现配。

④ 铅标准使用液　吸取适量的铅标准贮备液，用 2% 硝酸稀释成含铅 100μg/mL 的使用液，用时现配。

四、操作步骤

（1）样品预处理　取 100mL 水样放入 200mL 烧杯中，加入硝酸 5mL，在电热板上加热消解（不要沸腾）。蒸至 10mL 左右，加入 5mL 硝酸和 2mL 高氯酸，继续消解，直至 1mL 左右。如果消解不完全，再加入硝酸 5mL 和高氯酸 2mL，再次蒸至 1mL 左右。取下冷却，加水溶解残渣，用水定容至 100mL。

取 0.2% 硝酸 100mL，按上述相同的程序操作，以此为空白样。

（2）标准曲线的绘制　准确吸取 0mL、0.50mL、1.00mL、3.00mL、5.00mL、10.00mL 锌和铅标准使用液，分别放入相应的 100mL 容量瓶中，用 0.2% 硝酸稀释至刻度，混匀。该系列标准溶液浓度见表 8-6。接着按样品测定的步骤测定吸光度，用经空白校正的各标准的吸光度对相应的浓度作图，绘制标准曲线。

表 8-6　标准系列的配制和浓度表

标准使用液体积/mL		0	0.50	1.00	3.00	5.00	10.00
标准系列各金属浓度 /(μg/mL)	锌	0	0.05	0.10	0.30	0.50	1.00
	铅	0	0.05	1.00	3.00	5.00	10.00

（3）水样的测定　吸取适量处理后的水样，用硝酸酸化至 pH 为 1，过滤于 100mL 容量

瓶中，用去离子水稀释至刻度，混匀，按绘制标准曲线步骤测定水样的吸光度值，扣除空白吸光度后，从标准曲线上查出水样对应的锌和铅的浓度。

五、实训数据记录与处理

1. 实训数据记录

将数据记录在表 8-7 中。

表 8-7 实训记录表

工作曲线	1	2	3	4	5	6	试样	空白
吸取标准溶液体积/mL								
标准系列浓度/(mg/L)								
吸光度测定值								
1								
2								
3								

2. 实训结果计算

$$被测金属的质量浓度(mg/L) = \frac{m}{V}$$

式中　m——从标准曲线上查出的被测金属的质量，μg；

　　　V——原水样体积，mL。

六、注意事项

（1）样品消化时要注意观察，防止将水样蒸干。补加酸时，一定要等水样冷却后加入。

（2）空白实验时防止锌沾污。

（3）使用乙炔气时，一定要严格遵守操作规程。

📖 **拓展阅读**

全国劳模周小靖：以"科技报国"之志，勇攀色谱科技新高峰

实验室内，一名身穿实验服，戴着护目镜，满头花发的科学家正在操作着色谱仪。近十年的时间，他一心扑在技术研发上，带领团队攻坚克难，用技术创新的力量，填补了国内高端液相色谱仪的空白。现已年过六旬的他，仍在不断创新研发分析仪器，研究开发新的分离分析方法。他就是色谱分析仪器领域知名专家，全国劳模周小靖。

周小靖早年执教于杭州大学（现浙江大学）化学系，出于对分析仪器的深切爱好和孜孜追求，在分析仪器领域成就斐然。国外打拼多年，他心里最放不下的还是国产高端分析仪器 90％ 依赖进口的现状。2014 年，怀揣科技报国的梦想，心系国家高端科学仪器的发展，他放弃国外优厚的待遇，毅然回国，投身到分析仪器国产化研发进程中。

"科技进步是国家发展和改善民生的强大推动力，要打破国外技术的垄断，加速推动高端分析仪器国产化进程，就需要我们发挥自身的特长和优势，不断提高科技创新能

力，这不仅仅是我们为之不懈奋斗的动力，也是我们身处这个时代应有的担当"，周小靖深知。当时国内高端分析仪器领域处于转型发展瓶颈期，急需人才和技术创新来实现突破。周小靖带领研发团队，不断创新和提升产品品质，搭建了智能化知识产权平台，承担了气相色谱仪、液相色谱仪相关国家标准的制定，攻克了多项国际性的技术瓶颈，用技术创新的力量，加速推动了高端分析仪器的国产化进程，并为国家科学分析仪器产业的可持续发展提供了有力保障。

毅然回国，是绿叶对根的情意；坚持创新，是不断前进的引擎；科技报国，是周小靖团队在这个新时代的担当。

任何科技的进步都不是一蹴而就的。在重点科技专项"超高效液相色谱仪项目"的研发中，周小靖和团队人员白天反复做实验，晚上经常彻夜查找资料、修改方案，从实验参数设置到数据比对分析，他都亲力亲为，力求完美，甚至有几次疲惫到被送进了医院。这种高强度的学习工作，一直持续了 24 个月。经过坚持不懈的努力，周小靖团队成功构建了新型低压超高效液相色谱仪系统，即以核壳分离材料为核心的新型分离分析系统，其指标达到了国际先进水平，填补了国内高端液相色谱仪的空白。

十年来，周小靖和研发团队申请了专利 40 余项，其中发明专利达 19 项，在研产品涉及高端气相色谱仪、超高效液相色谱仪等，完全致力于自主知识产权的研发，攻克了多项国际性的技术瓶颈。同时周小靖毫不保留地"传帮带"，致力于培养有丰富经验的研发人员，促进行业技术人员整体水平的提升。他在繁重工作之余，还为企业和高校院所之间搭起了合作研究的桥梁，输送了不少研发与实践能力兼备的科技人才。

周小靖牢记科技报国初心，他们正致力于新一轮研发战略和中长期目标的谋划，以坚定决心和顽强意志，只争朝夕、埋头苦干，一步一个脚印把这一战略目标变为现实，努力为加快实现高水平科技自立自强、建设科技强国贡献力量。

9

水质的微生物指标分析

🛩 学习目标

❖ **知识目标**

了解病原微生物的危害和水质的微生物指标；掌握水的微生物指标检验分析方法。

❖ **能力目标**

自主设计实验方案、准备实验用品、完成实验操作，提高动手、观察、思辨、合作与创新能力；结合微生物指标分析结果，参考相关的国家和行业标准，评价水质状况。

❖ **素质目标**

通过微生物指标检测分析实验与实践，培养团结协作、实事求是的精神，探索创新精神，激发职业责任感、使命感和紧迫感，强化绿水青山就是金山银山的生态环境保护意识。

水是生命之源，是生存之本。在水体中，只要条件合适，极易引起微生物生长，进而污染水体本身，对生态环境及人们的健康造成威胁。尤其在生活饮用水中，滋生的病原微生物易引发人体肠道功能紊乱，造成呕吐、腹泻等病理性疾病，严重时可能危及生命，因此水质微生物的检测分析至关重要。

9.1　水中常见的病原微生物

水体中的微生物种类繁多，但大部分都不是病原微生物，而进入水体中的病原微生物大多数来自人类、动物的排泄物，如沙门菌、志贺菌、霍乱弧菌、副溶血弧菌和甲型肝炎病毒等。当这些病原微生物进入水体后，以水体作为生存环境和传播的媒介，会导致某些肠道传染病，如伤寒、痢疾、霍乱和肠炎等，对水体的污染影响较大。以下分别介绍常见的病几种原微生物。

9.1.1　沙门菌

沙门菌来源广泛，污染水源机会多，由水传播，是暴发性伤寒和副伤寒疾病的重要病原菌之一。主要有三种：伤寒沙门菌、副伤寒沙门菌和乙型副伤寒沙门菌。它们的大小为 $(0.6 \sim 0.7)\mu m \times (2.0 \sim 4.0)\mu m$，是革兰阴性短杆菌，不生芽孢和荚膜，借周生鞭毛运动。其在水中可存活 $2 \sim 3$ 周，在粪便中能存活 $1 \sim 2$ 个月，在冰冻环境中可存活数月，在 $60℃$

下加热 30min 或煮沸后即可杀死，对 5% 的石炭酸，可抵抗 5min。

伤寒和副伤寒是一种急性的传染病，人体发病的主要症状是持续发热、恶心、厌食、头痛和肌痛以及产生腹泻等；可使胃肠壁形成溃疡，并引发肠出血、肠穿孔。潜伏期约 10～14d，自然病程约一个月。感染来源为病人或带菌者的尿液及粪便，一般是由于直接接触病人或接触了病人排泄物污染的物品、食物和水等。

1986 年，湖北省仙桃市曾发生一起特大的伤寒病暴发流行，发病人数 3064 例，死亡 26 例，发病率 2.79%，原因是作为该市饮用水水源的仙下河，接纳了该市 6 万人产生的未经处理的生活污水和医院污水。

9.1.2 志贺菌

志贺菌是一类革兰氏阴性菌，常引发细菌性痢疾，它有 4 个种群：福氏志贺菌、宋氏志贺菌、痢疾志贺菌和鲍氏志贺菌。近年来在我国分布最多的是福氏志贺菌，其次是宋氏志贺菌，且其分布呈上升趋势。志贺菌引起的肠道传染病具有高度传染性，其发病率居法定传染病之首，严重危害人们的身体健康。

志贺菌的形状大小约为 $(0.5～0.7)×(2～3)\mu m$，无芽孢，无荚膜，无鞭毛，多数有菌毛，但是不运动，是两端呈钝圆的直杆菌，最适生长温度为 35～37℃，最适 pH 值为 6.8～7.8。志贺菌对理化因素的抵抗力较弱，一般在 10～37℃ 水中可生存 20d，于光照下照射 30min 即可被杀死，于 56～60℃ 加热经 10～30min 即可死亡，在 1% 苯酚中存在 15～30min 就可立即被杀死。

志贺菌感染常引起发热、腹痛、腹泻、脓血便、痢疾后重等症状，夏秋两季患者最多，急性患者发病急，可呈现严重的全身中毒症状。传染源主要为病人和带菌者通过被志贺菌污染的食物、饮水等经口感染。人类对志贺菌易感，感染剂量极小，十个志贺菌即可产生上述病症，所以即使水中该菌浓度不高，仍有可能引起人群的感染。一般说来，痢疾志贺菌所致病情较重；宋氏志贺菌引起的症状较轻；福氏志贺菌介于二者之间，但排菌时间长，易转为慢性。

9.1.3 霍乱弧菌

霍乱弧菌在肠道传染病中有重要的影响。霍乱是烈性传染病，属于国际检疫疾病。霍乱的暴发与水污染有着密切的联系，其密切程度胜过其他的肠道传染病。

霍乱弧菌的细胞形态一般呈微弯曲杆状，有时会变得细长而纤弱，或短而粗。大小一般为 $(0.3～0.6)\mu m×(1.0～5.0)\mu m$。其细胞具有一根较粗的鞭毛，能运动，为革兰氏阴性菌。在 60℃ 下能耐受 10min，在 1% 的苯酚中能抵抗 5min，能耐受较高的碱度。

在霍乱的轻型病例中，一般只引起腹泻。在较严重或较典型的病例中，除腹泻外，还有呕吐、腹痛和昏迷等症状。此病病程短，严重者常在症状出现后 12h 内死亡。

霍乱弧菌曾在世界上有过七次大流行，它借水传播，也可由食物或蝇类传播。与病人或带菌者接触可能被传染。霍乱传播迅速，流行季节也很明显，集中发生于夏、秋两季，主要发生在沿海地带。据报道，在霍乱流行时，污水中有病原菌检出，含量为 $10～10^4$ 个/100mL，但人的感染剂量为 $10^8～10^9$ 个。

1991 年，秘鲁发生霍乱，患者 12 万人，死亡 750 人，其原因是食用了受到霍乱弧菌污染的海产品。新疆于 1993 年也曾发生过霍乱流行。

9.1.4 副溶血弧菌

副溶血弧菌为革兰染色阴性杆菌，呈弧状、杆状、丝状等多种形状，无芽孢。副溶血弧菌是一种嗜盐性细菌，主要分布在海水和海产品中。因此，海水、海产品、海盐和带菌者等都有可能成为传播本细菌的途径，另外有肠道病史的居民、渔民带菌率偏高，也是传染源之一。

副溶血弧菌主要引起食物中毒。一般表现为急性发病，腹痛、腹泻、恶心、呕吐、畏寒发热，大便似水样，且便中混有黏液或脓血。少数病人可出现意识不清、痉挛、面色苍白等现象，若抢救不及时，呈虚脱状态，可导致死亡。该病多在夏、秋季发生于沿海地区，常造成集体发病。由于海鲜空运，内地城市病例也渐增多。

该细菌的存活能力较强，在抹布和砧板上能生存 1 个月以上，海水中可存活 47 天。但对酸敏感，在普通食醋中 5min 即可杀死。对热的抵抗力也较弱。对常用消毒剂抵抗力很弱，可被低浓度的苯酚溶液杀灭。

9.1.5 甲型肝炎病毒

甲型肝炎病毒，可在甲型肝炎患者的粪便中较长时间存在，污水中存活也很久，潜伏期达 2～6 周。患者得病后主要症状是黄疸，多为急性型。我国是甲型肝炎高发地区，感染和发病以儿童为主。

1976 年雨季，辽宁省农村某地因雨量过大，导致粪便外溢，深水井被污染，造成甲型肝炎的传播，患者超过 1000 人。

1988 年 1～3 月，上海市甲型肝炎暴发流行，31 万多人被感染，死亡 47 人，其原因是人们食用了受到甲型肝炎病毒污染的毛蚶所致。

除上述传染病菌和病毒外，水体中还有致病的支原体、衣原体、立克次氏体和一些借水传播疾病的寄生虫，例如蛔虫、血吸虫等。

9.2 水质的指示微生物及相关标准

9.2.1 水质的指示微生物

为了保证生产生活用水和排水的卫生安全，防止某些病原微生物造成传染病传播，必须对用水和排水进行卫生细菌学检测分析，及时去除水中的病原微生物，以保证用水卫生安全。

水中的病原微生物主要来自肠道的传染病菌，与肠道的某些正常细菌强相关，故除特殊情况外，一般不直接检验水中的病原菌，而是测定水中是否存在某种与病原菌强相关的肠道正常细菌，以该类肠道正常细菌作为指示微生物，进行水的卫生安全评价，以此反映水的微生物污染状况。肠道正常细菌有总大肠菌群、肠球菌群和产气荚膜杆菌群三类。实验表明，选择总大肠菌群作为指示微生物比较合理，这是因为：

① 总大肠菌群的生理习性与伤寒杆菌、副伤寒杆菌和痢疾杆菌等病原菌的生理特性较为相似，在环境中生存的时间、对消毒剂和水体中不良因素的抵抗力等也与上述病原菌基本一致；

② 总大肠菌群在人类粪便中数量很多，健康人每克粪便中平均含有 5000 万个，每毫升生活污水中含总大肠菌群 3 万个以上，因此它们在粪便污染的水中容易被检出；

③ 检测总大肠菌群的技术简单容易，因此，若在被检测水样中检测出了总大肠菌群，则证明该水体最近受到了粪便的污染，有可能存在肠道病原菌。

9.2.1.1 总大肠菌群

总大肠菌群，也称大肠菌群，指的是具有某些特性的一组与粪便污染有关的细菌，它不代表某一个或某一属细菌。在传统意义上，总大肠菌群是指一类在 37℃ 下 24h 内能发酵乳糖产酸产气的需氧及兼性厌氧的革兰氏阴性无芽孢杆菌，包括埃希菌属，柠檬酸杆菌属、肠杆菌属和克雷伯菌属的细菌。随着检测技术的发展，总大肠菌群的定义也随之变化。

总大肠菌群除用于评价水质卫生安全，还可以用作评价水处理效果，输配水系统清洁度、完整性和生物膜存在与否的指示菌。

9.2.1.2 粪大肠菌群（耐热大肠菌群）

粪大肠菌群，也称耐热大肠菌群，是总大肠菌群的一部分。粪大肠菌群能在 44.5℃ 下生长并能发酵乳糖产酸产气，而来自自然环境中的大肠菌群则不能在 44.5℃ 下生长。因此，可以采用提高培养温度的方法，将自然环境中的大肠菌群与粪便中的大肠菌群区分开。

粪大肠菌群主要来源于人和动物的粪便，作为粪便污染的指标，能较贴切地反应水体受粪便污染的程度。粪便中粪大肠菌群数约占总大肠菌群数的 96.4%，故一旦在水体中检测到粪大肠菌群，则说明该水体确实被粪便污染。

9.2.1.3 大肠埃希菌

大肠埃希菌，通常称为大肠杆菌，是总大肠菌群、粪大肠菌群的主要种类。它主要附生在人或动物的肠道里，大多数是不致病的，为正常菌群，但当它侵入人体一些部位时，可引起感染，导致腹膜炎、胆囊炎、膀胱炎及腹泻等。此外，少数的大肠杆菌具有毒性，可引起某些疾病。大肠埃希菌是粪便污染最有意义的指示菌，若水样检出大肠埃希菌说明水质可能受到严重污染，应采取相应措施。

另外，水体中的菌落总数指标也可用于指示水中的微生物污染状况，判定水厂的净化消毒效果，且检测方法简便。

9.2.2 水质的微生物学标准

总大肠菌群、粪大肠菌群、大肠埃希菌和菌落总数是环境管理中最具代表性的微生物学指标。为保障供水安全，在现行的国家环境质量标准和污染物排放标准中对总大肠菌群、粪大肠菌群、大肠埃希菌和菌落总数的限值做了明确规定，如表 9-1 所示。总大肠菌群是水质微生物学标准中的一项重要指标，不管是环境质量标准，还是污染物排放标准都对其作了相应的浓度限值规定。

表 9-1 环境质量标准和污染物排放标准中的微生物指标限值

标准类型	标准名称	排放限值
环境质量标准	《生活饮用水卫生标准》（GB 5749—2022）	总大肠菌群不得检出
		耐热大肠菌群不得检出
		大肠埃希菌不得检出
		菌落总数：≤100CFU/mL

标准类型	标准名称	排放限值
环境质量标准	《地表水环境质量标准》（GB 3838—2002）	粪大肠菌群：Ⅰ类≤200 个/L，Ⅱ类≤2000 个/L，Ⅲ类≤10000 个/L，Ⅵ类≤20000 个/L，Ⅴ类≤40000 个/L
	《地下水水质标准》（GB/T 14848—2024）	菌落总数：Ⅰ～Ⅲ类≤100（CFU/mL），Ⅳ类≤1000（CFU/mL），Ⅴ类＞1000（CFU/mL）
		总大肠菌群：Ⅰ～Ⅲ类≤3（MPN/100mL 或 CFU/100mL），Ⅳ类≤100（MPN/100mL 或 CFU/100mL），Ⅴ类＞100（MPN/100mL 或 CFU/100mL）
	《海水水质标准》（GB 3097—1997）	总大肠菌群：≤10000 个/L，供人生食的贝类增养殖水质≤700 个/L
		粪大肠菌群：≤2000 个/L，供人生食的贝类增养殖水质≤140 个/L
	《渔业水质标准》（GB 11607—1989）	总大肠菌群：不超过 5000 个/L（贝类养殖水质不超过 500 个/L）
	《农田灌溉水质标准》（GB 5084—2021）	粪大肠菌群：水作、旱作≤40000MPN/L；蔬菜加工、烹调及去皮蔬菜≤20000MPN/L，生食类蔬菜、瓜类和草本水果≤10000MPN/L
	《城市污水再生利用 城市杂用水水质》（GB/T 18920—2020）	总大肠菌群：≤3 个/L
污染物排放标准	《城镇污水处理厂污染物排放标准》（GB 18918—2002）	粪大肠菌群：一级 A≤1000 个/L，一级 B≤10000 个/L，二级≤10000 个/L
	《医疗机构水污染物排放标准》（GB 18466—2005）	传染病、结核病医疗机构粪大肠菌群：≤100MPN/L
		综合医疗机构和其他医疗机构粪大肠菌群：≤500MPN/L
	《生活垃圾填埋场污染控制标准》（GB 16889—2024）	粪大肠菌群：≤10000MPN/L
	《畜禽养殖业污染物排放标准》（GB 18596—2001）	集约化畜禽养殖业粪大肠菌群：≤1000 个/100mL

注：表中 CFU 表示菌落形成单位，MPN 表示最大可能数。

9.3 水质的微生物学指标检测分析

水质的常规微生物指标主要有菌落总数、总大肠菌群数、粪大肠菌群数和大肠埃希菌数等。

9.3.1 菌落总数

菌落总数是指一定条件下，经一定时间培养后所得 1mL 水样中的微生物菌落个数。菌落总数是水质污染的微生物指标之一，当水体被人畜粪便或其他有机物污染时，其菌落总数会急剧增加。菌落总数越高，表示水体受有机物或粪便的污染越重，被病原菌污染的可能性亦越大。因此，菌落总数可以作为地表水、水源水、饮用水等受污染程度的标志。例如，河流污染程度与菌落总数的关系如表 9-2 所示。

表 9-2　河流污染程度与菌落总数对照表

污染程度	重污染河段	中污染河段	轻污染河段	未污染河段
菌落总数	10 万个以上/mL	10 万个以下/mL	1 万个以下/mL	100 个以下/mL

检测菌落总数的方法是平皿计数法。即以无菌操作方法，用灭菌吸管准确吸取 1mL 充分混匀的原水样或稀释后的水样，注入灭菌平皿中，倾注约 15mL 已融化并冷却至 45℃ 左右的营养琼脂培养基，并立即旋摇平皿，使水样与培养基充分混匀，待冷却凝固后，翻转平皿，使底面向上，放置于 36℃±1℃ 的培养箱内，培养 48h 后，进行菌落计数。若是稀释水样则乘以稀释倍数，即得单位体积水样中的菌落总数。

在 37℃ 营养琼脂培养基上能生长的细菌，代表在人体温度下能繁殖的异养型细菌，所以，在饮用水中所测得的菌落总数除说明水被有机物污染的程度外，还指示该饮用水能否饮用。但水源水中的菌落总数不能说明污染来源。因此，结合总大肠菌群数来判断水的污染源和安全卫生程度就更为合理。

9.3.2　总大肠菌群

现行的水质标准分析方法体系中，总大肠菌群的检测方法有多管发酵法、滤膜法和酶底物法。多管发酵法适用于各种水样（包括底泥），但操作较繁琐，所需时间较长；滤膜法适用于水质较好、大体积的水样，操作方法虽比多管发酵法简单，仍需时较长。虽然这两种检测方法早已成为经典方法，但由于其检测周期长，操作程序烦琐，难以适应目前快速评价水体卫生的需要。而酶底物法根据酶原反应来检测，用最大可能数法进行结果计算，且操作简便，适用于实验室监测和应急监测，可以在 24h 内快速评价水体卫生情况，大大提高时效性。近年来，通过对酶底物法的完善和优化，《生活饮用水标准检验方法　第 12 部分：微生物指标》（GB/T 5750.12—2023）中酶底物法适用范围已从生活饮用水扩展到地表水、地下水、生活污水和工业废水等，可以实时、准确、快速地监控各类水体的污染状况，评价其卫生状况，更便于有效预报和控制流行疾病的发生及传播。

9.3.2.1　多管发酵法

多管发酵法是指经 37℃ 培养 24h，发酵乳糖产酸产气、经证实实验和革兰染色检测水中大肠菌群的方法，以最可能数（most probable number，简称 MPN）来表示试验结果。实际上它是根据统计学理论，估计水中的大肠杆菌密度和卫生质量的一种方法。实践发现，将每一稀释度的试管重复数目增加，能较好地提高检测结果的可靠性。因此在水样检测时，可根据要求数据的准确程度，确定发酵试管的重复数目。此外，对于细菌数量的估计值，大部分取决于某些既显示阳性又显示阴性的稀释度。

多管发酵法是根据大肠菌群能发酵乳糖产酸产气、革兰染色阴性、无芽孢和呈杆状等特性，通过初发酵-平板分离-复发酵三个试验步骤进行检验（如图9-1），以求得水样中的总大肠菌群数。

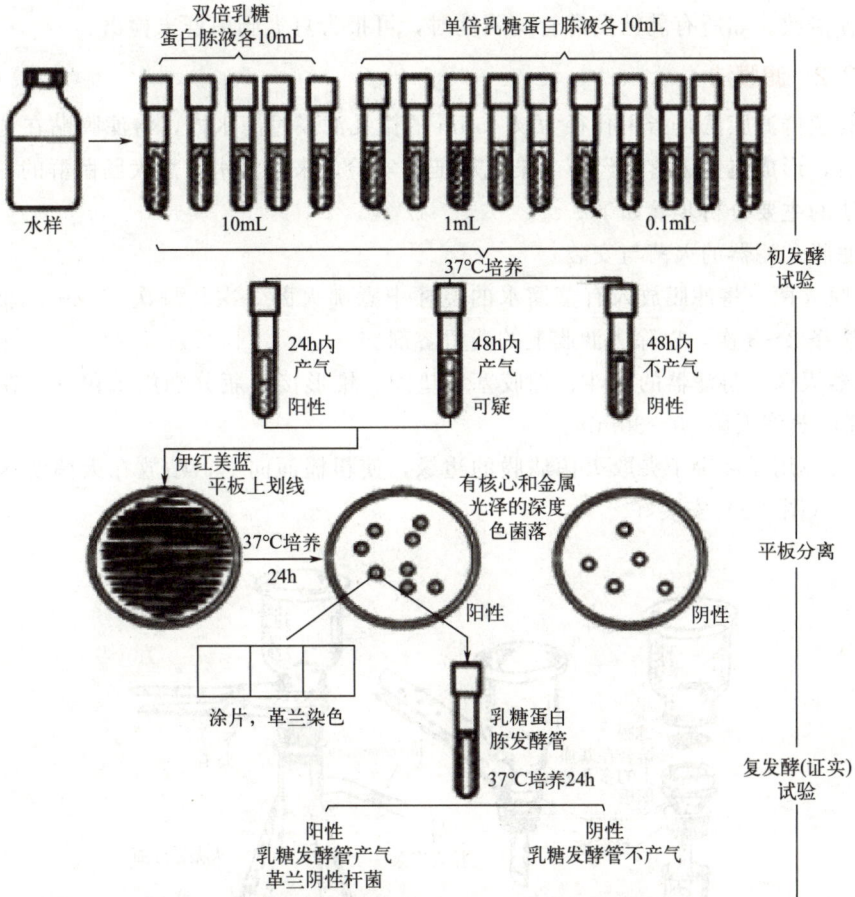

图9-1　总大肠菌群的检测——多管发酵法

（1）初发酵试验　将水样置于乳糖蛋白胨液体培养基中，经37℃培养24h后，观察有无酸和气体产生，即有无发酵现象，从而初步确定有无总大肠菌群存在。由于水中除总大肠菌群外，还可能存在其他发酵糖类物质的细菌，所以培养后如发现气体和酸，并不能肯定水中一定含有总大肠菌群，还需进行进一步检验。

（2）平板分离试验　该试验是根据总大肠菌群在特殊固体培养基上形成典型菌落，革兰染色阴性、无芽孢和呈杆状的特性来进行的。首先，用无菌接种环取初发酵试验阳性管（产酸产气或产酸不产气）的菌种，在品红亚硫酸钠培养基或伊红美蓝培养基平板上进行划线接种。这一方面可以阻止厌氧芽孢杆菌的生长，另一方面培养基所含染料物质也有抑制其他细菌生长繁殖的作用。将平皿倒置于37℃恒温箱培养18～24h。如果出现典型的大肠杆菌菌落，则取该菌落少许进行革兰染色，对镜检为革兰染色阴性、无芽孢杆菌的菌落，做复发酵实验，进行最后的验证。

（3）复发酵试验　该试验是将镜检为革兰染色阴性、无芽孢杆菌的菌落接种于复发酵管内，每管可接种同一平皿的典型菌落 1～3 个（每个菌落少许），然后将复发酵管置于 37℃ 恒温箱培养 24h，产酸产气者证实有大肠菌群存在。

（4）结果报告　根据证实有大肠菌群存在的阳性管数及试验所用的水样量查 MPN 检索表，报告每 100mL 水样中的总大肠菌群最大可能数（MPN）值。稀释样品查表后所得结果应乘以稀释倍数。如所有乳糖发酵管均阴性时，可报告总大肠菌群未检出。

9.3.2.2　滤膜法

总大肠菌群滤膜法是指用孔径为 $0.45\mu m$ 的微孔滤膜过滤水样，将滤膜贴在选择性培养基上培养后，形成典型菌落，经革兰染色和证实实验，来检测水中总大肠菌群的方法。

滤膜法的主要分析步骤如下。

（1）滤膜和滤器的灭菌与安装

① 滤膜灭菌　将滤膜放入有蒸馏水的烧杯中煮沸灭菌 3 次，每次 15min。前两次煮沸后须换水洗涤 2～3 次，以除去滤膜上的残留溶剂。

② 滤器灭菌　将滤器的漏斗、橡胶塞、垫圈、锥形接液瓶分别用纸包好，在使用前先经 121℃高压蒸汽灭菌 20～30min。

③ 安装　用无菌镊子夹取灭菌滤膜的边缘，使粗糙面向上，贴放在灭菌滤床上，按照滤器装置图（图 9-2）安装好。

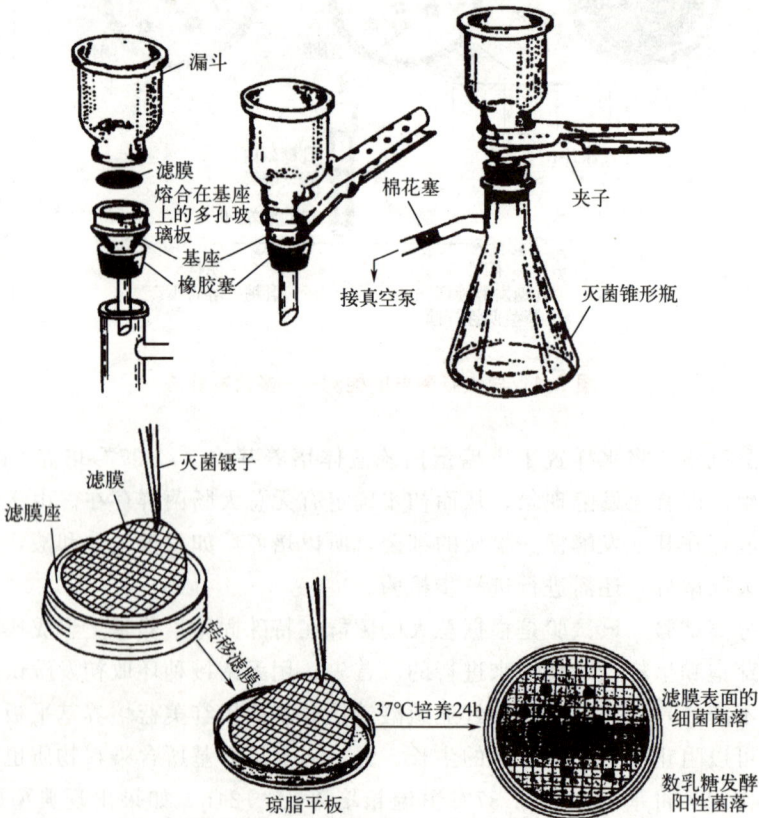

图 9-2　滤器安装和检测过程

（2）过滤水样　将 100mL 水样（如水样含菌数较多，可减少过滤水样量或将水样稀释）注入滤器中，加盖，在负压下抽滤。水样滤完后，再用无菌水洗涤滤器内壁并在滤完后，再抽气约 5s，水样中细菌则留在滤膜上。

（3）培养　用灭菌镊子取下滤膜，将没有细菌的一面紧贴在品红亚硫酸钠培养基平皿上，滤膜应与培养基完全贴紧，两者间不应留有气泡。然后将平皿倒置，放入 37℃ 恒温箱内培养（24±2）h。

（4）结果观察　挑取符合下列特征菌落进行革兰染色、镜检：紫红色具有金属光泽的菌落；深红色不带或略带金属光泽的菌落；淡红色，中心色较深的菌落。

凡镜检为革兰染色阴性的无芽孢杆菌菌落，接种到装有乳糖蛋白胨培养液的发酵管中，于 37℃ 培养 24h，产酸产气者，判定为总大肠菌群阳性。

（5）计数与报告　计数滤膜上生长的总大肠菌群数，按下式进行计算，以每 100mL 水样中的总大肠菌群数（CFU/100mL）报告之。

$$总大肠菌群数(CFU/100mL) = \frac{滤膜上生长的总大肠菌群菌落数 \times 100}{过滤的水样体积(mL)}$$

9.3.2.3　酶底物法

总大肠菌群酶底物法是指在选择性培养基上能产生 β-半乳糖苷酶的细菌群组，该细菌群组能分解色原底物，释放出色原体，使培养基呈颜色变化，以此技术来检测水中总大肠菌群的方法。

酶底物法采用固定底物技术，采用 Minimal Medium ONPG-MUG（MMO-MUG）培养基，通过定性反应，判断水样中是否含有总大肠菌群。检测生活饮用水和水源水中总大肠菌群时，常采用 10 管法或 51 孔定量盘法。检测地表水、地下水、生活污水和工业废水时可采用 97 孔定量盘法。

（1）定性反应　将一定量的 MMO-MUG 培养基加入到适量的水样中，使之完全溶解，放入（36±1）℃ 的培养箱内培养 24h 后，如水样颜色变为黄色判断为阳性反应，水样颜色未变化则判断为阴性反应。定性反应的结果可以报告总大肠菌群检出或未检出。

（2）10 管法　将溶解一定量 MMO-MUG 培养基的水样，分别加入到 10 支适当大小的灭菌试管中，放入（36±1）℃ 的培养箱内培养 24h 后，观察计算有黄色反应的阳性试管数，对照 10 管法不同阳性结果的最大可能数表，得出水样中的总大肠菌群数（MPN）。如所有试管未产生黄色，则可报告为总大肠菌群未检出。

（3）51 孔定量盘法　溶解一定量 MMO-MUG 培养基的水样倒入 51 孔定量盘内，充满盘内孔穴并封口，放入（36±1）℃ 的培养箱内培养 24h 后，观察孔穴内水样颜色变化，如孔穴内水样变成黄色，则表示该孔穴内含有总大肠菌群。计算有黄色反应的孔穴数，对照 51 孔定量盘法不同阳性结果的最大可能数表，得出水样中的总大肠菌群数（MPN）。如所有孔穴未产生黄色则可报告为总大肠菌群未检出。

（4）97 孔定量盘法　量取 100mL 水样或稀释水样，加入（2.7±0.5）g MMO-MUG 培养基粉末，充分混匀，完全溶解后，全部倒入 97 孔定量盘内，用程控定量机封口。将封口后的 97 孔定量盘放入恒温培养箱内，在（37±1）℃ 下培养 24h，水样变黄色判断为总大肠菌群阳性。分别记录 97 孔定量盘中大孔和小孔的阳性孔数。查 97 孔定量盘法 MPN 表，计算出水样中总大肠菌群的 MPN 值。

9.3.3 粪大肠菌群

粪大肠菌群测定方法也可分成多管发酵法、滤膜法和酶底物法。其主要区别在于培养温度，进行总大肠菌群测定时的培养温度为37℃，而粪大肠菌群的测定需将温度控制在44.5℃。

9.3.3.1 多管发酵法

粪大肠菌群通过初步发酵和复发酵两个试验步骤进行检验。初发酵阶段的条件和操作方法与总大肠菌群的检验方法相同。复发酵阶段是将总大肠菌群乳糖发酵试验中的阳性管转种于 EC 培养基中，置于 44.5℃ 水浴箱内培养（24±2）h 后即观察，产气者证明为粪大肠菌群阳性，从而确定水样中粪大肠菌群的最大可能数（MPN）。

主要分析步骤如下。

（1）初发酵试验　与总大肠菌群的检验方法相同。

（2）复发酵试验　轻摇初发酵试验呈阳性的发酵管，用内径为 3mm 的接种环以无菌操作方法取一环培养物，转接到装有 EC 培养液的发酵管中，置于 (44.5±0.5)℃恒温培养箱内，培养（24±2）h。接种后所有的发酵管必须在 30min 内放进培养箱中，培养后立即观察，产气者证明为粪大肠菌群阳性。

（3）计数与报告　计算方法同总大肠菌群一样，根据证实的粪大肠菌群阳性管数，查最大可能数（MPN）检索表，报告每 100mL 水样中粪大肠菌群的最大可能数（MPN）值。

9.3.3.2 滤膜法

粪大肠菌群滤膜法是指用孔径为 $0.45\mu m$ 的微孔滤膜过滤水样，细菌被阻留在膜上，将膜贴在添加乳糖的选择性培养基上，在 44.5℃ 下培养 24h 能形成特征性菌落，以此来检验粪大肠菌群的方法。采用的选择性培养基为 MFC 培养基，粪大肠菌群菌落在该培养基上呈蓝色。

分析步骤如下。

（1）滤膜和滤器的灭菌与安装　与总大肠菌群滤膜法相同。

（2）水样过滤　与总大肠菌群滤膜法相同。

（3）培养　过滤完成后将滤膜移放在 MFC 培养基上，放入在 44.5℃ 隔水式培养箱内培养（24±2）h。粪大肠菌群在该培养基上形成的菌落为蓝色，非粪大肠菌群菌落形成的颜色为灰色至奶油色。对可疑菌落可转种于 EC 培养基，在 44.5℃ 下培养（24±2）h，如产气则证实为粪大肠菌群。

（4）计算及报告结果　计数被证实的粪大肠菌落数，水中粪大肠菌群数系以 100mL 水样中粪大肠菌群菌落形成单位（CFU）表示。采用下式进行计算。

$$粪大肠菌群数（CFU/100mL）= \frac{滤膜上生长的粪大肠菌群菌落数 \times 100}{过滤水样量（mL）}$$

9.3.3.3 酶底物法

粪大肠菌群酶底物法的培养基及用量与总大肠菌群酶底物法相同，采用 97 孔定量盘法，培养温度为 44.5℃。分析步骤、结果判读计算也与总大肠菌群酶底物法相同。

9.3.4 大肠埃希菌

9.3.4.1 多管发酵法

大肠埃希菌多管发酵法是指多管发酵法总大肠菌群阳性，在含有荧光底物的培养基上于

44.5℃下培养24h产生β-葡萄糖醛酸酶，分解荧光底物释放出荧光产物，使培养基在紫外光下产生特征性荧光的细菌，以此来检验水中大肠埃希菌的方法。

（1）培养基　采用EC-MUG培养基，其成分为：胰蛋白胨（20g）、乳糖（5.0g）、胆盐三号或混合胆盐（1.5g）、磷酸氢二钾（4.0g）、磷酸二氢钾（1.5g）、氯化钠（5.0g）、4-甲基伞形酮-β-D-葡萄糖醛酸苷（MUG）（5.0g）、蒸馏水（1000mL）。

配制过程：将干燥成分加入水中，充分混匀，加热溶解，在366nm紫外光下检查无自发荧光后分装于试管中，在68.95kPa（115℃，10lb）高压灭菌20min，最终pH为6.9±0.2。

（2）分析步骤

① 接种　将总大肠菌群多管发酵法初发酵产酸或产气的管进行大肠埃希菌的检测。用灼烧灭菌的金属接种环或无菌棉签将上述试管中液体接种到EC-MUG管中。

② 培养　将已接种的EC-MUG管放入培养箱或恒温水浴中，在（44.5±0.5）℃下培养（24±2）h。如使用恒温水浴，在接种后30min内进行培养，使水浴液面超过EC-MUG管的液面。

（3）结果观察与报告　将培养后的EC-MUG管在暗处用波长366nm、功率为6W的紫外灯照射，如有蓝色荧光产生则表示水样中含有大肠埃希菌。

计算EC-MUG阳性管数，查对应的最大可能数（MPN）表得出大肠埃希菌的最大可能数，结果以MPN/100mL报告。

9.3.4.2　滤膜法

大肠埃希菌滤膜法是用滤膜法检测水样后，将总大肠菌群阳性的滤膜在含有荧光底物的培养基上培养，能产生β-葡萄糖醛酸酶，分解荧光底物释放出荧光物质，使菌落能够在紫外光下产生特征性荧光，以此来检测水中大肠埃希菌的方法。

（1）培养基　采用MUG营养琼脂培养基（NA-MUG），其配方为：蛋白胨（5.0g）、牛肉浸膏（3.0g）、琼脂（15g）、4-甲基伞形酮-β-D-葡萄糖醛酸苷（MUG）（0.1g）、蒸馏水（1000mL）。

配制过程：将干燥成分加入水中，充分混匀，加热溶解，在103.43kPa（121℃，15lb）高压灭菌15min，最终pH为6.8±0.2。在无菌操作条件下，倾倒直径15mm平板备用。倾倒好的平板在4℃条件下可保存14d。

（2）分析步骤

① 接种　将总大肠菌群滤膜法有典型菌落生长的滤膜进行大肠埃希菌检测。在无菌操作条件下将滤膜转移到NA-MUG平板上，将细菌截留面朝上，进行培养。

② 培养　将已接种的NA-MUG平板36℃±1℃培养4h。

（3）结果观察与报告　将培养后的NA-MUG平板在暗处用波长366nm、功率为6W的紫外灯照射，如果菌落边缘或菌落背面有蓝色荧光产生则表示水样中含有大肠埃希菌。

记录有蓝色荧光产生的菌落数，报告格式同总大肠菌群滤膜法格式。

9.3.4.3　酶底物法

大肠埃希菌酶底物法是在选择性培养基上能产生β-半乳糖苷酶，分解色原底物释放出色原体使培养基呈现颜色变化，并能产生β-葡萄糖醛酸酶分解荧光底物释放出荧光产物，使菌落在紫外光下产生特征性荧光，以此技术来检验水中大肠埃希菌的方法。

（1）培养基与分析步骤　大肠埃希菌酶底物法培养基与分析步骤同总大肠菌群酶底物法。

（2）结果观察与报告

① 结果判读　与总大肠菌群酶底物法相同。水样变黄色同时有蓝色荧光产生判断为大肠埃希菌阳性，水样未变黄色而有荧光产生不判定大肠埃希菌阳性。

② 定性反应　将经过 24h 培养后颜色变黄的水样在暗处用波长 366nm 的紫外灯照射，如有蓝色荧光产生判断为阳性反应，表示水中含有大肠埃希菌。水样未产生蓝色荧光判断为阴性反应。结果以大肠埃希菌检出或未检出报告。

（3）10 管法

① 将培养后 24h 颜色变黄水样的试管在暗处用波长 366nm 的紫外灯照射，如有蓝色荧光产生则表示有大肠埃希菌存在。

② 计算有荧光反应的试管数，查出其代表的大肠埃希菌最大可能数。结果以 MPN/100mL 表示。如所有管未产生荧光，则可报告大肠埃希菌未检出。

（4）51 孔定量盘法

① 将培养 24h 颜色变黄水样的定量盘在暗处用波长 366nm 的紫外灯照射，如有蓝色荧光产生则表示该定量盘孔穴中含有大肠埃希菌。

② 计算有荧光反应的孔穴数，对照 51 孔定量盘法不同阳性结果的最大可能数（MPN）表，查出其代表的大肠埃希菌的最大可能数。结果以 MPN/100mL 表示。如所有孔未产生荧光，则可报告大肠埃希菌未检出。

✏ 思考题与习题 ▶▶▶

1. 污染水体的常见病原菌有哪些？

2. 什么叫细菌总数？测定水中细菌总数有何实际意义？

3. 什么叫总大肠菌群？为什么可将总大肠菌群作为水体受粪便污染的指示微生物？

4. 总大肠菌群数的测定主要有哪几种方法？请绘制多管发酵法测定总大肠菌群的检测步骤示意图。

5. 什么叫粪大肠菌群？为什么说测定粪大肠菌群比测定总大肠菌群更能说明该水体被粪便污染？

技能实训 1　培养基的制备及灭菌

一、实训目的

（1）熟悉灭菌前的准备工作。

（2）掌握培养基的配制方法。

（3）掌握干热灭菌和高压蒸汽灭菌的操作方法。

二、方法原理

培养基是用人工方法配制而成的微生物生长繁殖所需要的各种营养物质。其中含有水分、碳源、氮源、无机盐和维生素等。用 HCl 溶液或 NaOH 溶液调节培养基的 pH 值，以保证微生物在最适宜的酸碱度范围内体现它最大的生命活力并生长繁殖。

灭菌是指杀死一切微生物的细胞和芽孢（或孢子），是水质微生物分析的基本技术之一。

灭菌时利用高温，可以使菌体内的蛋白质凝固变性，从而杀死微生物，用此原理可以去除物品上的一切细菌，达到无菌的目的。本技能实训以高压蒸汽灭菌法给培养基灭菌，用干燥法给玻璃仪器灭菌。

三、仪器和试剂

（1）仪器　培养皿（直径 90mm）、试管、吸管、锥形瓶、烧杯、高压蒸汽灭菌器、烘箱、冰箱、电炉、精密 pH 试纸等。

（2）试剂

① 纱布、棉花、报纸、牛皮纸。

② 洗液、10％HCl、10％NaOH。

③ 牛肉膏、蛋白胨、氯化钠、琼脂、蒸馏水。

四、操作步骤

1. 玻璃器皿的洗涤与包装

（1）洗涤　玻璃器皿在使用前必须洗涤干净。自然晾干或放入烘箱中烘干备用。

（2）包装

① 培养皿的包装　培养皿由一底一盖组成一套，按实验所需的套数一起用报纸（或牛皮纸）包好。包装后的培养皿须经过灭菌后才能使用。

② 移液管的包装　用铁丝将少许棉花塞入移液管的吸端，构成 1～1.5cm 长的棉塞（以防细菌吸入口中，并避免将口中细菌吹入管内）。棉塞要塞得松紧适宜，既保证通气良好，又不致使棉花滑入管内。

将塞好棉花的移液管的尖端放在 4～5cm 宽的长纸条的一端，使移液管与纸条约成 30°夹角，折叠包装纸包住移液管的尖端，用左手将移液管压紧，在桌面上向前搓转，纸条螺旋式地包在移液管外面，余下纸条折叠打结，如图 9-3 步骤①～⑧所示。按分析测定需要，可单支包装或多支包装，准备灭菌。

③ 棉塞制作、试管和锥形瓶的包扎。为防止杂菌污染，通常在试管和锥形瓶口加上棉塞等。制作棉塞时，应选用大小、薄厚适中的棉花一块，用折叠卷塞法制作棉塞，如图 9-4 所示。

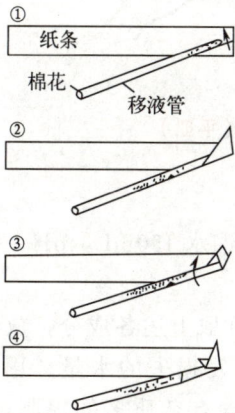

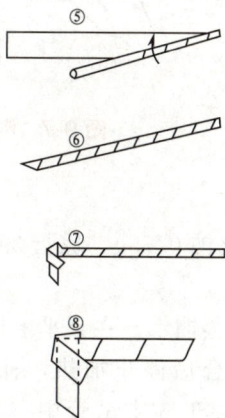

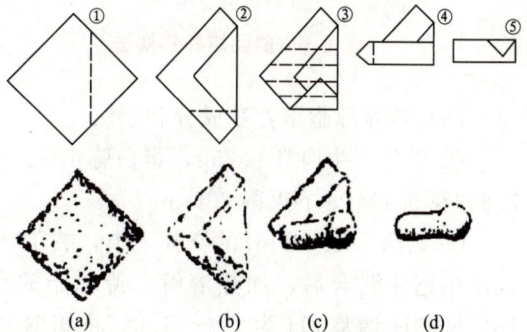

图 9-3　移液管的包扎　　　　**图 9-4　棉塞制作过程**

按管口和瓶口大小制作的棉塞，四周应紧贴管壁和瓶口，不留缝隙，以防空气中微生物沿缝隙侵入。棉塞不宜过松或过紧，以手提棉塞，管、瓶不掉下为准。棉塞的2/3应在管内或瓶口内，1/3露出口外，以便拔塞。塞好棉塞后，在试管和瓶子的口都要用牛皮纸或报纸包裹（用纸包裹是为了避免灭菌时冷凝水淋湿棉塞），以备灭菌。

目前也有采用金属或塑料试管帽代替棉塞，直接盖在试管口上灭菌待用的方式。

2. 培养基的制备

（1）步骤

① 配制溶液　在一定容量的烧杯中盛入定量无菌水，按培养基配方逐一称取各种成分，依次加入水中溶解，难溶的物质，例如蛋白胨、牛肉膏等可加热促进溶解（加热时应不断搅拌以防原料在杯底烧焦），待全部溶解后，加水补充加热蒸发的水量。

② 调节pH　用精密pH试纸测定培养基溶液pH。以10%HCl或10%NaOH调整至所需的pH。

③ 过滤　用纱布、滤纸或棉花过滤均可。如培养基内杂质很少，可省略过滤。

④ 分装　如图9-5所示，将培养基分装于试管或锥形瓶中（注意防止培养基沾污管口或瓶口，避免浸湿棉塞引起杂菌污染）。装入试管的培养基量视试管的大小及需要而定，一般制斜面培养基时，每支试管装量为试管高度的1/4～1/3。

⑤ 斜面和平板（亦称平皿）培养基的制作　将已灭菌的装有琼脂培养基的试管趁热取出，斜置于木棒（或橡胶管）上，使试管内的培养基斜面长度为试管长度的1/3～1/2，待培养基凝固后即成斜面（见图9-6）；制平板的培养基是将培养基分装在大试管或锥形瓶中，灭菌后未凝固之前，将培养基（15～20mL）在无菌室中倒入已灭菌的培养皿中（见图9-7），冷却后凝固成平板。

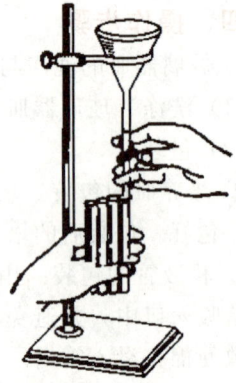

图9-5　培养基分装

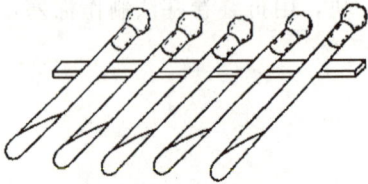

图9-6　斜面培养基摆法

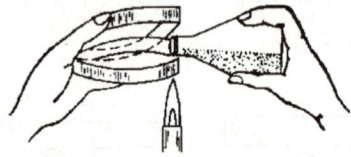

图9-7　倒平板（平皿）

（2）营养琼脂培养基成分和制法

① 成分　牛肉膏0.75g，蛋白胨1.5g，氯化钠0.75g，琼脂3g，蒸馏水150mL，pH＝7.6。在0.1MPa下灭菌20min。

② 制法　取300ml的烧杯一个，装150mL蒸馏水。在天平上依次称取上述各成分，放入水中充分混合后，加热溶解，待琼脂完全融合后停止加热，补足蒸发损失的水量。用10%NaOH调整pH为7.4～7.6。将培养基分装于5支试管中（如用含有杂质多的琼脂，应先过滤），其余的全部倒入250mL的锥形瓶中，分别塞上棉塞，包扎好待灭菌。

3. 无菌水的制备

取一个250mL的锥形瓶装90（或99）mL蒸馏水，塞棉塞，包扎，待灭菌。

另取 5 支 18mm×180mm 的试管，分别装入 9mL 蒸馏水，塞棉塞，包扎，待灭菌。

4. 灭菌

通常采用干热灭菌和高压蒸汽灭菌两种方法。高压蒸汽灭菌也称湿热灭菌，它的穿透力和热传导比干热灭菌强，湿热时微生物吸收高温水分，菌体蛋白很易凝固变性，所以湿热灭菌效果好。湿热灭菌的温度一般是在 121℃，灭菌 15～30min，而干热灭菌则是在 160℃ 灭菌 2h 才能达到湿热灭菌在 121℃，灭菌 15～30min 时同样效果。

（1）干热灭菌法　培养皿、移液管及其他玻璃器皿可用干热灭菌。先将已包装好的上述物品放入恒温箱中，将温度调至 160℃ 后维持 2h，把恒温箱的调节旋钮调回零处，待温度降到 50℃ 左右时，才可将物品取出。灭菌好的器皿应保存好，切勿弄破包装纸，否则会染菌。

（2）高压蒸汽灭菌法　该法使用高压蒸汽灭菌锅（见图 9-8）。微生物实验所需的一切器皿、器具、培养基（不耐高温者除外）等都可用此法灭菌。

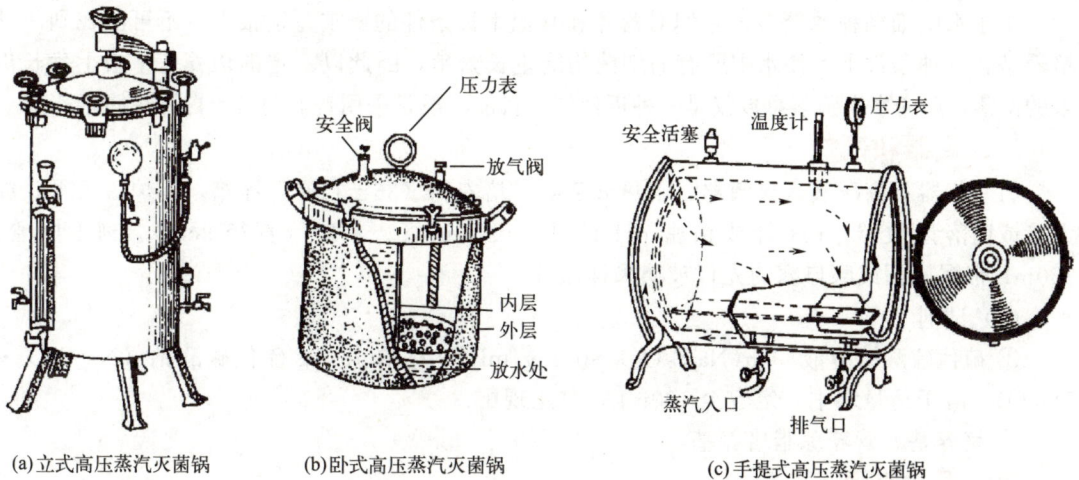

(a)立式高压蒸汽灭菌锅　　　(b)卧式高压蒸汽灭菌锅　　　(c)手提式高压蒸汽灭菌锅

图 9-8　高压蒸汽灭菌锅构造

（3）灭菌的操作过程

① 使用前，先在灭菌锅内加入适量的水，然后把灭菌的物品放入锅内，盖上锅盖，对称地拧紧螺栓，以防漏气。

② 在灭菌锅底部加热，同时打开排气阀，待自排气阀冒热气 3～5min 后关闭。至压力表所示压力升至所需压力时开始计时。通过调整热源，维持一定的压力。达到灭菌时间后，停止加热，任其自然降压。

③ 待压力表指针回落到零时，方可打开排气阀，打开锅盖，取出灭菌物。如果压力未达到零就打开排气阀，就会因锅内压力突然下降使容器内的培养基由于内外压力不平衡而冲出瓶口或试管口，造成棉塞沾培养基而发生污染。

④ 将灭菌后的培养基置于 37℃ 恒温箱中 24h 做无菌培养，若无菌生长，可保存备用。

高压蒸汽灭菌锅种类和规格很多，以上操作步骤适用于手提式高压蒸汽灭菌锅。其他种类的灭菌锅，在使用时应严格按说明书操作。

五、思考题

1. 培养基配好后，为什么必须立即灭菌？怎样确定灭菌后的培养基是无菌的？

2. 为什么湿热灭菌比干热灭菌效果好？

技能实训 2　水中菌落总数的测定

一、实训目的
(1) 学习水中菌落总数测定的方法。
(2) 了解平板菌落计数的原则。

二、方法原理
　　水中的菌落总数，实际上是指 1mL 水样在营养琼脂培养基中，于 37℃ 培养 48h 以后，所生长的细菌菌落总数。应用平板计数技术来计算，因为每个细菌菌落都可以认为是一个菌株发展形成的。

　　由于水中细菌种数繁多，它们对营养和其他生长条件的要求差别很大，不可能找到一种培养基在一种条件下，使水中所有的细菌均能生长繁殖，因此以一定的培养基平板上生长出来的菌落计算的水中菌落总数仅是一种近似值。目前一般是采用普通肉膏蛋白胨琼脂培养基。

三、仪器和试剂
　　(1) 仪器　高压蒸汽灭菌器，干热灭菌器，培养箱（36±1）℃，冰箱，电炉，天平，放大镜或菌落计数器，pH 计或精密 pH 试纸，灭菌试管、平皿（直径 9cm）、刻度吸管、250mL 带螺旋帽或磨口塞的光口玻璃采样瓶等。

　　(2) 试剂

　　① 硫代硫酸钠溶液　$[\rho(Na_2S_2O_3)=0.10g/mL]$　称取 15.7g 硫代硫酸钠（$Na_2S_2O_3 \cdot 5H_2O$），溶于适量水中，定容至 100mL，临用现配。

　　② 培养基　营养琼脂培养基。

四、操作步骤

1. 水样的采集

　　(1) 自来水水样的采集　不要选用漏水水龙头，采样前将水龙头打开至最大，放水 3～5min，然后将水龙头关闭，用火焰灼烧约 3min 灭菌或用 70%～75% 酒精对水龙头消毒，开足水龙头，再放水 1min，以充分排除水管内的滞留杂质，再用无菌水样瓶接取水样，以待分析。如水样内含有余氯，则可在采样时加入硫代硫酸钠溶液 $[\rho (Na_2S_2O_3=0.10g/mL)]$ 消除水样内的余氯（每 125mL 容积加入 0.1mL 的硫代硫酸钠溶液），以防止其继续存在有杀菌作用，而干扰测定结果。

　　(2) 河流、湖库等地表水的采集　采集河流、湖库等地表水样时，可握住瓶子下部，直接将带塞采样瓶插入水中，约距水面 10～15cm 处，使瓶口朝向水流方向，拔瓶塞，使水样灌入瓶内然后盖上瓶塞，将采样瓶从水中取出。如果没有水流，可握住瓶子水平往前推。采样量一般为采样瓶容量的 80% 左右。水样采集完毕后，迅速扎上无菌包装纸。

　　采集具有一定深度的水样时，也可使用灭菌过的专用采样装置。

　　(3) 水样保存　采样后应在 2h 内检测，否则，应在 10℃ 以下冷藏但不得超过 6h。实验室接样后，不能立即开展检测的，将水样于 4℃ 以下冰箱内冷藏并在 2h 内检测。

2. 细菌总数测定

　　(1) 生活饮用水中细菌总数测定

---

① 以无菌操作方法用灭菌吸管吸取 1mL 水样，注入灭菌培养皿中。共做两个平行样。

② 分别倾注约 15mL 已熔化并冷却到 45℃左右的营养琼脂培养基，并立即在桌上作平面旋摇，使水样与培养基充分混匀，冷却后成平板。

③ 另取一空的灭菌培养皿，倾注营养琼脂培养基 15mL，作空白对照。

④ 待培养基凝固后，倒置于（36±1）℃培养箱中，培养 48h（培养时倒置培养皿，防止培养基水分蒸发到皿盖上），用放大镜检查培养基表面或深处生成的菌落（像白色小点），并进行菌落计数。

两个平板的平均菌落数即为 1mL 水样中的细菌总数。

（2）水源水中细菌总数测定

① 稀释水样　取 3 个灭菌空试管，分别加入 9mL 灭菌水，取 1ml 水样注入第一管 9mL 灭菌水内，摇匀，再自第一管取 1mL 至下一管灭菌水内，如此稀释到第三管，稀释度分别为 10^{-1}、10^{-2} 和 10^{-3}。稀释倍数视水样污浊程度而定，以培养后平板的菌落数在 30～300 个之间的稀释度最为合适，若 3 个稀释度的菌数均多到无法计数或少到无法计数，则需继续稀释或不稀释。

② 自最后 3 个稀释度的试管中各取 1mL 稀释水样加入空的无菌培养皿中，每一稀释度做两个培养皿。

③ 各倾注 15mL 已熔化并冷却至 45℃左右的营养琼脂培养基，立即放在桌上摇匀。

④ 凝固后倒置于（36±1）℃培养箱中，培养 48h，进行菌落计数。

五、数据处理

（1）菌落计数方法　用肉眼观察，计平板上的细菌菌落数，也可用放大镜和菌落计数器计数。记下同一浓度的三个平板的菌落总数，计算平均值，再乘以稀释倍数，即 1mL 水样中的细菌总数。

（2）各种不同情况的报告方法

① 首先选择平均菌落数在 30～300 之间者进行计算，当只有一个稀释度的平均菌落数符合此范围时，则以该平均菌落数乘其稀释倍数报告之（表 9-3 例 1）。

② 如果有两个稀释度的平均菌落数均在 30～300 之间，则按两者菌落总数比值来决定，如其值小于 2 应报告两者的平均数，如大于 2 则报告其中较小的菌落总数（表 9-3 例 2 及例 3）。如等于 2 则报告其中稀释度较小的菌落数（见表 9-3 中例 4）。

③ 如果所有稀释度的平均菌落数均大于 300，则应按稀释度最高的平均菌落数乘以稀释倍数报告（表 9-3 例 5）。

④ 如所有稀释度的平均菌落数均小于 30，则应按稀释度最低的平均菌落数乘以稀释倍数报告（表 9-3 例 6）。

⑤ 如所有稀释度的平均菌落数均不在 30～300 之间，则以最接近 30 或 300 的平均菌落数乘以稀释倍数报告（表 9-3 例 7）。

⑥ 在求同稀释度的平均数时，如其中一个平板上有较大片状菌落生长时，则不宜采用，而应以无片状菌落生长的平板作为稀释度的平均菌落数。如片状菌落约为平板的一半，而另一半平板上菌落数分布很均匀，则可按半平板上的菌落计数，然后乘以 2 作为整个平板的菌落数。

⑦ 菌落计数的报告。菌落数在 100 以内时按实有数报告，大于 100 时，采用两位有效数字，在两位有效数字后面的位数，以四舍五入方法计算。为了缩短数字后面的零数，可用

10 的指数来表示（见表9-3报告方式栏）。在报告菌落数为"无法计数"时，应注明水样的稀释倍数。如未稀释水样的平皿上无菌落生长，则以"未检出"或"<1CFU/mL"表示。

表 9-3　稀释度选择及菌落总数报告方式

实例	不同稀释度的平均菌落数			两个稀释度菌落数之比	菌落总数/(CFU/mL)	报告方式/(CFU/mL)
	10^{-1}	10^{-2}	10^{-3}			
1	1365	164	20	—	16400	16000 或 1.6×10^4
2	2760	295	46	1.6	37780	38000 或 3.8×10^4
3	2890	271	60	2.2	27100	27000 或 2.7×10^4
4	150	30	8	2	1500	1500 或 1.5×10^3
5	无法计数	4650	513	—	513000	510000 或 5.1×10^5
6	27	11	5	—	270	270 或 2.7×10^2
7	无法计数	305	12	—	30500	31000 或 3.1×10^4

六、思考题

1. 测定水中细菌菌落总数有什么实际意义？
2. 根据生活饮用水水质标准，讨论检验结果。

技能实训 3　水中总大肠菌群的测定

一、实训目的

（1）了解大肠菌群的生理生化特征。
（2）学习水中总大肠菌群的检测原理和操作方法。

二、方法原理

总大肠菌群主要来源于人畜粪便，其生理生化特征与人体肠道病原菌基本一致，在水体中存在的数目与肠道致病菌呈一定的正相关，且易于检验，因此通过检测水中总大肠菌群数，可以判断水质是否受到污染及污染来源。在水质检测中常将总大肠菌群作为水体受粪便污染程度的指标，如《生活饮用水卫生标准》（GB 5749—2022）中规定生活饮用水每100mL水样中总大肠菌群数不得检出。

总大肠菌群的检验方法有多管发酵法、滤膜法和酶底物法三种。多管发酵法可适用于多种水样，检测实验周期较长；滤膜法则适用于杂质较少的水样；而酶底物法操作简便，且检测周期短，特别适用于自来水厂作为常规检测方法用，并已逐渐推广应用于地表水、地下水、生活污水和工业废水的测定。

多管发酵法的发酵管内装有乳糖蛋白胨培养基，并内置一玻璃小倒管，将水样加入到发酵管中，于37℃初发酵富集培养，大肠菌群在培养基中生长繁殖能发酵乳糖产酸产气。为便于观察产酸情况，培养基内加有溴甲酚紫作为 pH 指示剂，产酸后培养基即由原来的紫色变为黄色，并且培养基混浊，小倒管中有气体形成，指示产气，说明水中存在总大肠菌群，为阳性结果。平板分离采用的伊红美蓝平板含有伊红和美蓝染料，在此作为指示剂。大肠菌群发酵乳糖造成酸性环境时，大肠菌群被染成红色，再与美蓝结合形成带有核心的、有金属光泽的深紫色菌落。分离后的大肠菌群阳性菌落，经涂片染色镜检为革兰氏阴性无芽孢杆菌者，通过复发酵进一步证实，最后确定为阳性结果。根据被证实的阳性发酵管数，查 MPN 表，求得总大肠菌群数（MPN）。

滤膜法用 0.45μm 的微孔滤膜过滤水样，水中的细菌被截留在滤膜上，将滤膜贴于品红亚硫酸钠培养基上培养 24h，温度为恒温 37℃，大肠菌群发酵乳糖的产物在存在碱性品红的情况下，与亚硫酸钠和碱性品红结合，在滤膜上生成红色特征性菌落。通过计算滤膜上的菌落数，进而计算出单位水样中的总大肠菌群数（CFU）。

酶底物法采用 MMO-MUG 选择性培养基，将其溶解于一定量的水样中，分装于 10 个试管（10 管法）或倒入 51 孔定量盘（51 孔定量盘法）内，在 37℃恒温培养 24h，大肠菌群在选择性培养基上能产生 β-半乳糖苷酶，将培养基中无色底物邻硝基苯-β-D-吡喃半乳糖苷分解为黄色的邻硝基苯酚。统计阳性反应管数或孔穴数量，查 MPN 表，计算总大肠菌群浓度值。

三、仪器和试剂

（1）仪器

① 滤膜过滤器　滤膜（孔径 0.45μm），滤器，抽滤设备。

② 51 孔定量盘，程控定量封口机。

③ 恒温培养箱　允许温度偏差（37±1）℃，（44.5±1）℃。

④ 其他　显微镜，酒精灯，无菌吸管（10mL，1mL），量筒，稀释瓶，试管，小倒管，培养皿，接种环，无齿镊子，载玻片等。

（2）试剂

① 样品　水样。

② 培养基　乳糖蛋白胨培养液（单倍和二倍），伊红美蓝培养基，品红亚硫酸钠培养基，MMO-MUG 培养基。

③ 革兰染色液，95％乙醇。

四、操作步骤

1. 多管发酵法

（1）水样的采集　采样方法同本章技能实训 2 中水样的采集。

（2）培养基的制备

① 乳糖蛋白胨培养液

a. 成分　蛋白胨 10g，牛肉浸膏 3g，乳糖 5g，NaCl 5g，1.6％溴甲酚紫乙醇溶液 1mL，蒸馏水 1000mL。

b. 制法　将蛋白胨、牛肉膏、乳糖和 NaCl 加热溶解于 1000mL 蒸馏水中，调 pH 至 7.2～7.4。加入 1.6％溴甲酚紫乙醇溶液 1ml，充分混匀，分装于有小倒管的试管中，于 115℃高压灭菌 20min，储存于冷暗处备用。

二倍浓缩乳糖蛋白胨培养液按上述乳糖蛋白胨培养液的配制，除蒸馏水外，其他成分量加倍。

② 伊红美蓝培养基

a. 成分　蛋白胨 10g，乳糖 10g，磷酸氢二钾 2g，琼脂 20～30g，蒸馏水 1000mL，2％

伊红水溶液 20mL，0.5％美蓝水溶液 13mL。

b. 制法　将蛋白胨、磷酸盐和琼脂溶解于蒸馏水中，混匀后分装，于 115℃高压灭菌 20min，临用时加热熔化琼脂，冷至 50～55℃。加伊红和美蓝水溶液，摇匀后，倒入已灭菌的培养皿中，每皿约 15mL，冷却后凝固成平板。

（3）试验操作

① 生活饮用水

a. 初步发酵试验　取 10mL 水样，以无菌操作加入到 10mL 双料乳糖蛋白胨培养液中；取 1mL 水样，以无菌操作加入到 10mL 单料乳糖蛋白胨培养液中；另取 1mL 水样，以无菌操作注入到 9mL 灭菌生理盐水中，混合均匀后吸取 1mL（即 0.1mL 水样）注入到 10mL 单料乳糖蛋白胨培养液中，每一稀释度共接种 5 管。

对已处理过的出厂自来水，需经常检验或每天检验一次的，可直接接种 5 份 10mL 双料培养液，每份接种 10mL 水样。

将接种管混匀后置于（36±1）℃培养箱中，培养（24±2）h，观察其产酸产气情况。如所有乳糖蛋白胨培养管中的培养基红色不变为黄色，即不产酸，不产气，则可报告为总大肠菌群阴性；如培养基红色变为黄色（产酸），有产气现象，或红色变为黄色（产酸），但不产气，均为阳性反应，表明有总大肠菌群存在，水可能被粪便污染，需进一步检验；若小倒管有气体，培养基红色不变，也不浑浊，是技术操作上有问题，应重做试验。

b. 平板分离

ⅰ. 平板划线分离方法　先将接种环放在酒精灯火焰上灼烧灭菌，然后以无菌操作，用接种环蘸取初发酵呈阳性反应试管中的菌液。右手持已有菌液的接种环，左手持培养皿，以中指、无名指和小指托住皿底，拇指和食指夹住皿盖稍倾斜，左手拇指和食指将皿盖掀起半开，右手将接种环伸入皿内，在平板上轻轻画线（切勿划破营养基），划线的方式参照图 9-9 任选一种。

图9-9　平板画线分离方法

ⅱ. 平板分离　将经培养 24h 后产酸（培养基呈黄色）、产气或只产酸不产气的发酵管取出，以无菌操作，分别用接种环挑取一环发酵液于伊红美蓝培养基平板上划线分离，然后倒置于（36±1）℃培养箱中培养 18～24h，观察菌落形态，挑取符合下列特征的菌落：深紫黑色，具有金属光泽的菌落；紫黑色，不带或略带金属光泽的菌落；淡紫红色，中心色较深的菌落。

做涂片、革兰染色、镜检和复发酵试验。

c. 复发酵试验　以无菌操作，用接种环在具有上述菌落特征、经染色镜检为革兰氏阴性的无芽孢杆菌的菌落上挑取一环于装有 10mL 乳糖蛋白胨培养液的发酵管内，盖上棉塞置于（36±1）℃培养箱中，培养（24±2）h，有产酸产气者，即证实有总大肠菌群存在。

② 水源水

a. 如污染较严重，应加大稀释度，可接种 1、0.1、0.01mL 甚至 0.1、0.01、0.001mL。

每个稀释度接种 5 管，每个水样接种 15 管。接种 1mL 以下水样时，必须做 10 倍递增稀释后，取 1mL 接种。每递增稀释一次，换用一支无菌吸管。

将接种管混匀后置于（36±1）℃培养箱中，培养（24±2）h，观察其产酸产气的情况。

b. 平板分离和复发酵试验的检验步骤同"①生活饮用水"检验方法。

（4）计算和报告　根据证实有总大肠菌群存在的阳性管数及试验所用的水样量查 MPN 检索表，报告每 100mL 水样中的总大肠菌群最大可能数（MPN）值。5 管法结果见表 9-4，15 管法结果见表 9-5。稀释样品查表后所得结果应乘以稀释倍数。如所有乳糖发酵管均阴性时，可报告总大肠菌群未检出。

表 9-4　用 5 份 10mL 水样时，各种阳性和阴性结果组合时的最大可能数（MPN）

5 个 10mL 管中阳性管数	最大可能数（MPN）	5 个 10mL 管中阳性管数	最大可能数（MPN）
0	0	3	9.2
1	2.2	4	16.0
2	5.1	5	>16

表 9-5　总大肠菌群 MPN 检索表

（5 管 10mL 水样，5 管 1mL 水样，5 管 0.1mL 水样，总接种量为 55.5mL）

其中阳性管数			总大肠菌群 /(MPN/100mL)	其中阳性管数			总大肠菌群 /(MPN/100mL)
5 个管 每管 10mL	5 个管 每管 1mL	5 个管 每管 0.1mL		5 个管 每管 10mL	5 个管 每管 1mL	5 个管 每管 0.1mL	
0	0	0	<2	3	1	1	14
0	0	1	2	3	2	0	14
0	1	0	2	3	2	1	17
0	2	0	4	3	3	0	17
1	0	0	2	4	0	0	13
1	0	1	4	4	0	1	17
1	1	0	4	4	1	0	17
1	1	1	6	4	1	1	21
1	2	0	6	4	1	2	26
2	0	0	5	4	2	0	22
2	0	1	7	4	2	1	26
2	1	0	7	4	3	0	27
2	1	1	9	4	3	1	33
2	2	0	9	4	4	0	34
2	3	0	12	5	0	0	23
3	0	0	8	5	0	1	31
3	0	1	11	5	0	2	43
3	1	0	11	5	1	0	33

其中阳性管数			总大肠菌群/(MPN/100mL)	其中阳性管数			总大肠菌群/(MPN/100mL)
5个管每管10mL	5个管每管1mL	5个管每管0.1mL		5个管每管10mL	5个管每管1mL	5个管每管0.1mL	
5	1	1	46	5	4	1	172
5	1	2	63	5	4	2	220
5	2	0	49	5	4	3	200
5	2	1	70	5	4	4	350
5	2	2	94	5	5	0	240
5	3	0	79	5	5	1	350
5	3	1	109	5	5	2	540
5	3	2	140	5	5	3	920
5	3	3	180	5	5	4	1600
5	4	0	130	5	5	5	>1600

2. 滤膜法

(1) 培养基

① 品红亚硫酸钠培养基

a. 成分　蛋白胨 10g，酵母浸膏 5g，乳糖 10g，牛肉膏 5g，K_2HPO_4 3.5g，琼脂 15～20g，无水亚硫酸钠 5g，5％碱性品红乙醇溶液 20mL，蒸馏水 1000mL。

b. 制法　先将琼脂加到 500mL 蒸馏水中，煮沸溶解，于另 500mL 蒸馏水中加入磷酸氢二钾、蛋白胨、酵母浸膏和牛肉膏，加热溶解，倒入已熔解的琼脂，补足蒸馏水至 1000mL，混合均匀后调 pH 为 7.2～7.4。再加入乳糖，混匀溶解后分装，于 115℃高压灭菌 20min，储存于冷暗处备用。

② 平板培养基的配制　称取亚硫酸钠置一无菌空试管中，加入无菌水少许使之溶解，再在沸水浴中煮沸 10min 灭菌后，立即滴加于 20mL 5％碱性品红乙醇溶液中，直至深红色褪成淡粉红色为止。将此亚硫酸钠与碱性品红的混合液全部加至上述已灭菌并仍保持熔化状态的培养基中，充分混匀（防止产生气泡），倒平板，待冷却凝固后置冰箱备用。贮存时间不宜超过 14d。如培养基已由淡粉色变成深红色，则不能再用。

(2) 准备工作

① 滤膜灭菌　将滤膜放入烧杯中，加入蒸馏水，置于沸水浴中灭菌 3 次，每次 15min，前两次煮沸后换水洗涤 2～3 次，以除去滤膜上残留溶剂。

② 滤器灭菌　使用高压灭菌锅在 121℃下，灭菌 20min。也可用点燃的酒精棉球，火焰灭菌。

(3) 过滤水样　用无菌镊子夹取滤膜边缘部分，将粗糙面向上，贴放在已灭菌的滤床上，固定好滤器，将 100mL 水样（如水样含菌数较多，可减少过滤水样量，或将水样稀释）注入滤器中，打开滤器阀门，在 -5.07×10^{-4} Pa（负 0.5 大气压）下抽滤。

(4) 培养　水样滤毕，再抽气 5s，关上滤器阀门，取下滤器，用灭菌镊子夹取滤膜边缘部分，将没有细菌的一面紧贴在品红亚硫酸钠培养基平板上，滤膜应与培养基完全贴紧，二者之间不得有气泡，然后将平板倒置于37℃恒温箱内培养（24±2)h。

（5）结果观察与报告

① 挑取符合下列特征的菌落进行革兰染色，镜检。

紫红色，具有金属光泽的菌落。

深红色，不带或略带金属光泽的菌落。

淡红色，中心较深的菌落。

② 凡镜检为革兰阴性的无芽孢杆菌的菌落，接种乳糖蛋白胨发酵管，经37℃培养24h，又产酸又产气者，则判定为总大肠菌群阳性。

③ 按下式计算滤膜上生长的总大肠菌群数，以每100mL水样中的总大肠菌群数（CFU/100mL）报告。

$$总大肠菌群数(CFU/100mL)=\frac{滤膜上生长的总大肠菌群菌落数\times100}{过滤的水样体积(mL)}$$

3. 酶底物法

采用 Minimal Medium ONPG-MUG（MMO-MUG）培养基，每1000mL MMO-MUG培养基所含基本成分如表9-6所示。也可采用市售商品化培养基制品。

表 9-6　MMO-MUG 培养基所含基本成分

序号	基本成分	成分含量/(g/L)	序号	基本成分	成分含量/(g/L)
1	硫酸铵	5.0	8	两性霉素 B	0.001
2	硫酸锰	0.0005	9	邻苯硝基-β-D 吡喃半乳糖苷	0.5
3	硫酸锌	0.0005	10	4-甲基伞形酮-β-D 葡萄糖醛酸苷	0.075
4	硫酸镁	0.1	11	茄属植物萃取物	0.5
5	氯化钠	1.0	12	N-2-羟乙基哌嗪-N-2-乙磺酸钠盐	5.3
6	氯化钙	0.05	13	N-2-羟乙基哌嗪-N-2-乙磺酸	6.9
7	亚硫酸钠	0.04			

（1）分析步骤

① 水样稀释　检测所需水样为100mL。若水样污染严重，可对水样进行稀释。取100mL水样加入到90mL灭菌生理盐水中，必要时可加大稀释度。

② 定性反应　用100mL的无菌稀释瓶量取100mL水样，加入（2.7±0.5)g MMO-MUG培养基粉末，混摇均匀使之完全溶解后，放入（36±1)℃的培养箱内培养24h。

③ 10 管法

a. 用100mL的无菌稀释瓶，量取100mL水样，加入（2.7±0.5)g MMO-MUG 培养基粉末，混摇均匀使之完全溶解。

b. 准备10支15mm×10cm或适当大小的灭菌试管，用无菌吸管分别从前述稀释瓶吸取10mL水样至各试管中，放入（36±1)℃的培养箱内培养24h。

④ 51孔定量盘法

a. 用100mL的无菌稀释瓶量取100mL水样,加入(2.7±0.5)g MMO-MUG培养基粉末,混摇均匀,使之完全溶解。

b. 将前述100mL水样全部倒入51孔定量盘内,以手抚平定量盘背面以赶出空穴内气泡,然后用程控定量机封口。放入(36±1)℃的培养箱内培养24h。

(2) 结果报告

① 结果判读 将水样培养24h后进行结果判读,若结果为可疑阳性,可延长培养时间到28h进行结果判读,超过28h后出现的颜色反应不作为阳性结果。

② 定性反应 水样经24h培养之后,如果颜色变成黄色,判断为阳性反应,表示水中含有总大肠菌群。水样颜色未发生变化,判断为阴性反应。定性反应结果以总大肠菌群检出或未检出报告。

③ 10管法

a. 将培养24h之后的试管取出观察,如果试管内水样变成黄色,则表示该试管含有总大肠菌群。

b. 计算有黄色反应的试管数,对照表9-7查出其代表的总大肠菌群最大可能数(MPN),结果以MPN/100mL表示。如所有试管未产生黄色,则可报告为总大肠菌群未检出。

表9-7 10管法不同阳性结果的最大可能数(MPN)及95%可信范围

阳性试管数	总大肠菌群/(MPN/100mL)	95%可信范围	
		下限	上限
0	<1.1	0	3.0
1	1.1	0.03	5.9
2	2.2	0.26	8.1
3	3.6	0.69	10.6
4	5.1	1.3	13.4
5	6.9	2.1	16.8
6	9.2	3.1	21.1
7	12.0	4.3	27.1
8	16.1	5.9	36.8
9	23.0	8.1	59.5
10	>23.0	13.5	—

④ 51孔定量盘法 溶解一定量MMO-MUG培养基的水样倒入51孔定量盘内,充满盘内孔穴并封口,放入(36±1)℃的培养箱内培养24h后,观察孔穴内水样颜色变化,如孔穴内水样变成黄色,则表示该孔穴内含有总大肠菌群。计算有黄色反应的孔穴数,对照51孔定量盘法不同阳性结果的最大可能数表(见表9-8),得出水样中的总大肠菌群数(MPN)。如所有孔穴未产生黄色则可报告为总大肠菌群未检出。

表 9-8 51孔定量盘法不同阳性结果的最大可能数（MPN）及 95%可信范围

阳性试管数	总大肠菌群 /(MPN/100mL)	95%可信范围	
		下限	上限
0	<1	0.0	3.7
1	1.0	0.3	5.6
2	2.0	0.6	7.3
3	3.1	1.1	9.0
4	4.2	1.7	10.7
5	5.3	2.3	12.3
6	6.4	3.0	13.9
7	7.5	3.7	15.5
8	8.7	4.5	17.1
9	9.9	5.3	18.8
10	11.1	6.1	20.5
11	12.4	7.0	22.1
12	13.7	7.9	23.9
13	15.0	8.8	25.7
14	16.4	9.8	27.5
15	17.8	10.8	29.4
16	19.2	11.9	31.3
17	20.7	13.0	33.3
18	22.2	14.1	35.2
19	23.8	15.3	37.3
20	25.4	16.5	39.4
21	27.1	17.7	41.6
22	28.8	19.0	43.9
23	30.6	20.4	46.3
24	32.4	21.8	48.7
25	34.4	23.3	51.2
26	36.4	24.7	53.9
27	38.4	26.4	56.6
28	40.6	28.0	59.5
29	42.9	29.7	62.5
30	45.3	31.5	65.6
31	47.8	33.4	69.0
32	50.4	35.4	72.5
33	53.1	37.5	76.2

阳性试管数	总大肠菌群 /(MPN/100mL)	95%可信范围	
		下限	上限
34	56.0	39.7	80.1
35	59.1	42.0	84.4
36	62.4	44.6	88.8
37	65.9	47.2	93.7
38	69.7	50.0	99.0
39	73.8	53.1	104.8
40	78.2	56.4	111.2
41	83.1	59.9	118.3
42	88.5	63.9	126.2
43	94.5	68.2	135.4
44	101.3	73.1	146.0
45	109.1	78.6	158.7
46	118.4	85.0	174.5
47	129.8	92.7	195.0
48	144.5	102.3	224.1
49	165.2	115.2	272.2
50	200.5	135.8	387.6
51	>200.5	146.1	—

五、思考题

1. 为什么选用大肠菌群作为水的卫生学指标？测定水中总大肠菌群数有什么实际意义？
2. 根据生活饮用水水质标准，讨论检验结果。

📖 拓展阅读

中国科学院生态环境研究中心——十年"磨剑"，让"两虫"无所遁形

贾第鞭毛虫和隐孢子虫，简称"两虫"，是广泛存在水介传播、人畜共患的致病微生物，且具有耐氯的特点，普通消毒剂无法杀灭"两虫"，其对免疫力低下人群致死率很高。

2006 年，我国将"两虫"指标纳入国家饮用水强制检测分析指标。但是，"两虫"检测方法源自美国 EPA1623 方法，主要仪器和耗材均被美国企业垄断。而样品检测成本高等缺点，也导致"两虫"检测难以在行业内大范围普及。

由中国科学院生态环境研究中心等开发的"两虫"检测和计算机自动识别系统，扭转了这一局面。该成果在检测方法、仪器研制、自动识别等方面均取得了重要突破，被中国科学院推荐为自主知识产权产品。

在我国，有多省区的畜牧业牲畜被"两虫"感染的情况，接近一半的水源地存在"两虫"

潜在威胁。流行病调查显示，在 2006 年"两虫"指标被纳入国家饮用水强制检测指标后，我国多地也仍有"两虫"持续流行的情况。通过监测发现污染源并及时阻断，仍是控制"两虫"感染的有效手段。

从 2008 年开始，中国科学院生态环境研究中心开展"两虫"检测设备的研发，"两虫"检测和自动识别系统历经了理论研究、方法开发、仪器试验、标准制定、设备迭代直至商业化的全链条全过程。研究团队先期历经 8 年左右的时间，完成了方法学开发和全国行业验证评估，组织开发出了"两虫"检测新方法——"滤膜浓缩/密度梯度分离荧光抗体法"，并实现了方法的仪器装备化。

2018 年，该方法被纳入行标《城镇供水水质标准检验方法》，2021 年完成国标验证，被纳入新版国标方法《生活饮用水水质标准检验方法》（GB/T 5750.1~5750.13—2023）。

该方法针对高浊度水，采用了沉淀离心的方法，而对于低浊度水，自动采用膜过滤溶解纯化的方法。在样品的浓缩阶段，采用微孔滤膜代替美国垄断的囊过滤的纯化方法，在分离阶段用 Percoll-蔗糖代替磁珠，大幅降低了检测耗材成本。样品前处理设备还实现了多重通路创新设计，效率也有了大幅提升。

随着技术的进步，"两虫"检测设备也在不断迭代更新。研究团队还组织开发了基于人工智能技术的"两虫"自动识别系统，实现人工智能图像处理自动识别代替人工肉眼识别，基本形成了"方法—设备—系统"的"两虫"检测一体化设备。"两虫"检测和自动识别系统拥有自主知识产权十余项，突破了国外技术垄断，为我国从"源头到龙头"供水安全保障中的"两虫"防控提供了重要支撑，"两虫"检测不再受制于人。

目前，"两虫"检测设备相关产品已经在地市级疾控中心、供水水质监测研究所、第三方检测公司以及相关科研院所等数十余家单位得到应用，受到了用户的好评及肯定。2022 年，我国发布了新版《生活饮用水卫生标准》（GB 5749—2022），进一步提升了饮用水检测标准。此外，"两虫"检测自动识别系统，还将大幅降低用户综合使用成本，并能为国家节省上亿元外汇。

10 水质自动分析技术简介

学习目标

❖ **知识目标**

了解水质自动分析技术的发展过程和方向；熟悉水质自动分析系统常用的测定方法；理解水质自动分析检测仪器的工作原理。

❖ **能力目标**

能选择合适的分析方法和分析手段，设计水体自动分析方案，并用所学知识解决实际问题，进行对比和反思，优化分析方法和设计方案。

❖ **素质目标**

培养民族自豪感与家国情怀；正确认识专业学习与服务社会的关系，综合运用所学知识解决实际问题，承担社会责任，为快速变化的社会发展贡献自己的力量。

　　天然水体（江河、湖泊等地表水与地下水），经过处理的饮用水，未经过处理或经过处理的污（废）水，这些水的水质状况可以采用前面有关的水质分析技术进行相关水质指标的测定。为及时掌握水体水质变化及污染物排放情况，以利于水质处理及水污染控制，我国部分河流开展了地表水自动监测工作，同时在给水处理厂和污水处理厂采用了水质自动分析系统，分析测定部分主要水质指标。

　　由于水体中污染物常常是种类繁多的痕量物质，成分复杂，测定干扰严重，常需进行富集、分离或掩蔽等化学预处理，给水质自动分析带来一系列困难。因此，目前水质自动分析主要是测定那些能反映水质污染综合指标的项目，具体污染物测定项目较少。水系或区域设置的水质污染综合指标及某些特定分析项目通常有以下几类。

　　① 一般指标　水温、pH、电导率、溶解氧、浊度、悬浮物等。
　　② 综合指标　BOD、COD、TOC、TOD等。
　　③ 特定物质　金属离子、氰化物、酚、氟等。

10.1　地表水水质自动分析

　　地表水水质自动分析系统包括提水系统（采水部分、送水管、排水管及调整槽等）、配水系统、水质自动分析仪、自动操作控制系统、数据采集及传输。图 10-1 为水质一般指标自动分析系统装备示意图。

10.1.1　水温测定

测量水温一般用感温元件如热敏电阻、铂电阻（或热电偶）等传感器。将感温元件浸入待测水样测定池中，并接入平衡电桥的一个臂上；当水温变化时，传感器感温元件电阻产生变化，电桥失衡，有电压信号输出。根据感温元件电阻变化值与电桥输出电压变化值的定量关系可测待测水样水温。水温自动分析测定原理示意图见图10-2。

10.1.2　电导率测定

电导率的测定可以反映出水中存在电解质的程度，它是分析水体质量的一种快

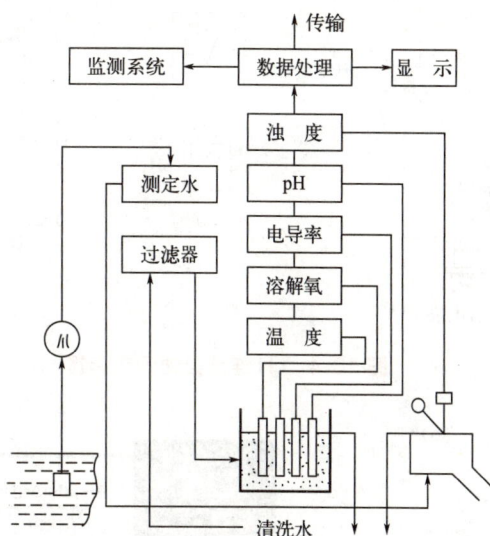

图 10-1　水质一般指标自动分析系统示意图

速方法，常用于纯净水、超纯水、生产用水、电子工厂的水质分析。自动连续测定水的电导率，常用利用自动平衡电桥和运算放大电路原理制造的电导率仪。图10-3所示为运算放大器法测定电导率的电路。其中电极的容器常数为 J，温度补偿电阻为 R_θ，恒定电压发生器输出电压为 V_i，在测定电导率为 K 的试液时，运算放大器的输出电压 V_θ 可用下式表示：

$$V_\theta = V_i\frac{R_\theta}{R_x} = \frac{V_i R_\theta}{J}K$$

式中，V_i 与 J 为定值。显然在一定温度下，试液的电导率 K 与输出电压 V_θ 成正比。因此，可由输出电压确定水样的电导率值。

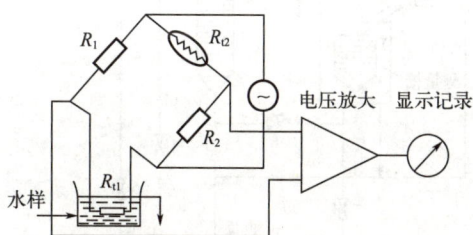

图 10-2　水温自动分析检测原理示意图

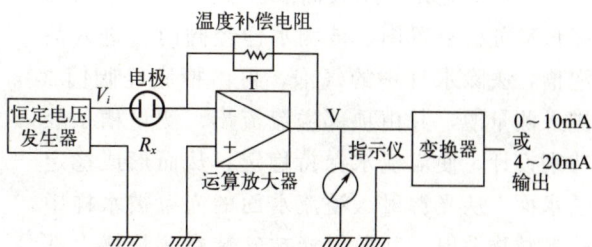

图 10-3　运算放大器法测定电导率电路示意图

10.1.3　pH 值测定

pH 值是水质分析与控制最基本的理化参数之一，对于工厂生产、饮用水、污（废）水分析测定有着重要的辅助作用。图 10-4 为 pH 值连续自动测定装置图。它由复合电极（玻璃电极和参比电极组成）、电极保护套、连接箱、专用电缆、表盘及记录仪和计算机组成。若环境温度不是标准温度时，由温度补偿电阻予以调整。电极沾污的污物，可由安装的超声

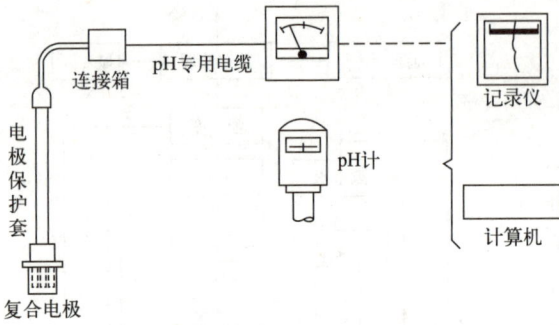

图 10-4 pH 连续自动测定装置

波清洗器自动清洗。

由于玻璃电极阻抗高、易碎及表面容易沾污等缺点，近年来发展到采用固体金属电极，其表面采用机械刷不断清洗，因此性能比玻璃电极好，特别适用于自动分析。如在线 pHORP 测控仪 K100PR，可同时完成水质 pH 值和氧化还原电势电位的测定，其工作原理见图 10-5。

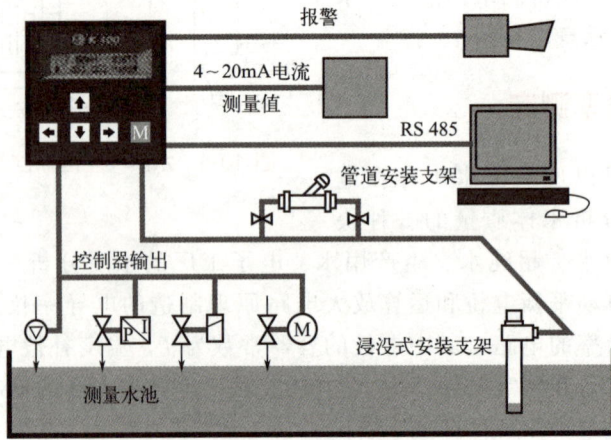

图 10-5 K100PR 在线测控仪

10.1.4 浊度测定

浊度测定常采用表面散射法，图 10-6 为浊度自动分析装置图。被测水样经阀门 1 进入消泡槽，去除水样中的气泡，再由槽底经阀门 2 进入测量槽，并由顶部溢流流出。测量槽顶经特别设计，使溢流水保持稳定，从而形成稳定的水面。从光源射入溢流水面的光束被水样中的颗粒物散射，其散射光被安装在测量槽上部的光电池接收，转化为光电流。同时，通过光导纤维装置导入一部分光源光作为参比光束，输入到另一光电池中，两光电池产生的光电流送入运算放大器中运算并转换成与水样浊度呈

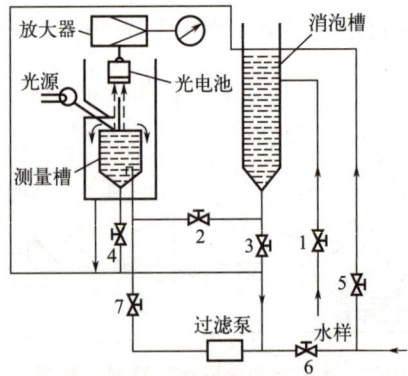

图 10-6 表面散射式浊度自动分析系统

1～7—阀门

线性关系的电信号，由电表指示或记录仪记录。仪器零点可用通过过滤器的水样进行校正。光电元件、运算放大器应装于恒温器中，以避免温度变化的影响。测量槽的污染可采用超声波清洗装置定期自动清洗。

10.1.5 溶解氧测定

水中溶解氧连续自动分析系统广泛采用隔膜电极法测定。隔膜电极分为两种：一种是原电池式电极隔膜电极，另一种是极谱式隔膜电极。由于后者使用中性内充液，维护较方便，适用于自动分析。电极可安装在流通式发射池中，也可浸没在搅动的待测水中（如曝气池），安装在发射池中或浸入搅动的水样中，如图 10-7 所示。该设备有清洗装置，能定期自动清洗沉附于电极上的污物。

近年来，用于测定水中溶解氧的光纤氧传感器技术的应用受到国内外专家的重视。光纤氧传感是将可被氧淬灭的荧光试剂制成氧传感膜，耦合于光纤端部，采用高亮度发光二极管为光源和微型光电二极管为检测系统制成的。光纤氧传感器对溶解氧的响应具有良好的可逆性、稳定性和较快的响应时间，使用寿命较长，同时还有结构轻巧易携带，可在有毒、强辐射环境下使用的特点，因而有十分广阔的应用前景。

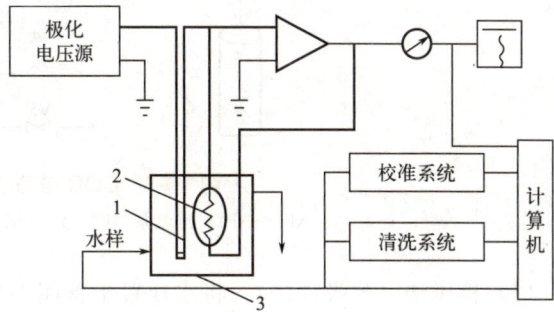

图 10-7　溶解氧连续自动分析示意图

1—电极；2—电源；3—发射池

10.2 污水水质自动分析

为对污染源实施污染物排放总量控制，准确及时地记录和掌握污染源排放情况，预防和及时发现污染事故，可采用污水自动分析系统。测定的污染指标有 COD、BOD、氨氮、总氮、总磷、重金属离子等。

10.2.1 COD 自动测定

COD 的自动分析仪器是手工操作的自动化。由水样采集器、水样计量器、氧化剂溶液计量器、氧化反应器、反应终点测定装置、数据显示仪、废液排放和清洗装置及程序控制装置组成。终点控制主要采用电势差滴定法和电量滴定法。以恒定电流的电量法控制终点的自动监测法，如图 10-8 所示。加入适量的氧化剂与加入水样中的污染物定量反应，未反应的氧化剂与恒定电流电解产生亚铁离子反应。根据由高铁离子电解产生的亚铁离子所消耗的电量，确定 COD 值显示或传送。

10.2.2 BOD 自动测定

BOD 自动分析仪有恒电流库仑滴定式、检压式和微生物膜电极法三种。前两种为半自动式，测定时间需 5d。以微生物膜电极为传感器的 BOD 快速分析仪，可用于间歇或自动测定废水的 BOD。

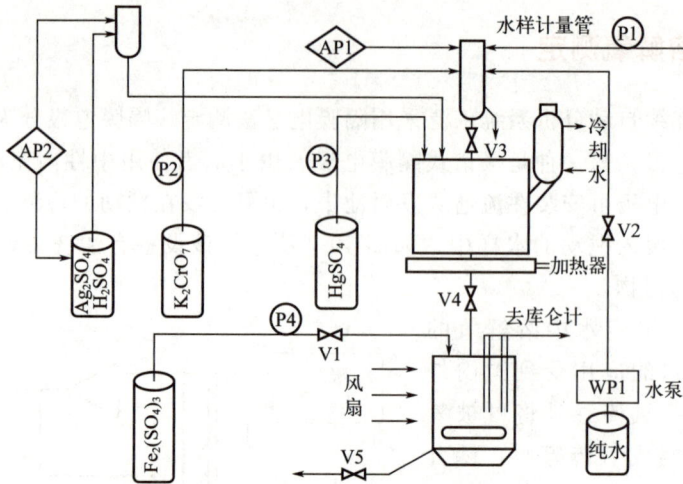

图 10-8　COD 自动分析仪示意图

AP1～AP2—空气泵；P1～P4—蠕动泵；V1～V5—控制阀

（1）检压法（呼吸计法）　将水样置于密闭的培养瓶中，水样中的溶解氧被微生物消耗时，由微生物的呼吸作用而产生与耗氧量相当的二氧化碳，其被瓶内放有碱石灰的小池吸收，结果导致密闭系统的压力降低，由压力计测出压力降，即可求出水样的 BOD 值。

（2）微生物膜电极法　其工作原理如图 10-9。仪器由液体输送系统、传感器系统、信号测量系统及程序控制器等组成。整机在程序控制器的控制下，按照以下步骤进行测定。

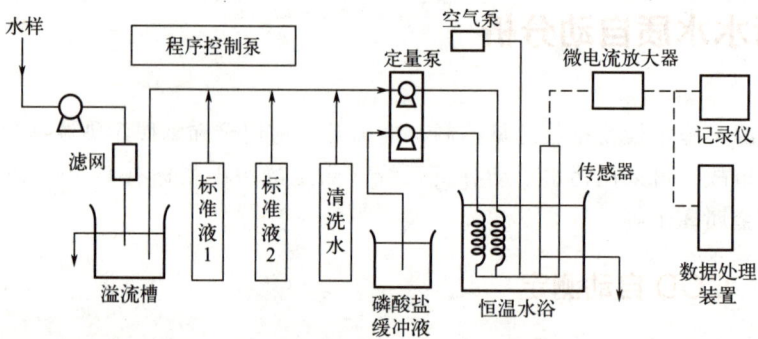

图 10-9　BOD 自动分析仪示意图

① 将磷酸盐缓冲溶液（0.01mol/L，pH 值为 7）恒温至 30℃，并经空气饱和后用定量泵以一定流量输入微生物传感器下端的发射池，此时因为流过传感器的磷酸盐缓冲溶液不含 BOD 物质，其输出信号（电流）为一稳态值。

② 将水样以恒定流量（小于磷酸盐缓冲溶液流量的 1/10）输入磷酸盐缓冲溶液中与之混合。并经空气饱和后再输入发射池，此时流过传感器的水样-磷酸盐缓冲溶液含有 BOD 物质，则微生物传感器输出信号减小，其减小值与 BOD 物质浓度有定量关系，经电子系统运算即可直接显示 BOD 值。

③ 显示测定结果后，停止输送磷酸盐缓冲溶液和水样，将清洗水打入发射池，清洗输液管路和发射池。清洗完毕，自动开始第二个测定周期。

10.2.3 总氮测定

总氮是指水样中的可溶性及悬浮颗粒中的含氮量。目前,总氮在线自动分析仪的主要类型有过硫酸盐消解-光度法;密闭燃烧氧化-化学发光分析法。总氮在线自动分析仪的基本构成见图 10-10。

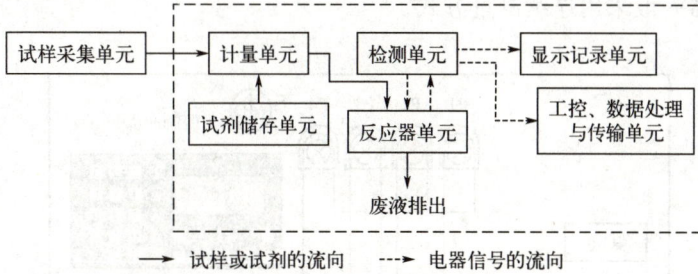

图 10-10　总氮在线自动分析仪的基本构成

(1) 过硫酸盐消解-光度法的原理　水样经 NaOH 调节 pH 值后,加入过硫酸钾于 120℃加热消解 30min。冷却后,用 HCl 调节 pH 值,于 220nm 和 275nm 处测定吸光信号,经换算得到总氮浓度值。

(2) 密闭燃烧氧化-化学发光分析法原理　将水样导入反应混合槽后,通过载气将水样加入放有催化剂的反应管(干式热分解炉,约 850℃)中进行氧化反应,将含氮化合物转化成 NO 后,使其与臭氧反应,通过测定由反应过程中产生的准稳态 NO_2 转变为稳态 NO_2 产生的化学发光(半导体化学发光检测器),经换算得到总氮的含量。仪器工作流程图见图 10-11。

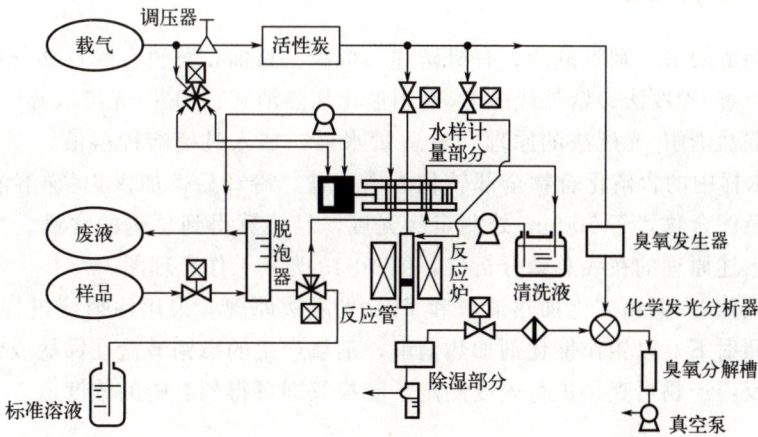

图 10-11　TN 自动分析仪流程图

10.2.4 氨氮测定

根据水质情况,在线氨氮分析仪可选择采用分光光度法、离子选择电极法两种测量方法。

（1）分光光度法测量原理　根据 Bertholet 反应原理，氨氮在催化剂的作用下，反应生成蓝色化合物，然后由分光光度计测量，图 10-12 为 K201 型在线氨氮分析仪的工作原理图。这种方法的灵敏度很高，即使是极低浓度的氨氮也能测出。该仪器为批式非连续测量。

（2）离子选择电极法测量原理　在待测水样中加入缓冲试剂，在排除干扰物质的前提下，将形成氨氮的物质转化成溶解氨的形式，由氨气敏电极测出氨的浓度，最后换算成氨氮的浓度。该类仪器一般采用连续测量方式。

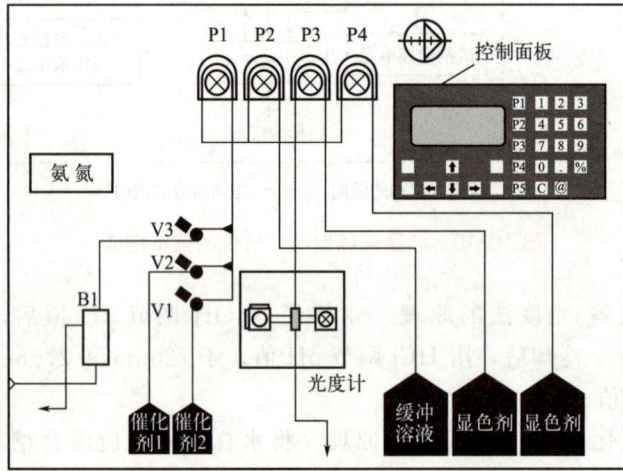

图 10-12　氨氮自动分析仪示意图
V1～V3—控制阀；P1～P4—蠕动泵；B1—过滤器

10.2.5　总磷测定

总磷包括溶解的磷、颗粒的磷、有机磷和无机磷。目前，总磷在线自动分析仪的主要类型有过硫酸盐消解-光度法、紫外线照射-铜钼催化加热消解、FIA-光度法等。

（1）过硫酸盐消解-光度法的原理　进适量水样，加入过硫酸钾溶液，于 120℃ 加热消解 30min，将水样中的含磷化合物全部转化为磷酸盐，冷却后，加入钼-锑溶液和抗坏血酸溶液，生成蓝色配合物，于 700nm 处测定吸光度，经换算得到总磷的含量。如 K301TP 型仪器就是基于上述原理的在线总磷分析仪，图 10-13 为其工作原理图。

（2）紫外线照射-铜钼催化加热消解和 FIA-光度法原理　采用注射流进样法连续进样，水样在紫外线照射下，以钼作催化剂加热消解，消解产生的磷钼酸盐在锑盐或钒盐存在下发生显色反应，反应产物可直接进行光度测定，经换算即可得到总磷的浓度值。

10.2.6　金属离子测定

金属离子自动测定通常采用连续自动光度比色测量法，利用金属离子易于和显色剂生成有色物质的特性，通过分光光度计测量有色物质的浓度以计算出重金属离子的浓度。如铬（Ⅵ）的分析中，待测水样与二苯碳酰二肼发生显色反应，反应后生成的有色物质被蠕动泵抽入双光束光度计的比色皿中，由光度计测定出铬（Ⅵ）的浓度。

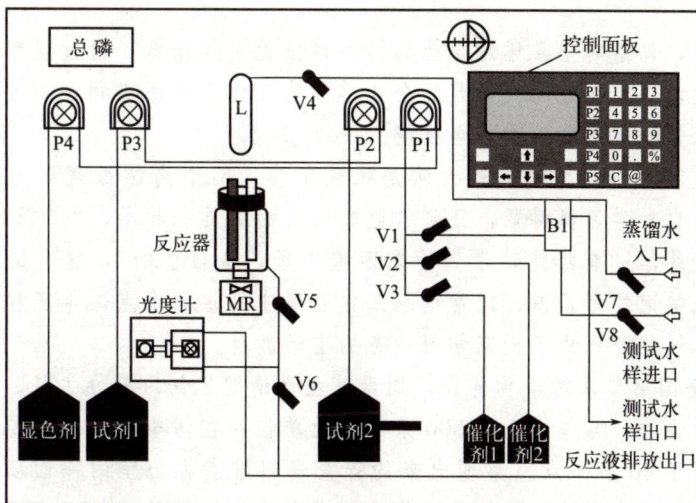

图 10-13　总磷自动分析仪示意图

V1～V8 分别为控制阀 1～9；P1～P4 分别为泵 1～4

由于水质自动分析的复杂性，特别是传感器的污染问题和采样装置的堵塞问题还未完全解决，因此水质自动分析系统长期运行故障率高，分析项目有限，这些都有待于进一步发展。

思考题与习题 >>>

简答题

（1）水质自动分析系统常用哪些测定方法？

（2）简述下列几种水质自动分析仪的工作原理：pH 自动分析仪；溶解氧分析仪；浊度分析仪；微生物膜电极法 BOD 自动分析仪；电位滴定式 COD 自动分析仪。

拓展阅读

生态环保战士周青苔：为保护生态环境而生

周青苔说不清楚父母为何给他取名"青苔"，根据百科，青苔是苔藓植物的泛称，附着于物体表面蔓延生产，故也称苔衣，色泽翠绿，茎细如丝，长于清流之中，不受污染，是一种极不起眼却极富生趣的植物。或许父母只希望他做个像青苔一样普通的人，平安健康地度过平凡一生，没想到他却英年早逝。他是为保护生态环境而生的人，他用生命践行了对环保事业的坚守和誓言。

周青苔自幼家贫，却很懂事，学习刻苦勤奋。1996 年西北农业大学化学分析与环境监测专业毕业后，被分配到湖南省衡阳市祁东县环保局环境监测站工作。因为专业对口，他迅速成为业务骨干，在监测站工作六年后担任县环境监察大队副大队长。

周青苔有着极高的专业素养和对工作的热情，能够将《中华人民共和国环境保护法》倒背如流，并且成为了县环保局第一个拿到工程师资质的人。他的"三大绝活"在环保局非常有名，包括对全县排污企业的排污口位置了如指掌，通过观察废水能够估算出企业的排污量，以及通过闻气体判断企业排放的气体主要污染物和浓度。这些技能体现了他对环保工作的深入理解和精湛技能。

监测站是技术工作，环境监察大队是执法工作，两个岗位都需要不断学习专业知识。周青苔不但自身学习抓得紧，还带领监察大队的队员一起学。"年轻时，要多学习，多做事，只有好处，没有坏处，学到的东西跑不了，是自己的"，这句话是他常挂在嘴上。周青苔有做笔记的好习惯，时常记录工作业务中的重点难点，年底就把一年的工作资料装订成册，这些资料成了大家学习业务的生动教材。

2019年，全国第二次污染物普查，周青苔主动请缨担任污普办主任。他摸遍了全县每寸土地上的污染物，整理出全县500余家企业单位存在污染物排放的基本数据；他带领的队伍一天走了40多个点，整理出来的普查资料堆满办公室的一面墙。因为率先垂范，工作力度大，祁东县的污普工作迅速迈入全市先进县行列。

2010年，周青苔负责强制关停全县20多家排污不达标纸厂的工作，一些企业组织职工暴力阻拦，甚至扬言谁敢封厂就要谁的命。他毫不畏惧，带领队员坚决完成任务。当地一家富锰渣厂按规定应停止生产，该厂老板想尽办法，与周青苔说好话，缠磨他通通人情，上门送礼，并许诺给予巨额"好处费"，周青苔不为所动，老板对其施以威胁，周青苔传话给老板："我是共产党员！我是环保战士！必须履职尽责！"

接到群众举报县磷肥厂排出的废气严重影响周边居民生活，周青苔立即带着仪器赶到居民投诉点检测，从下午5点到晚上10点一直蹲守在现场，终于检测到空气中的硫超标，随即进入企业检查。通过现场分析，硫超标的原因是反应塔废气处理设备超负荷运行而发生气体泄漏。周青苔立即要求企业在气体净化器中加装喷淋嘴，直到检测达标，周围群众闻不到异味。"人民对美好生活的向往，就是我们奋斗的目标。"周青苔深刻理解、践行到位。

2017年，周青苔当选为市人大代表，他设立环保人大代表工作室，主动与企业联系，征求企业对全县、全市环保工作的意见和建议，多次主动调研，积极向市人大提出一批有影响的建议案，关于如何在生态文明建设中增加人民群众获得感和幸福感。

周青苔对企业不仅严格执法，更有热情服务。为帮助祁东忠兴陶粒厂完成治污整改工作，他多次现场指导工人建设排污设施。在陶粒厂的排污许可证办下来后，周青苔又主动协调工厂与当地村民的关系，给大家做科普工作。

周青苔一直负责全县企业排污许可证发放的审核工作。2014年，祁东县排污权交易工作刚起步，他带领大家给全县相关的企业一个个打电话、上门宣讲党和政府的环保政策。企业去衡阳购买排污权，周青苔一同前往把关材料，帮助整理资料办理手续，尽量让企业少走弯路。他说："作为环保人员，我们要像保护眼睛一样保护生态环境，像对待生命一样对待生态环境，决不走先污染后治理的老路！"每一张企业排污许可证的背后，都倾注了他对污染防治的心血。

雷锋有句名言："人的生命是有限的，可是，为人民服务是无限的，我要把有限的生命，投入到无限的为人民服务中去。"许多共产党员对这句话耳熟能详。周青苔为环境保护事业贡献力量的短暂一生，正是这句话的新写照、新诠释。

附录

附录1 《生活饮用水卫生标准》（GB 5749—2022）

附表 1-1　生活饮用水水质常规指标及限值

指　标	限　值	指　标	限　值
1. 微生物指标[①]		二氯乙酸/(mg/L)[③]	0.05
总大肠菌群/(MPN/100mL 或 CFU/100mL)	不得检出	三氯乙酸/(mg/L)[③]	0.1
		溴酸盐/(mg/L)	0.01
大肠埃希菌/(MPN/100mL 或 CFU/100mL)	不得检出	亚氯酸盐/(mg/L)[③]	0.7
		氯酸盐/(mg/L)[③]	0.7
菌落总数/(CFU/mL)[②]	100	3. 感官性状和一般化学指标[④]	
2. 毒理指标		色度（铂钴色度单位）/度	15
砷/(mg/L)	0.01	浑浊度（散射浊度单位）/NTU[②]	1
镉/(mg/L)	0.005	臭和味	无异臭、异味
铬（六价）/(mg/L)	0.05	肉眼可见物	无
铅/(mg/L)	0.01	pH	不小于 6.5 且不大于 8.5
汞/(mg/L)	0.001		
氰化物/(mg/L)	0.05	铝/(mg/L)	0.2
氟化物/(mg/L)[②]	1.0	铁/(mg/L)	0.3
硝酸盐（以 N 计）/(mg/L)[②]	10	锰/(mg/L)	0.1
三氯甲烷/(mg/L)[③]	0.06	铜/(mg/L)	1.0
一氯二溴甲烷/(mg/L)[③]	0.1	锌/(mg/L)	1.0
二氯一溴甲烷/(mg/L)[③]	0.06	氯化物/(mg/L)	250
三溴甲烷/(mg/L)[③]	0.1	硫酸盐/(mg/L)	250
三卤甲烷（三氯甲烷、一氯二溴甲烷、二氯一溴甲烷、三溴甲烷的总和）[③]	该类化合物中各种化合物的实测浓度与其各自限值的比值之和不超过 1	溶解性总固体/(mg/L)	1000
		总硬度（以 CaCO$_3$ 计）/(mg/L)	450
		高锰酸盐指数（以 O$_2$ 计）/(mg/L)	3

指　　标	限　　值	指　　标	限　　值
氨（以 N 计）/(mg/L)	0.5	总 α 放射性（Bq/L）	0.5（指导值）
4. 放射性物质⑤		总 β 放射性（Bq/L）	1（指导值）

① MPN 表示最大可能数；CFU 表示菌落形成单位。当水样检出总大肠菌群时，应进一步检验大肠埃希菌；当水样未检出总大肠菌群时，不必检验大肠埃希菌。

② 小型集中式供水和分散式供水因水源水与净水技术受限时，菌落总数指标限值按 500MPN/mL 或 500CFU/mL 执行，氟化物指标限值按 1.2mg/L 执行，硝酸盐（以 N 计）指标限值按 20mg/L 执行，浑浊度指标限值按 3NTU 执行。

③ 水处理工艺流程中预氧化或消毒方式：

——采用液氯、次氯酸钙及氯胺时，应测定三氯甲烷、一氯二溴甲烷、二氯一溴甲烷、三溴甲烷、三卤甲烷、二氯乙酸、三氯乙酸；

——采用次氯酸钠时，应测定三氯甲烷、一氯二溴甲烷、二氯一溴甲烷、三溴甲烷、三卤甲烷、二氯乙酸、三氯乙酸、氯酸盐；

——采用臭氧时，应测定溴酸盐；

——采用二氧化氯时，应测定亚氯酸盐；

——采用二氧化氯与氯混合消毒剂时，应测定亚氯酸盐、氯酸盐、三氯甲烷、一氯二溴甲烷、二氯一溴甲烷、三溴甲烷、三卤甲烷、二氯乙酸、三氯乙酸；

原水中含有上述污染物，可能导致出厂水和末梢水的超标风险时，无论采用何种预氧化和消毒方式，都应对其进行测定。

④ 发生影响水质的突发公共事件时，经风险评估，感官性状和一般化学指标可暂时适当放宽。

⑤ 放射性指标超过指导值（总 β 放射性扣除 ^{40}K 后仍然大于 1Bq/L），应进行核素分析和评价，判定能否饮用。

附表 1-2　生活饮用水消毒剂常规指标及要求

指标	与水接触时间/min	出厂水和末梢水限值/(mg/L)	出厂水余量/(mg/L)	末梢水余量/(mg/L)
游离氯①	≥30	≤2	≥0.3	≥0.05
总氯②	≥120	≤3	≥0.5	≥0.05
臭氧③	≥12	≤0.3	—	≥0.02 如采用其他协同消毒方式，消毒剂限值及余量应满足相应要求
二氧化氯④	≥30	≤0.8	≥0.1	≥0.02

① 采用氯气、次氯酸钠、次氯酸钙消毒方式时，应测定游离氯。

② 采用氯胺消毒方式时，应测定总氯。

③ 采用臭氧消毒方式时，应测定臭氧。

④ 采用二氧化氯消毒方式时，应测定二氧化氯；采用二氧化氯与氯混合消毒方式时，应测定二氧化氯和游离氯。两项指标均应满足限值要求，至少一项指标应满足余氯要求。

附表 1-3　生活饮用水水质扩展指标及限值

指　　标	限　　值	指　　标	限　　值
1. 微生物指标		2. 毒理指标	
贾第鞭毛虫/(个/10L)	<1	锑/(mg/L)	0.005
隐孢子虫/(个/10L)	<1	钡/(mg/L)	0.7

指 标	限 值	指 标	限 值
铍/(mg/L)	0.002	马拉硫磷/(mg/L)	0.25
硼/(mg/L)	1.0	乐果/(mg/L)	0.06
钼/(mg/L)	0.07	灭草松/(mg/L)	0.3
镍/(mg/L)	0.02	百菌清/(mg/L)	0.01
银/(mg/L)	0.05	呋喃丹/(mg/L)	0.007
铊/(mg/L)	0.0001	毒死蜱/(mg/L)	0.03
硒/(mg/L)	0.01	草甘膦/(mg/L)	0.7
高氯酸盐/(mg/L)	0.07	敌敌畏/(mg/L)	0.001
二氯甲烷/(mg/L)	0.02	莠去津/(mg/L)	0.002
1,2-二氯乙烷/(mg/L)	0.03	溴氰菊酯/(mg/L)	0.02
四氯化碳/(mg/L)	0.002	2,4-滴/(mg/L)	0.03
氯乙烯/(mg/L)	0.001	乙草胺/(mg/L)	0.02
1,1-二氯乙烯/(mg/L)	0.03	五氯酚/(mg/L)	0.009
1,2-二氯乙烯（总量）/(mg/L)	0.05	2,4,6-三氯酚/(mg/L)	0.2
三氯乙烯/(mg/L)	0.02	苯并[a]芘/(mg/L)	0.00001
四氯乙烯/(mg/L)	0.04	邻苯二甲酸二（2-乙基己基）酯/(mg/L)	0.008
六氯丁二烯/(mg/L)	0.0006		
苯/(mg/L)	0.01	丙烯酰胺/(mg/L)	0.0005
甲苯/(mg/L)	0.7	微囊藻毒素-LR（藻类暴发情况发生时）/(mg/L)	0.001
二甲苯（总量）/(mg/L)	0.5		
苯乙烯/(mg/L)	0.02	3. 感官性状和一般化学指标①	
氯苯/(mg/L)	0.3	钠/(mg/L)	200
1,4-二氯苯/(mg/L)	0.3	挥发酚类（以苯酚计）/(mg/L)	0.002
三氯苯（总量）/(mg/L)	0.02	阴离子合成洗涤剂/(mg/L)	0.3
六氯苯/(mg/L)	0.001	2-甲基异莰醇/(mg/L)	0.00001
七氯/(mg/L)	0.0004	土臭素/(mg/L)	0.00001

① 当发生影响水质的突发公共事件时，经风险评估，感官性状和一般化学指标可暂时适当放宽。

附表 1-4　生活饮用水水质参考指标及限值

指 标	限 值	指 标	限 值
肠球菌/(CFU/100mL 或 MPN/100mL)	不应检出	钒/(mg/L)	0.01
产气荚膜梭状芽孢杆菌/(CFU/100mL)	不应检出	氯化乙基汞/(mg/L)	0.0001

指 标	限 值	指 标	限 值
四乙基铅/(mg/L)	0.0001	丙烯醛/(mg/L)	0.1
六六六（总量）/(mg/L)	0.005	戊二醛/(mg/L)	0.07
对硫磷/(mg/L)	0.003	二（2-乙基己基）己二酸酯/(mg/L)	0.4
甲基对硫磷/(mg/L)	0.009	邻苯二甲酸二乙酯/(mg/L)	0.3
林丹/(mg/L)	0.002	邻苯二甲酸二丁酯/(mg/L)	0.003
滴滴涕/(mg/L)	0.001	多环芳烃（总量）/(mg/L)	0.002
敌百虫/(mg/L)	0.05	多氯联苯（总量）/(mg/L)	0.0005
甲基硫菌灵/(mg/L)	0.3	二噁英（2,3,7,8-四氯二苯并对二噁英）/(mg/L)	0.00000003
稻瘟灵/(mg/L)	0.3		
氟乐灵/(mg/L)	0.02	全氟辛酸/(mg/L)	0.00008
甲霜灵/(mg/L)	0.05	全氟辛烷磺酸/(mg/L)	0.00004
西草净/(mg/L)	0.03	丙烯酸/(mg/L)	0.5
乙酰甲胺磷/(mg/L)	0.08	环烷酸/(mg/L)	1.0
甲醛/(mg/L)	0.9	丁基黄原酸/(mg/L)	0.001
三氯乙醛/(mg/L)	0.1	β-萘酚/(mg/L)	0.4
氯化氰（以 CN⁻ 计）/(mg/L)	0.07	二甲基二硫醚/(mg/L)	0.00003
亚硝基二甲胺/(mg/L)	0.0001	二甲基三硫醚/(mg/L)	0.00003
碘乙酸/(mg/L)	0.02	苯甲醚/(mg/L)	0.05
1,1,1-三氯乙烷/(mg/L)	2	石油类（总量）/(mg/L)	0.05
1,2-二溴乙烷/(mg/L)	0.00005	总有机碳/(mg/L)	5
五氯丙烷/(mg/L)	0.03	碘化物/(mg/L)	0.1
乙苯/(mg/L)	0.3	硫化物/(mg/L)	0.02
1,2-二氯苯/(mg/L)	1	亚硝酸盐（以 N 计）/(mg/L)	1
硝基苯/(mg/L)	0.017	石棉（纤维>10μm）/(万个/L)	700
双酚 A/(mg/L)	0.01	铀/(mg/L)	0.03
丙烯腈/(mg/L)	0.1	镭-226/(mg/L)	1

附录 2 《城市污水再生利用 城市杂用水水质》 （GB/T 18920—2020）

附表 2-1 城市杂用水水质基本控制项目及限值

序号	项 目	冲厕、车辆冲洗	城市绿化、道路清扫、消防、建筑施工
1	pH	6.0～9.0	6.0～9.0
2	色度/度	≤15	≤30
3	嗅	无不快感	无不快感
4	浊度/NTU	≤5	≤10
5	五日生化需氧量（BOD_5）/(mg/L)	≤10	≤10
6	氨氮/(mg/L)	≤5	≤8
7	阴离子表面活性剂/(mg/L)	≤0.5	≤0.5
8	铁/(mg/L)	≤0.3	—
9	锰/(mg/L)	≤0.1	—
10	溶解性总固体/(mg/L)	≤1000（2000）[①]	≤1000（2000）[①]
11	溶解氧/(mg/L)	≥2.0	≥2.0
12	总氯/(mg/L)	≥1.0（出厂），≥0.2（管网末端）	≥1.0（出厂），≥0.2[②]（管网末端）
13	大肠埃希菌/(MPN/100mL 或 CFU/100mL)	无[③]	无[③]

① 括号内指标为沿海和本地水源中溶解性固体含量较高区域的指标。

② 用于城市绿化时，不应超过 2.5mg/L。

③ 大肠埃希菌不应检出。

注："—"表示对此项无要求。

附表 2-2 城市杂用水选择性控制项目及限值

序号	项目	限值/(mg/L)
1	氯化物（Cl^-）	不大于 350
2	硫酸盐（SO_4^{2-}）	不大于 500

附录 3 《城镇污水处理厂污染物排放标准》(GB 18918—2002)

附表 3-1 基本控制项目最高允许排放浓度(日均值) 单位:mg/L

序号	基本控制项目		一级标准		二级标准	三级标准
			a 标准	b 标准		
1	化学需氧量(COD)		50	60	100	$120^{①}$
2	生化需氧量(BOD_5)		10	20	30	$60^{①}$
3	悬浮物(SS)		10	20	30	50
4	动植物油		1	3	5	20
5	石油类		1	3	5	15
6	阴离子表面活性剂		0.5	1	2	5
7	总氮(以 N 计)		15	20	—	—
8	氨氮(以 N 计)^{②}		5(8)	8(15)	25(30)	—
9	总磷(以 P 计)	2005 年 12 月 31 日前建设的	1	1.5	3	5
		2006 年 1 月 1 日起建设的	0.5	1	3	5
10	色度(稀释倍数)		30	30	40	50
11	pH		6～9			
12	粪大肠菌群数(个/L)		1000	10000	10000	—

① 下列情况下按去除率指标执行:当进水 COD 大于 350mg/L 时,去除率应大于 60%;BOD_5 大于 160mg/L 时,去除率应大于 50%。

② 括号外数值为水温大于 12℃ 时的控制指标,括号内数值为水温小于等于 12℃ 时的控制指标。

附表 3-2 部分一类污染物最高允许排放浓度(日均值) 单位:mg/L

序号	项目	标准值
1	总汞	0.001
2	烷基汞	不得检出
3	总镉	0.01
4	总铬	0.1
5	六价铬	0.05
6	总砷	0.1
7	总铅	0.1

附表 3-3　选择控制项目最高允许排放浓度（日均值）　　　单位：mg/L

序号	选择控制项目	标准值	序号	选择控制项目	标准值
1	总镍	0.05	23	三氯乙烯	0.3
2	总铍	0.002	24	四氯乙烯	0.1
3	总银	0.1	25	苯	0.1
4	总铜	0.5	26	甲苯	0.1
5	总锌	1.0	27	邻二甲苯	0.4
6	总锰	2.0	28	对二甲苯	0.4
7	总硒	0.1	29	间二甲苯	0.4
8	苯并 [a] 芘	0.00003	30	乙苯	0.4
9	挥发酚	0.5	31	氯苯	0.3
10	总氰化物	0.5	32	1,4-二氯苯	0.4
11	硫化物	1.0	33	1,2-二氯苯	1.0
12	甲醛	1.0	34	对硝基氯苯	0.5
13	苯胺类	0.5	35	2,4-二硝基氯苯	0.5
14	总硝基化合物	2.0	36	苯酚	0.3
15	有机磷农药（以 P 计）	0.5	37	间甲酚	0.1
16	马拉硫磷	1.0	38	2,4-二氯酚	0.6
17	乐果	0.5	39	2,4,6-三氯酚	0.6
18	对硫磷	0.05	40	邻苯二甲酸二丁酯	0.1
19	甲基对硫磷	0.2	41	邻苯二甲酸二辛酯	0.1
20	五氯酚	0.5	42	丙烯腈	2.0
21	三氯甲烷	0.3	43	可吸附有机卤化物（AOX 以 Cl 计）	1.0
22	四氯化碳	0.03			

附录 4　《污水综合排放标准》（ GB 8978—1996 ）

附表 4-1　第一类污染物最高允许排放浓度

单位：mg/L（特别注明除外）

污 染 物	最高允许排放浓度	污 染 物	最高允许排放浓度	污 染 物	最高允许排放浓度
1. 总汞	0.05[①]	6. 总砷	0.5	11. 总银	0.5
2. 烷基汞	不得检出	7. 总铅	1.0	12. 总 α 放射性	1Bq/L
3. 总镉	0.1	8. 总镍	1.0	13. 总 β 放射性	10Bq/L
4. 总铬	1.5	9. 苯并 [a] 芘[②]	0.00003		
5. 六价铬	0.5	10. 总铍	0.005		

① 烧碱行业（新建、扩建、改建企业）采用 0.005mg/L。

② 为试行标准，二级、三级标准区暂不考核。

（1997 年 12 月 31 日之前建设的单位）

单位：mg/L（特别注明和 pH 除外）

序号	污 染 物	适用范围	一级标准	二级标准	三级标准
1	pH	一切排污单位	6～9	6～9	6～9
2	色度（稀释倍数）	染料工业	50	180	—
		其他排污单位	50	80	—
3	悬浮物（SS）	采矿、选矿、选煤工业	100	300	—
		脉金选矿	100	500	—
		边远地区砂金选矿	100	800	—
		城镇二级污水处理厂	20	30	—
		其他排污单位	70	200	400
4	五日生化需氧量（BOD$_5$）	甘蔗制糖、亚麻脱胶、湿法纤维板工业	30	100	600
		甜菜制糖、乙醇、味精、皮革、化纤浆粕工业	30	150	600
		城镇二级污水处理厂	20	30	—
		其他排污单位	30	60	300
5	化学需氧量（COD$_{Cr}$）	甜菜制糖、合成脂肪酸、湿法纤维板、染料、洗毛、有机磷农药工业	100	200	1000
		味精、乙醇、医药原料药、生物制药、亚麻脱胶、皮革、化纤浆粕工业	100	300	1000
		石油化工工业（包括石油炼制）	100	150	500
		城镇二级污水处理厂	60	120	—
		其他排污单位	100	150	500
6	石油类	一切排污单位	10	10	30
7	动植物油	一切排污单位	20	20	100
8	挥发酚	一切排污单位	0.5	0.5	2.0
9	总氰化合物	电影洗片（铁氰化合物）	0.5	5.0	5.0
		其他排污单位	0.5	0.5	1.0
10	硫化物	一切排污单位	1.0	1.0	2.0
11	氨氮	医药原料药、染料、石油化工工业	15	50	—
		其他排污单位	15	25	—
12	氟化物	黄磷工业	10	20	20
		低氟地区（水体含氟量<0.5mg/L）	10	20	30
		其他排污单位	10	10	20
13	磷酸盐（以 P 计）	一切排污单位	0.5	1.0	—
14	甲醛	一切排污单位	1.0	2.0	5.0
15	苯胺类	一切排污单位	1.0	2.0	5.0
16	硝基苯类	一切排污单位	2.0	3.0	5.0
17	阴离子合成洗涤剂（LAS）	合成洗涤工业	5.0	15	20
		其他排污单位	5.0	10	20
18	总铜	一切排污单位	0.5	1.0	2.0

序号	污染物	适用范围	一级标准	二级标准	三级标准
19	总锌	一切排污单位	2.0	5.0	5.0
20	总锰	合成脂肪酸工业	2.0	5.0	5.0
		其他排污单位	2.0	2.0	5.0
21	彩色显影剂	电影洗片	2.0	3.0	5.0
22	显影剂及氧化物总量	电影洗片	3.0	6.0	6.0
23	元素磷	一切排污单位	0.1	0.3	0.3
24	有机磷农药（以P计）	一切排污单位	不得检出	0.5	0.5
25	粪大肠菌群数	医院[①]、兽医院及医疗机构含病原体污水	500 个/L	1000 个/L	5000 个/L
		传染病、结核病医院污水	100 个/L	500 个/L	1000 个/L
26	总余氯（采用氯化消毒的医院污水）	医院[①]、兽医院及医疗机构含病原体污水	<0.5[②]	>3（接触时间≥1h）	>2（接触时间≥1h）
		传染病、结核病医院污水	<0.5[②]	>6.5（接触时间≥1.5h）	>5（接触时间≥1.5h）

① 指 50 个床位以上的医院。

② 加氯消毒后须进行脱氯处理，达到标准。

注：其他排污单位指除在该控制项目中所列行业以外的一切排污单位。

附表 4-3　第三类污染物最高允许排放浓度

（1998 年 1 月 1 日之后建设的单位）　　　　　　　　　　单位：mg/L

序号	污染物	适用范围	一级标准	二级标准	三级标准
1	pH	一切排污单位	6～9	6～9	6～9
2	色度（稀释倍数）	一切排污单位	50	80	—
3	悬浮物（SS）	采矿、选矿、选煤工业	70	300	—
		脉金选矿	70	400	—
		边远地区砂金选矿	70	800	—
		城镇二级污水处理厂	20	30	—
		其他排污单位	70	150	400
4	五日生化需氧量（BOD_5）	甘蔗制糖、苎麻脱胶、湿法纤维板工业	20	60	600
		甜菜制糖、乙醇、味精、皮革、化纤浆粕工业	20	100	600
		城镇二级污水处理厂	20	30	—
		其他排污单位	20	30	300
5	化学需氧量（COD_{Cr}）	甜菜制糖、全盛脂肪酸、湿法纤维板、染料、洗毛、有机磷农药工业	100	200	1000
		味精、乙醇、医药原料药、生物制药、苎麻脱胶、皮革、化纤浆粕工业	100	300	1000
		石油化工工业（包括石油炼制）	100	120	500
		城镇二级污水处理厂	60	120	—
		其他排污单位	100	150	500

序号	污染物	适用范围	一级标准	二级标准	三级标准
6	石油类	一切排污单位	5	10	20
7	动植物油	一切排污单位	10	15	100
8	挥发酚	一切排污单位	0.5	0.5	2.0
9	总氰化合物	一切排污单位	0.5	0.5	1.0
10	硫化物	一切排污单位	1.0	1.0	1.0
11	氨氮	医药原料药、染料、石油化工工业 其他排污单位	15 15	50 25	— —
12	氟化物	黄磷单位 低氟地区（水体含氟量<0.5mg/L） 其他排污单位	10 10 10	15 20 10	20 30 20
13	磷酸盐（以P计）	一切排污单位	0.5	1.0	—
14	甲醛	一切排污单位	1.0	2.0	5.0
15	苯胺类	一切排污单位	1.0	2.0	5.0
16	硝基苯类	一切排污单位	2.0	3.0	5.0
17	阴离子合成洗涤剂（LAS）	其他排污单位	5.0	10	20
18	总铜	一切排污单位	0.5	1.0	2.0
19	总锌	一切排污单位	2.0	5.0	5.0
20	总锰	合成脂肪酸工业 其他排污单位	2.0 2.0	5.0 2.0	5.0 5.0
21	彩色显影剂	电影洗片	1.0	2.0	3.0
22	显影剂及氧化物总量	电影洗片	3.0	3.0	6.0
23	元素磷	一切排污单位	0.1	0.1	0.3
24	有机磷农药（以P计）	一切排污单位	不得检出	0.5	0.5
25	乐果	一切排污单位	不得检出	1.0	2.0
26	对硫磷	一切排污单位	不得检出	1.0	2.0
27	甲基对硫磷	一切排污单位	不得检出	1.0	2.0
28	马拉硫磷	一切排污单位	不得检出	5.0	10
29	五氯酚及五氯酚钠（以五氯酚计）	一切排污单位	5.0	8.0	10
30	可吸附有机卤化物（AOX）（以Cl计）	一切排污单位	1.0	5.0	8.0
31	三氯甲烷	一切排污单位	0.3	0.6	1.0

序号	污 染 物	适用范围	一级标准	二级标准	三级标准
32	四氯化碳	一切排污单位	0.03	0.06	0.5
33	三氯乙烯	一切排污单位	0.3	0.6	1.0
34	四氯乙烯	一切排污单位	0.1	0.2	0.5
35	苯	一切排污单位	0.1	0.2	0.5
36	甲苯	一切排污单位	0.1	0.2	0.5
37	乙苯	一切排污单位	0.4	0.6	1.0
38	邻二甲苯	一切排污单位	0.4	0.6	1.0
39	对二甲苯	一切排污单位	0.4	0.6	1.0
40	间二甲苯	一切排污单位	0.4	0.6	1.0
41	氯苯	一切排污单位	0.2	0.4	1.0
42	邻二氯苯	一切排污单位	0.4	0.6	1.0
43	对二氯苯	一切排污单位	0.4	0.6	1.0
44	对硝基氯苯	一切排污单位	0.5	1.0	5.0
45	2,4-二硝基氯苯	一切排污单位	0.5	1.0	5.0
46	苯酚	一切排污单位	0.3	0.4	1.0
47	间甲酚	一切排污单位	0.1	0.2	0.5
48	2,4-二氯酚	一切排污单位	0.6	0.8	1.0
49	2,4,6-三氯酚	一切排污单位	0.6	0.8	1.0
50	邻苯二甲酸二丁酯	一切排污单位	0.2	0.4	2.0
51	邻苯二甲酸二辛酯	一切排污单位	0.3	0.6	2.0
52	丙烯腈	一切排污单位	2.0	5.0	5.0
53	总硒	一切排污单位	0.1	0.2	0.5
54	粪大肠菌群数	医院[①]、兽医院及医疗机构含病原体污水 传染病、结核病医院污水	500 个/L 100 个/L	1000 个/L 500 个/L	5000 个/L 1000 个/L
55	总余氯（采用氯化消毒的医院污水）	医院[①]、兽医院及医疗机构含病原体污水 传染病、结核病医院污水	<0.5[②] ＜0.5[②]	>3（接触时间≥1h） >6.5（接触时间≥1.5h）	>2（接触时间≥1h） >5（接触时间≥1.5h）
56	总有机碳（TOC）	合成脂肪工业 苎麻脱胶工业 其他排污单位	20 20 20	40 60 30	— — —

①和②同附表 5-2。

附录5 弱酸、弱碱在水中的离解常数（25℃）

弱酸	化学式	K_a	pK_a	弱酸	化学式	K_a	pK_a
硼酸	H_3BO_3	$5.8\times10^{-10}\,(K_{a_1})$	9.24		H_4Y	$8.5\times10^{-3}\,(K_{a_3})$	2.07
碳酸	H_2CO_3	$4.2\times10^{-7}\,(K_{a_1})$	6.38		H_3Y^-	$1.77\times10^{-3}\,(K_{a_4})$	2.75
		$5.6\times10^{-11}\,(K_{a_2})$	10.25		H_2Y^{2-}	$5.75\times10^{-7}\,(K_{a_5})$	6.24
铬酸	H_2CrO_4	$1.8\times10^{-1}\,(K_{a_1})$	0.74		HY^{3-}	$4.57\times10^{-11}\,(K_{a_6})$	10.34
		$3.2\times10^{-7}\,(K_{a_2})$	6.50	邻苯二甲酸	$C_8H_6O_4$	$1.12\times10^{-3}\,(K_{a_1})$	2.95
次氯酸	$HClO$	3.2×10^{-8}	7.49			$3.9\times10^{-6}\,(K_{a_2})$	5.41
氢氰酸	HCN	4.9×10^{-10}	9.31	丁二酸	$HOOCCH_2COOH$	$6.2\times10^{-5}\,(K_{a_1})$	4.21
氰酸	$HCNO$	3.3×10^{-4}	3.48			$2.3\times10^{-6}\,(K_{a_2})$	5.64
氢氟酸	HF	6.6×10^{-4}	3.18	顺-丁烯二酸	$HOOC(CH)_2COOH$	$1.2\times10^{-2}\,(K_{a_1})$	1.91
亚硝酸	HNO_2	5.1×10^{-4}	3.29			$4.7\times10^{-7}\,(K_{a_2})$	6.33
过氧化氢	H_2O_2	1.8×10^{-12}	11.75	反-丁烯二酸	$HOOC(CH)_2COOH$	$8.9\times10^{-4}\,(K_{a_1})$	3.05
磷酸	H_3PO_4	$7.5\times10^{-3}\,(K_{a_1})$	2.12			$3.2\times10^{-5}\,(K_{a_2})$	4.49
		$6.3\times10^{-8}\,(K_{a_2})$	7.2	邻苯二酚	$C_6H_6O_2$	$4.0\times10^{-10}\,(K_{a_1})$	9.4
		$4.4\times10^{-13}\,(K_{a_3})$	12.36			$2\times10^{-13}\,(K_{a_2})$	12.8
氢硫酸	H_2S	$1.3\times10^{-7}\,(K_{a_1})$	6.89	磺基水杨酸	$C_3H_3OHCOOHO_3S^-$	$4.7\times10^{-3}\,(K_{a_1})$	2.33
		$7.1\times10^{-15}\,(K_{a_2})$	14.15			$4.8\times10^{-12}\,(K_{a_2})$	11.32
硫酸	H_2SO_4	$1.2\times10^{-2}\,(K_{a_2})$	1.92	柠檬酸	$(HOOC)_3(CH_2)_2C(OH)$	$7.4\times10^{-4}\,(K_{a_1})$	3.13
亚硫酸	H_2SO_3	$1.3\times10^{-2}\,(K_{a_1})$	1.89			$1.8\times10^{-5}\,(K_{a_2})$	4.74
	(SO_2+H_2O)	$6.3\times10^{-8}\,(K_{a_2})$	7.2			$4.0\times10^{-7}\,(K_{a_3})$	6.4
硫代硫酸	$H_2S_2O_3$	$2.3\,(K_{a_1})$	0.6	苯甲酸	C_6H_5COOH	6.2×10^{-5}	4.21
		$3\times10^{-2}\,(K_{a_2})$	1.6	氨水	$NH_3\cdot H_2O$	1.8×10^{-5}	4.74
偏硅酸	H_2SiO_3	$1.7\times10^{-10}\,(K_{a_1})$	9.77	联氨	H_2NNH_2	$3.0\times10^{-6}\,(K_{b_1})$	5.52
		$1.6\times10^{-12}\,(K_{a_2})$	11.8			$7.6\times10^{-15}\,(K_{b_2})$	14.12
甲酸	$HCOOH$	1.7×10^{-4}	3.77	羟胺	NH_2OH	9.1×10^{-9}	8.04
乙酸	CH_3COOH	1.7×10^{-5}	4.77	甲胺	CH_3NH_2	4.2×10^{-4}	3.38
丙酸	C_2H_5COOH	1.3×10^{-5}	4.87	乙胺	$C_2H_5NH_2$	4.3×10^{-4}	3.37
丁酸	C_3H_7COOH	1.5×10^{-5}	4.82	丁胺	$C_4H_9NH_2$	4.4×10^{-4}	3.36
戊酸	C_4H_9COOH	1.4×10^{-5}	4.84	乙醇胺	$HOC_2H_4NH_2$	3.2×10^{-5}	4.5
羟基乙酸	$CH_2OHCOOH$	1.5×10^{-4}	3.83	三乙醇胺	$(HOC_2H_4)N$	5.8×10^{-7}	6.24
一氯乙酸	$CH_2ClCOOH$	1.4×10^{-3}	2.86	二甲胺	$(CH_3)_2NH$	5.9×10^{-4}	3.23
二氯乙酸	$CHCl_2COOH$	5.0×10^{-2}	1.3	二乙胺	$(C_2H_5)_2NH$	8.5×10^{-4}	3.07
三氯乙酸	CCl_3COOH	0.23	0.64	三乙胺	$(C_2H_5)_3N$	5.2×10^{-4}	3.29
乳酸	$CH_3CHOHCOOH$	1.4×10^{-4}	3.86	苯胺	$C_6H_5NH_2$	4.0×10^{-10}	9.4
氨基乙酸盐	$^+NH_3CH_2COOH$	$4.5\times10^{-3}\,(K_{a_1})$	2.35	邻甲苯胺	$C_7H_7NH_2$	2.8×10^{-10}	9.55
		$1.7\times10^{-10}\,(K_{a_2})$	9.77	对甲苯胺	$C_7H_7NH_2$	1.2×10^{-9}	8.92
水杨酸	$C_6H_4OHCOOH$	$1.1\times10^{-3}\,(K_{a_1})$	2.97	六亚甲基四胺	$(CH_2)_6N_4$	1.4×10^{-9}	8.85
		$1.8\times10^{-14}\,(K_{a_2})$	13.74	咪唑	C_3H_3NNH	9.8×10^{-8}	7.01
草酸	$H_2C_2O_4$	$5.9\times10^{-2}\,(K_{a_1})$	1.23	吡啶	C_5H_5N	1.8×10^{-9}	8.74
		$6.4\times10^{-5}\,(K_{a_2})$	4.19	哌啶	$C_5H_{10}NH$	1.3×10^{-3}	2.88
酒石酸	$HOOC(CHOH)_2COOH$	$9.1\times10^{-4}\,(K_{a_1})$	3.04	喹啉	C_9H_7N	7.6×10^{-10}	9.12
		$4.3\times10^{-5}\,(K_{a_2})$	4.37	乙二胺	$H_2N(CH_2)_2NH_2$	$8.5\times10^{-5}\,(K_{b_1})$	4.07
苯酚	C_6H_5OH	1.1×10^{-10}	9.95			$7.1\times10^{-8}\,(K_{b_2})$	7.15
乙二胺四乙酸	H_6Y^{2+}	$0.13\,(K_{a_1})$	0.9	8-羟基喹啉	C_9H_6NOH	$6.5\times10^{-5}\,(K_{b_1})$	4.19
	H_5Y^+	$2.5\times10^{-2}\,(K_{a_2})$	1.6			$8.1\times10^{-10}\,(K_{b_2})$	9.09

附录 6 配合物的稳定常数 (18~25℃)

配 位 体	阳 离 子	n	$\lg\beta_n$	I
NH₃	Ag^+	1,2	3.32;7.23	0.1
	Zn^{2+}	1,…,4	2.27;4.61;7.01;9.06	0.1
	Cu^{2+}	1,…,4	4.15;7.63;10.53;12.67	2
	Ni^{2+}	1,…,6	2.80;5.04;6.77;7.96;8.71;8.74	2
	Co^{3+}	1,…,6	6.7;14.0;20.1;25.7;30.8;35.2	2
Cl⁻	Sb^{3+}	1,…,6	2.26;3.49;4.18;4.72;4.72;4.11	4
	Ag^+	1,…,4	3.04;5.04;5.04;5.30	0
	Hg^{2+}	1,…,4	6.74;13.22;14.07;15.07	0.5
I⁻	Cd^{2+}	1,…,4	2.10;3.43;4.49;5.41	0
	Pb^{2+}	1,…,4	2.00;3.15;3.92;4.47	0
	Ag^+	1,…,3	6.58;11.74;13.68	0
	Hg^{2+}	1,…,4	12.87;23.82;27.60;29.83	0.5
F⁻	Al^{3+}	1,…,6	6.13;11.15;15.00;17.75;19.37;19.84	0.5
	Fe^{3+}	1,…,6	5.2;9.2;11.9;—;15.77;—	0.5
	Th^{4+}	1,…,3	7.65;13.46;17.97	0.5
	TiO^{2+}	1,…,4	5.4;9.8;13.7;18.0	3
	ZrO^{2+}	1,…,3	8.80;16.12;21.94	2
CN⁻	Ag^+	1,…,4	—;21.1;21.7;20.6	0
	Cd^{2+}	1,…,4	5.48;10.60;15.23;18.78	3
	Co^{2+}	6	19.09	0
	Fe^{2+}	6	35	0
	Fe^{3+}	6	42	0
	Hg^{2+}	4	41.4	0
	Ni^{2+}	4	31.3	0.1
	Zn^{2+}	4	16.7	0.1
磷酸	Fe^{3+}		9.35	0.66
SCN⁻	Ag^+	1,…,4	—;7.57;9.08;10.08	2.2
	Fe^{3+}	1,…,5	2.3;4.2;5.6;6.4;6.4	不定
	Hg^{2+}	1,…,4	—;16.1;19.0;20.9	1
$S_2O_3^{2-}$	Ag^+	1,…,3	8.82;13.46;14.15	0
	Hg^{2+}	1,…,4	—;29.86;32.26;33.61	0
乙酰丙酮	Al^{3+}	1,…,3	8.60;15.5;21.30	0
	Cu^{2+}	1,2	8.27;16.84	0
	Fe^{2+}	1,2	5.07;8.67	0
	Fe^{3+}	1,…,3	11.4;22.1;26.7	0
	Ni^{2+}	1,…,3	6.06;10.77;13.09	0
	Zn^{2+}	1,2	4.98;8.81	0

配 位 体	阳 离 子	n	$\lg\beta_n$	I
柠檬酸	Al^{3+}		7.0;20.0;30.6	0.5
	Ca^{2+}		3.5;8.4;10.9	
	Cu^{2+}		6.1;12.0;18.0	0.5
	Fe^{2+}		3.1;7.3;15.5	0.5
柠檬酸	Fe^{3+}		10.9;12.2;25.0	0.5
	Ni^{2+}		4.8;9.0;14.3	0.5
	Zn^{2+}		4.5;8.7;11.4	0.5
草酸	Al^{3+}	1,…,3	7.26;13.0;16.3	0
	Co^{2+}	1,…,3	4.79;6.7;9.7	0.5
	Co^{3+}	3	约20	
	Fe^{2+}	1,…,3	2.9;4.52;5.22	0.5~1
	Fe^{3+}	1,…,3	9.4;16.2;20.2	0
	Mn^{3+}	1,…,3	9.98;16.57;19.42	2
	Ni^{2+}	1,…,3	5.3;7.64;8.5	0.1
	TiO^{2+}	1,2	6.6;9.9	2
	Zn^{2+}	1,…,3	4.89;7.60;8.15	0.5
	Cu^{2+}	1,2	4.5;8.9	0.5
磺基水杨酸	Al^{3+}	1,…,3	13.2;22.83;28.89	0.1
	Cd^{2+}	1,2	16.68;29.08	0.25
	Co^{2+}	1,2	6.13;9.82	0.1
	Cr^{3+}	1	9.56	0.1
	Cu^{2+}	1,2	9.52;16.45	0.1
	Fe^{2+}	1,2	5.90;9.90	1~0.5
	Fe^{3+}	1,…,3	14.64;25.18;32.12	0.25
	Mn^{2+}	1,2	5.24;8.24	0.1
	Ni^{2+}	1,2	6.42;10.24	0.1
	Zn^{2+}	1,2	6.05;10.65	0.1
酒石酸	Cu^{2+}	1,…,4	3.2;5.11;4.78;6.51	1
	Fe^{3+}	3	7.49	0
	Ca^{2+}	1,2	2.98;9.01	0.5
	Mg^{2+}	1	1.2	0.5
	Zn^{2+}	1,2	2.4;8.32	0.5
乙二胺	Ag^+	1,2	4.70;7.70	0.1
	Cd^{2+}	1,…,3	5.47;10.09;12.09	0.5
	Co^{2+}	1,…,3	5.91;10.64;13.94	1
	Co^{3+}	1,…,3	18.70;34.90;48.69	1
	Cu^{2+}	1,…,3	10.67;20.00;21.0	1
	Fe^{2+}	1,…,3	4.34;7.65;9.70	1.4
	Hg^{2+}	1,2	14.30;23.3	0.1
	Mn^{2+}	1,…,3	2.73;4.79;5.67	1
	Ni^{2+}	1,…,3	7.52;13.80;18.06	1
	Zn^{2+}	1,…,3	5.77;10.83;14.11	1
硫脲	Ag^+	1,2	7.4;13.1	
	Cu^{2+}	3,4	13;15.4	
	Hg^{2+}	2,3,4	22.1;24.7;26.8	

附录 7 难溶化合物的溶度积（18~25℃）

难溶化合物	K_{sp}	pK_{sp}	难溶化合物	K_{sp}	pK_{sp}
AgBr	4.95×10^{-13}	12.30	FeS	6×10^{-18}	17.2
AgCl	1.77×10^{-10}	9.75	$Fe(OH)_3$	3.5×10^{-38}	37.46
Ag_2CrO_4	2.0×10^{-12}	11.71	$FePO_4$	1.3×10^{-22}	21.89
AgOH	1.9×10^{-8}	7.71	Hg_2Cl_2	1.3×10^{-18}	17.88
AgI	8.3×10^{-17}	16.08	HgO	2.0×10^{-26}	25.52
Ag_2SO_4	1.58×10^{-5}	4.80	HgS(黑)	2×10^{-52}	51.7
AgSCN	1.07×10^{-12}	11.97	HgS(红)	4×10^{-53}	52.4
AgCN	1.2×10^{-16}	15.92	$MgCO_3$	3.5×10^{-8}	7.46
$Ag_2C_2O_4$	1×10^{-11}	11.0	$MgNH_4PO_4$	2×10^{-13}	12.7
Ag_3PO_4	1.45×10^{-16}	15.34	MgF_2	6.4×10^{-9}	8.19
Ag_2S	6×10^{-50}	49.2	$Mg(OH)_2$	1.8×10^{-11}	10.74
$Al(OH)_3$	1.3×10^{-33}	32.34	$MnCO_3$	5×10^{-10}	9.30
$BaCrO_4$	1.17×10^{-10}	9.93	$Mn(OH)_2$	1.9×10^{-13}	12.72
$BaCO_3$	4.9×10^{-9}	8.31	MnS(无定形)	2×10^{-10}	9.7
$BaSO_4$	1.07×10^{-10}	9.97	MnS(晶形)	2×10^{-13}	12.7
BaC_2O_4	1.6×10^{-7}	6.79	$NiCO_3$	6.6×10^{-9}	8.18
BaF_2	1.05×10^{-6}	5.98	$Ni(OH)_2$新析出	2×10^{-15}	14.7
$CaCO_3$	3.8×10^{-9}	8.42	NiSα 型	3×10^{-19}	18.5
CaF_2	3.4×10^{-11}	10.47	NiSβ 型	1×10^{-24}	24.0
CaC_2O_4	2.3×10^{-9}	8.64	NiSγ 型	2×10^{-26}	25.7
$Ca_3(PO_4)_2$	1×10^{-26}	26.0	$PbCO_3$	7.4×10^{-14}	13.13
$CaSO_4$	9.1×10^{-6}	5.04	$PbCl_2$	1.6×10^{-5}	4.79
$CdCO_3$	3×10^{-14}	13.5	$PbCrO_4$	2.8×10^{-13}	12.55
CdC_2O_4	1.51×10^{-8}	7.82	$Pb(OH)_2$	1.2×10^{-15}	14.93
$Cd(OH)_2$新析出	2.5×10^{-14}	13.60	PbI_2	6.5×10^{-9}	8.19
CdS	8×10^{-27}	26.1	$PbSO_4$	1.6×10^{-8}	7.79
$CoCO_3$	1.4×10^{-13}	12.84	PbS	3×10^{-27}	26.6
$Co(OH)_2$新析出	2×10^{-15}	14.8	$Pb(OH)_4$	3×10^{-66}	65.5
$Co(OH)_3$	2×10^{-44}	43.7	$SrCO_3$	1.1×10^{-10}	9.96
CoSα 型	4×10^{-21}	20.4	$SrSO_4$	3×10^{-7}	6.5
CoSβ 型	2×10^{-25}	24.7	SrC_2O_4	5.6×10^{-8}	7.25
$Cr(OH)_3$	6×10^{-31}	30.2	$Sn(OH)_2$	8×10^{-29}	28.1
CuI	1.10×10^{-12}	11.96	SnS	1×10^{-25}	25.0
$CuCO_3$	1.4×10^{-10}	9.86	$TiO(OH)_2$	1×10^{-29}	29.0
CuS	6×10^{-36}	35.2	$ZnCO_3$	1.7×10^{-11}	10.78
$Cu(OH)_2$	2.2×10^{-20}	19.66	$Zn(OH)_2$	2.1×10^{-16}	15.68
$FeCO_3$	3.2×10^{-11}	10.50	ZnSα 型	2×10^{-24}	23.7
$Fe(OH)_2$	8×10^{-16}	15.1	ZnSβ 型	2×10^{-22}	21.7

附录 8　标准电极电位或条件电极电位（25℃）

元　素	半　反　应	标准或条件电极电位/V	溶液组成
Ag	$Ag^+ + e^- = Ag_{(固)}$	0.7994	0
	$[Ag(NH_3)_2]^+ + e^- = Ag_{(固)} + 2NH_3$	0.373	0
	$AgCl_{(固)} + e^- = Ag_{(固)} + Cl^-$	0.222	0
Al	$Al^{3+} + 3e^- = Al_{(固)}$	−1.66	0
	$[AlF_6]^{3-} + 3e^- = Al + 6F^-$	−2.07	0
	$Al(OH)_4^- + 3e^- = Al + 4OH^-$	−2.33	0
As	$H_3AsO_4 + 2H^+ + 2e^- = HAsO_2 + 2H_2O$	0.559	0
	$AsO_4^{3-} + 2H_2O + 2e^- = AsO_2^- + 4OH^-$	−0.67	0
	$AsO_2^- + 2H_2O + 3e^- = As_{(固)} + 4OH^-$	−0.68	0
	$H_3AsO_3 + 3H^+ + 3e^- = As_{(固)} + 3H_2O$	0.248	0
	$As_2O_3 + 6H^+ + 6e^- = 2As_{(固)} + 3H_2O$	0.234	0
	$As + 3H^+ + 3e^- = AsH_{3(气)}$	−0.54	0
Br	$BrO_3^- + 6H^+ + 6e^- = Br^- + 3H_2O$	1.44	0
	$BrO_3^- + 6H^+ + 5e^- = \frac{1}{2}Br_2 + 3H_2O$	1.52	0
	$BrO_3^- + 3H_2O + 6e^- = Br^- + 6OH^-$	0.61	0
	$Br_{2(水)} + 2e^- = 2Br^-$	1.087	0
C	$2CO_2 + 2H^+ + 2e^- = H_2C_2O_4$	−0.49	0
	$CNO^- + H_2O + 2e^- = CN^- + 2OH^-$	−0.97	0
	$HCHO + 2H^+ + 2e^- = CH_3OH$	0.23	0
Cd	$[Cd(NH_3)_4]^{2+} + 2e^- = Cd_{(固)} + 4NH_3$	−0.61	0
	$[Cd(CN)_4]^{2-} + 2e^- = Cd_{(固)} + 4CN^-$	−1.09	0
	$Cd^{2+} + 2e^- = Cd_{(固)}$	−0.403	0
Ce	$Ce^{4+} + 3e^- = Ce^{3+}$	1.28	1mol/L HCl
		1.61	1mol/L HNO_3
		1.44	0.5mol/L H_2SO_4
	$Ce^{3+} + 3e^- = Ce_{(固)}$	−2.48	0
Cl	$ClO_4^- + 2H^+ + 2e^- = ClO_3^- + H_2O$	1.19	0
	$ClO_3^- + 2H^+ + e^- = ClO_2 + H_2O$	1.15	0
	$ClO_3^- + 6H^+ + 6e^- = Cl^- + H_2O$	1.45	0

元 素	半 反 应	标准或条件电极电位/V	溶液组成
Cl	$HClO+H^++2e^- \rightleftharpoons Cl^-+H_2O$	1.49	0
	$ClO^-+H_2O+2e^- \rightleftharpoons Cl^-+2OH^-$	0.89	0
	$Cl_{2(气)}+2e^- \rightleftharpoons Cl^-$	1.3595	0
	$ClO_2+4H^++5e^- \rightleftharpoons Cl^-+2H_2O$	1.95	0
Co	$Co^{3+}+e^- \rightleftharpoons Co^{2+}$	1.95	0
	$[Co(CN)_6]^{3-}+e^- \rightleftharpoons [Co(CN)_6]^{4-}$	−0.83	0
Cr	$Cr_2O_7^{2-}+14H^++6e^- \rightleftharpoons 2Cr^{3+}+7H_2O$	1.33	0
		0.93	0.1mol/L HCl
		1.08	3mol/L HCl
		0.84	0.1mol/L HClO₄
		1.025	1mol/L HClO₄
	$CrO_4^{2-}+2H_2O+3e^- \rightleftharpoons CrO_2^-+4OH^-$	−0.12	1mol/L NaOH
Cu	$Cu^{2+}+2e^- \rightleftharpoons Cu_{(固)}$	0.337	0
	$Cu^{2+}+I^-+e^- \rightleftharpoons CuI$	0.87	0
	$Cu(edta)^{2-}+2e^- \rightleftharpoons Cu_{(固)}+edta^{4-}$	0.13	0.1mol/L EDTA,pH 为 4～5
F	$F_{2(气)}+2e^- \rightleftharpoons 2F^-$	2.87	0
	$F_{2(气)}+2H^++2e^- \rightleftharpoons 2HF$	3.06	0
Fe	$Fe^{3+}+e^- \rightleftharpoons Fe^{2+}$	0.771	0
		0.64	5mol/L HCl
		0.674	0.5mol/L H₂SO₄
		0.46	2mol/L H₃PO₄
		−0.68	10mol/L NaOH
	$Fe^{3+}+3e^- \rightleftharpoons Fe_{(固)}$	−0.036	0
		0.747	1mol/L HClO₄
		0.438	1mol/L H₃PO₄
	$[Fe(CN)_6]^{3-}+e^- \rightleftharpoons [Fe(CN)_6]^{4-}$	0.36	0
	$Fe(edta)^-+e^- \rightleftharpoons Fe(edta)^{2-}$	0.12	0.1mol/L EDTA,pH 为 4～6
	$Fe^{2+}+2e^- \rightleftharpoons Fe_{(固)}$	−0.440	0
	$Fe(OH)_3+e^- \rightleftharpoons Fe(OH)_2+OH^-$	−0.56	0
H	$2H^++2e^- \rightleftharpoons H_{2(气)}$	0.000	0
	$2H_2O+2e^- \rightleftharpoons H_{2(气)}+2OH^-$	−0.828	0
Hg	$Hg_2Cl_{2(固)}+2e^- \rightleftharpoons 2Hg_{(液)}+2Cl^-$	0.2676	0

元 素	半 反 应	标准或条件电极电位/V	溶液组成
Hg		0.334	0.1mol/L KCl
		0.281	1mol/L KCl
		0.241	饱和 KCl
	$Hg^{2+}+2e^-\!\!=\!\!Hg_{(液)}$	0.854	0
	$2HgCl_2+2e^-\!\!=\!\!Hg_2Cl_{2(固)}+2Cl^-$	0.63	0
I	$IO_3^-+6H^++5e^-\!\!=\!\!\frac{1}{2}I_2+3H_2O$	1.20	0
	$HIO+H^++e^-\!\!=\!\!\frac{1}{2}I_2+H_2O$	1.45	0
	$I_3^-+2e^-\!\!=\!\!3I^-$	0.5446	0.5mol/L H_2SO_4
	$I_{2(液)}+2e^-\!\!=\!\!2I^-$	0.6276	0.5mol/L H_2SO_4
	$I_{2(固)}+2e^-\!\!=\!\!2I^-$	0.5345	0
K	$K^++e^-\!\!=\!\!K$	-2.92	0
La	$La^{3+}+3e^-\!\!=\!\!La$	-2.52	0
Li	$Li^++e^-\!\!=\!\!Li$	-3.045	0
Mg	$Mg^{2+}+2e^-\!\!=\!\!Mg$	-2.375	0
Mn	$MnO_4^-+e^-\!\!=\!\!MnO_4^{2-}$	0.564	0
	$MnO_4^-+4H^++3e^-\!\!=\!\!MnO_{2(固)}+2H_2O$	1.695	0
		1.65	0.5mol/L H_2SO_4
		1.60	1mol/L HNO_3 或 1mol/L $HClO_4$
	$MnO_4^-+2H_2O+3e^-\!\!=\!\!MnO_{2(固)}+4OH^-$	0.588	0
	$MnO_4^-+8H^++5e^-\!\!=\!\!Mn^{2+}+4H_2O$	1.51	0
	$MnO_{2(固)}+4H^++2e^-\!\!=\!\!Mn^{2+}+2H_2O$	1.23	0
	$Mn^{3+}+e^-\!\!=\!\!Mn^{2+}$	1.50	7.5mol/L H_2SO_4
	$Mn(OH)_{2(固)}+2e^-\!\!=\!\!Mn_{(固)}+2OH^-$	-1.15	0
	$Mn^{2+}+e^-\!\!=\!\!Mn$	-1.18	0
N	$NO_3^-+H_2O+2e^-\!\!=\!\!NO_2^-+2OH^-$	0.01	0
	$NO_3^-+2H^++e^-\!\!=\!\!NO_{2(气)}+H_2O$	0.80	0
	$NO_3^-+3H^++2e^-\!\!=\!\!HNO_2+H_2O$	0.94	0
	$NO_3^-+4H^++3e^-\!\!=\!\!NO_{(气)}+2H_2O$	0.96	0
	$NO_3^-+10H^++8e^-\!\!=\!\!NH_4^++3H_2O$	0.87	0
	$HNO_2+H^++e^-\!\!=\!\!NO_{(气)}+H_2O$	1.00	0

元　素	半　反　应	标准或条件电极电位/V	溶液组成
N	$N_2+8H^++6e^-\Longrightarrow 2NH_4^+$	0.26	0
	$2HNO_2+4H^++4e^-\Longrightarrow N_2O+3H_2O$	1.27	0
Ni	$Ni^{2+}+2e^-\Longrightarrow Ni$	-0.23	0
O	$O_2+2H_2O+4e^-\Longrightarrow 4OH^-$	0.401	0
	$O_2+2H^++2e^-\Longrightarrow H_2O_2$	0.68	0
	$O_2+4H^++2e^-\Longrightarrow 2H_2O$	1.229	0
	$H_2O_2+2H^++2e^-\Longrightarrow 2H_2O$	1.776	0
	$O_3+2H^++2e^-\Longrightarrow O_2+H_2O$	2.07	0
S	$SO_4^{2-}+H_2O+2e^-\Longrightarrow SO_3^{2-}+2OH^-$	-0.93	0
	$2SO_3^{2-}+3H_2O+4e^-\Longrightarrow S_2O_3^{2-}+6OH^-$	-0.58	0
	$S_{(固)}+2H^++2e^-\Longrightarrow H_2S_{(气)}$	0.141	0
	$SO_4^{2-}+4H^++2e^-\Longrightarrow H_2SO_3+H_2O$	0.17	0
	$S_4O_6^{2-}+2e^-\Longrightarrow 2S_2O_3^{2-}$	0.08	0
	$S_2O_8^{2-}+2e^-\Longrightarrow 2SO_4^{2-}$	2.04	0
Sn	$Sn(OH)_6^{2-}+2e^-\Longrightarrow HSnO_2^-+3OH^-+H_2O$	-0.93	0
	$HSnO_2^-+H_2O+2e^-\Longrightarrow Sn_{(固)}+3OH^-$	-0.91	0
Sn	$Sn^{2+}+2e^-\Longrightarrow Sn_{(固)}$	-0.14	0
	$Sn^{4+}+2e^-\Longrightarrow Sn^{2+}$	0.154	0
		0.139	1mol/L HCl
		0.13	2mol/L HCl
	$SnCl_4^{2-}+2e^-\Longrightarrow Sn_{(固)}+4Cl^-$	-1.9	1mol/L HCl
Ti	$Ti^{4+}+e^-\Longrightarrow Ti^{3+}$	-0.05	1mol/L H_3PO_4
		-0.15	5mol/L H_3PO_4
		-0.04	1mol/L HCl
		-0.01	0.2mol/L H_2SO_4
		0.12	2mol/L H_2SO_4
	$TiO^{2+}+2H^++e^-\Longrightarrow Ti^{3+}+H_2O$	0.1	0
Zn	$Zn^{2+}+2e^-\Longrightarrow Zn_{(固)}$	-0.763	0
	$Zn(NH_3)_4^{2+}+2e^-\Longrightarrow Zn_{(固)}+4NH_3$	-1.04	0
	$Zn(CN)_4^{2-}+2e^-\Longrightarrow Zn_{(固)}+4CN^-$	-1.26	0

　　注：附录 8 中所列元素及化合物是按元素符号字母的顺序排列，在溶液组成的项目中用"0"表示的为标准电位，其他数据为条件电位。

附录 9　常用基准物质及其干燥条件

基准物质		干燥后组成	干燥条件/℃
名　称	化 学 式		
碳酸氢钠	$NaHCO_3$	Na_2CO_3	270～300
碳酸钠	$Na_2CO_3 \cdot 10H_2O$	Na_2CO_3	270～300
硼砂	$Na_2B_4O_7 \cdot 10H_2O$	$Na_2B_4O_7 \cdot 10H_2O$	放在含 $NaCl$ 和蔗糖饱和液的干燥器中
碳酸氢钾	$KHCO_3$	K_2CO_3	270～300
草酸	$H_2C_2O_4 \cdot 2H_2O$	$H_2C_2O_4 \cdot 2H_2O$	室温空气干燥
邻苯二甲苯氢钾	$KHC_8H_4O_4$	$KHC_8H_4O_4$	110～120
重铬酸钾	$K_2Cr_2O_7$	$K_2Cr_2O_7$	140～150
碘酸钾	KIO_3	KIO_3	130
草酸钠	$Na_2C_2O_4$	$Na_2C_2O_4$	130
碳酸钙	$CaCO_3$	$CaCO_3$	110
锌	Zn	Zn	室温干燥器中
氧化锌	ZnO	ZnO	900～1000
硫酸锌	$ZnSO_4 \cdot 7H_2O$	$ZnSO_4$	400～700
氯化钠	$NaCl$	$NaCl$	500～600
氯化钾	KCl	KCl	500～600
硝酸银	$AgNO_3$	$AgNO_3$	280～290
氨基磺酸	$HOSO_2NH_2$	$HOSO_2NH_2$	在真空 H_2SO_4 干燥器中保存 48h

附录 10　常用酸碱的相对密度、质量分数和浓度

试剂名称	化 学 式	相对密度	质量分数/%	浓度/(mol/L)
盐酸	HCl	1.18～1.19	36～38	11.6～12.4
硝酸	HNO_3	1.39～1.40	65.0～68.0	14.4～15.2
硫酸	H_2SO_4	1.83～1.84	95～98	17.8～18.4
磷酸	H_3PO_4	1.69	85	14.6
高氯酸	$HClO_4$	1.68	70.0～72.0	11.7～12.0
冰醋酸	CH_3COOH	1.05	99.8（优级纯） 99.0（分析纯，化学纯）	17.4
氢氟酸	HF	1.13	40	22.5
氢溴酸	HBr	1.49	47.0	8.6
氨水	$NH_3 \cdot H_2O$	0.88～0.90	25.0～28.0	13.3～14.3

附录 11 国际原子量表

按元素符号的字母顺序排列

元素 符号	名称	原子量	元素 符号	名称	原子量	元素 符号	名称	原子量
Ac	锕	[227]	Ge	锗	72.64	Pr	镨	140.9
Ag	银	107.9	H	氢	1.008	Pt	铂	195.1
Al	铝	26.98	He	氦	4.003	^{239}Pu	钚	[244]
^{243}Am	镅	[243]	Hf	铪	178.5	Ra	镭	[226]
Ar	氩	39.95	Hg	汞	200.6	Rb	铷	85.47
As	砷	74.92	Ho	钬	164.9	Re	铼	186.2
^{210}At	砹	[210]	I	碘	126.9	Rh	铑	102.9
Au	金	197.0	In	铟	114.8	^{222}Rn	氡	[222]
B	硼	10.81	Ir	铱	192.2	Ru	钌	101.1
Ba	钡	137.3	K	钾	39.10	S	硫	32.06
Be	铍	9.012	Kr	氪	83.80	Sb	锑	121.8
Bi	铋	209.0	La	镧	138.9	Sc	钪	44.96
Bk	锫	[247]	Li	锂	6.941	Se	硒	78.96
Br	溴	79.90	Lr	铹	[262]	Si	硅	28.09
C	碳	12.01	Lu	镥	175.0	Sm	钐	150.4
Ca	钙	40.08	Md	钔	[258]	Sn	锡	118.7
Cd	镉	112.4	Mg	镁	24.31	Sr	锶	87.62
Ce	铈	140.1	Mn	锰	54.94	Ta	钽	180.9
^{252}Cf	锎	[251]	Mo	钼	95.94	Tb	铽	158.9
Cl	氯	35.45	N	氮	14.01	Tc	锝	98.91
^{247}Cm	锔	[247]	Na	钠	22.99	Te	碲	127.6
Co	钴	58.93	Nb	铌	92.91	Th	钍	232.0
Cr	铬	52.00	Nd	钕	144.2	Ti	钛	47.87
Cs	铯	132.9	Ne	氖	20.18	Tl	铊	204.4
Cu	铜	63.55	^{59}Ni	镍	58.69	Tm	铥	168.9
Dy	镝	162.5	No	锘	[259]	U	铀	238.0
Er	铒	167.3	Np	镎	[237]	V	钒	50.94
^{252}Es	锿	[252]	O	氧	16.00	W	钨	183.8
Eu	铕	152.0	Os	锇	190.2	Xe	氙	131.3
F	氟	19.00	P	磷	30.97	Y	钇	88.91
Fe	铁	55.85	^{231}Pa	镤	231.0	Yb	镱	173.0
^{257}Fm	镄	[257]	Pb	铅	207.2	Zn	锌	65.41
^{223}Fr	钫	[223]	Pd	钯	106.4	Zr	锆	91.22
Ga	镓	69.72	^{145}Pm	钷	[144]			
Gd	钆	157.3	^{210}Po	钋	[209]			

注：原子量录自 2001 年国际原子量表，不包括人工元素。全部取 4 位有效数字。

参考文献

[1] 黄君礼，吴明松．水分析化学 [M]．4 版．北京：中国建筑工业出版社，2013.

[2] 王萍．水分析技术 [M]．北京：中国建筑工业出版社，2000.

[3] 武汉大学．分析化学 [M]．6 版．北京：高等教育出版社，2016.

[4] 王有志．水质分析从入门到精通 [M]．北京：化学工业出版社，2022.

[5] 建设部人事教育司组织．污水化验监测工 [M]．北京：中国建筑工业出版社，2005.

[6] 何燧源．环境污染物分析监测 [M]．北京：化学工业出版社，2001.

[7] 华东理工大学、成都科技大学分析化学教研组．分析化学 [M]．7 版．北京：高等教育出版社，2018.

[8] 黄一石，黄一波，乔子荣．定量化学分析 [M]．4 版．北京：化学工业出版社．2020.

[9] 夏麦茜．环境监测与分析实践教程 [M]．北京：化学工业出版社，2003.

[10] 王英梅．化学检验基础知识 [M]．北京：化学工业出版社，2005.

[11] 宋业林．水质化验实用手册 [M]．北京：中国石化出版社，2003.

[12] 华中师范大学、东北师范大学、陕西师范大学．分析化学 [M]．4 版．北京：高等教育出版社，2024.

[13] 王英健，杨永红．环境监测 [M]．4 版．北京：化学工业出版社，2024.

[14] 刘绮，潘伟斌．环境监测教程 [M]．2 版．广州：华南理工大学出版社，2014.

[15] 黄一石，吴朝华．仪器分析 [M]．4 版．北京：化学工业出版社．2020.

[16] 刘约权．现代仪器分析 [M]．3 版．北京：高等教育出版社．2015.